鄂东南铜铁金矿集区岩浆-热液成矿作用与深部找矿

E DONGNAN TONGTIEJIN KUANGJIQU YANJIANG-REYE
CHENGKUANG ZUOYONG YU SHENBU ZHAOKUANG

魏克涛　金尚刚　刘冬勤　文　广　闫　芳　刘　博　等编著

中国地质大学出版社
ZHONGGUO DIZHI DAXUE CHUBANSHE

图书在版编目(CIP)数据

鄂东南铜铁金矿集区岩浆-热液成矿作用与深部找矿/魏克涛等编著. —武汉:中国地质大学出版社,2022.2
ISBN 978-7-5625-5191-1

Ⅰ.①鄂…
Ⅱ.①魏…
Ⅲ.①金矿-成矿区-矿床成因-研究-湖北 ②金矿-成矿区-找矿-研究-湖北
Ⅳ.①618.510.1

中国版本图书馆CIP数据核字(2022)第268973号

鄂东南铜铁金矿集区岩浆-热液成矿作用与深部找矿	魏克涛　金尚刚　刘冬勤	等编著
	文　广　闫　芳　刘　博	

责任编辑:韦有福	策划编辑:韦有福　张　健	责任校对:张咏梅
出版发行:中国地质大学出版社(武汉市洪山区鲁磨路388号)		邮编:430074
电　　话:(027)67883511	传　　真:(027)67883580	E-mail:cbb@cug.edu.cn
经　　销:全国新华书店		http://cugp.cug.edu.cn
开本:880毫米×1230毫米　1/16	字数:341千字	印张:10.75
版次:2022年2月第1版		印次:2022年2月第1次印刷
印刷:武汉中远印务有限公司		
ISBN 978-7-5625-5191-1		定价:158.00元

如有印装质量问题请与印刷厂联系调换

《鄂东南铜铁金矿集区岩浆-热液成矿作用与深部找矿》编委会

编著者：魏克涛　金尚刚　刘冬勤　文　广
　　　　闫　芳　刘　博　徐　玮　杨伟卫
　　　　蔡恒安　刘　敏　尚世超　贺景鸽
　　　　黄　婉　朱柳琴　吴昌雄　皮业华
　　　　胡　浩　周润杰

前　言

鄂东南矿集区位于长江中下游铁铜成矿带西段，以铜、铁、金等战略性矿产资源丰富享誉盛名。已发现铜、铁、金矿床(点)345处，探明有大冶铁矿、铜绿山铜铁矿、鸡冠咀金铜矿、铜山口铜钼矿、鸡笼山铜金矿等10余座大型—特大型矿床。截至2018年底，矿集区已累计查明铜金属量515×10^4 t，富铁矿石量7.8×10^8 t，金金属量272 t，分别占湖北省同期累计查明资源量的96%、91%、69%，是湖北省乃至全国重要的有色金属、黑色金属和贵金属基地，依托矿集区资源禀赋，湖北省铜、金矿资源量分别位居全国前6位和前10位。区内铜绿山铜铁矿床的发现打破了"矽卡岩型无大矿"的禁锢，在矽卡岩型矿床成矿理论和找矿方法上为全国的地质工作树立了典范。在长江中下游成矿带划分的"隆起区""坳陷区"和"隆坳过渡区"三类成矿环境中，鄂东南矿集区是同时涵盖了这3种环境的典型代表，解剖鄂东南矿集区岩浆-热液成矿系统，为探索长江中下游地区深部第二成矿空间的理论创新并取得新的找矿突破提供了重要"窗口"。

本书是湖北省地质局2017—2019年部署的"鄂东南地区成矿作用综合研究与深部找矿突破"重点科技项目的主要成果之一，项目总体目标任务是：系统总结"八五"期间以来鄂东南地区深部找矿所取得的成果，运用最新的成矿理论和系统地球科学方法对鄂东南地区铁、铜、金多金属矿床的成矿作用进行综合研究，尤其是对近20年来深部找矿实践所揭示的各类成矿地质条件、矿体地质特征、蚀变矿化特征和关键控矿因素等进行多学科研究；深化对鄂东南地区矿床时空分布规律、矿床四维结构特征、岩浆岩成因、演化及其成矿专属性，岩浆热液组成、性质、演化、物质交换、沉淀机制及关键控矿因素等重要科学问题的认识；全面揭示鄂东南地区铜铁金多金属矿床的成矿机理和成矿规律，建立和完善典型矿床的成矿作用模式，构建深部找矿模型，指出深部和外围新的找矿方向。项目最终目标是全面提升鄂东南地区铜、铁、金多金属矿床的成矿理论研究水平，为进一步开展深部找矿工作提供有效的理论指导。

在湖北省地质局的有力指导下，在承担单位湖北省地质局第一地质大队和协作单位中国地质大学(武汉)的共同努力下，项目取得了以下主要进展和成果，达到了项目预期目标任务要求和示范的目的。

(1)深化了对成矿地质背景的认识。区内在中元古代—青白口纪受古华南洋洋壳向扬子陆块俯冲影响，形成双基底，北部为TTG侵入岩组合，南部为碎屑岩夹火山岩建造，俯冲洋壳残余为区内大规模成矿奠定了物质基础；区内大规模的岩浆作用开始于晚侏罗世(152 Ma)，由岩石圈伸展所驱动，反映了晚中生代鄂东南地区岩石圈大伸展的地球动力学背景，在早白垩世达到了高峰期(140 Ma左右)。

(2)深化了对岩浆岩成因、演化与成矿关系的认识。通过对岩浆岩中锆石微量元素组成的测试，计算锆石中的Ce/Ce^*、Ce^{4+}/Ce^{3+}、Eu/Eu^*、Lu/Hf、Yb/Dy和$\varepsilon_{Hf}(t)$值，笔者认为区内岩浆岩与俯冲的熔体或流体交代地幔形成的岩石圈富集地幔有关，是由经板片交代的富集岩石圈地幔源区部分熔融后经历不同程度的分离结晶作用形成的。区内岩浆活动可分为两期。第一期岩浆活动的闪长岩是在地幔深度中发生橄榄石分离，最后经历不同程度的分离结晶作用所形成的，而石英闪长岩是经历了角闪石、斜长石、磁铁矿、钛铁矿及磷灰石的分离结晶作用形成的；第一期岩浆活动中形成的偏酸性岩浆岩大多具有埃达克岩的特征，在岩浆演化初期具有高的硫和水含量、更高的氧逸度和分异程度特征，形成的岩浆流体通过岩浆-热液作用使铜、金在浅地表有利的空间位置沉淀成矿。第二期岩浆活动与第一期岩浆演化过程类似,但在浅部熔融了更多地壳组分,在深部岩浆分异过程中含铁热液流体与富钠闪长质岩浆分异比较完全,演化过程中部分岩浆同化混染含膏岩层,使岩浆出溶的初始流体具有相对高的盐度,为铁的大规模迁移和富集提供了有利条件。

(3)深化了对成矿物质来源与成矿过程的认识。区内成矿物质以幔源为主,有少量壳源物质加入。成矿流体主要为岩浆出溶形成,晚期有大气降水参与。与成铁矿有关的侵入岩和与成铜(铁)矿有关的侵入岩相比具有更多的地壳物质和膏岩层及大气流体的加入。岩浆热液成矿流体被深大断裂沟通后,沿断裂-接触复合带不断上涌,随着温度、压力及其他物理化学条件的变化,矿质不断沉积,形成厚大的工业矿体。侵入体的多期次活动伴有以一到两次为主的多期次矿化,多期次侵入活动中岩浆上升通道的变化影响矿化的分带和矿化的强度。

(4)深化了对区内矿床成因的认识。鄂东南地区成矿与岩浆作用有关,是岩浆特定阶段的产物,早期主要形成铜钼钨矿床,随后形成铜铁金矿床,最后形成大规模的铁矿床。成矿流体主要与岩浆演化有关,后期有大气降水参与。通过对磁铁矿微量元素特征的研究,程潮、王豹山等铁矿床中的磁铁矿均为热液成因,是岩浆热液与碳酸盐岩地层相互作用及铁氧化物快速结晶形成的,成矿以热液作用为主。通过对同位素年代学、流体包裹体、磁铁矿结构及成分的研究,与宁芜及庐枞盆地玢岩型铁矿类比,笔者认为金牛火山岩盆地内存在玢岩型铁矿,盆地周边的矽卡岩型铁矿与玢岩型铁矿的磁铁矿-磷灰石型矿体具有密切的成因和空间关系,是同一岩浆热液体系中形成的产物,即在超高温(约800℃)形成玢岩型铁矿床,而在晚阶段(约400℃)形成矽卡岩型铁矿床。

(5)深化了对区内成矿规律的认识。中生代燕山期是区内铜、铁、金等多金属矿产最重要的成矿期,与岩浆作用关系密切,成矿作用是岩浆活动特定阶段的产物,成矿略晚于成岩,年龄差距多在0~2Ma之间。主要成矿期为145~135Ma,形成矽卡岩型铁矿、铁铜矿,矽卡岩-斑岩型铜金钼钨矿床;其次为133~130Ma,形成矽卡岩型铁矿及玢岩型铁矿等。矿化区域性分带明显,自南向北为铜钼→金、钨钼→铜、铜铁、铁铜、铁,自西向东则为铁→铁铜→铜硫、铅锌的分带特征。区内铜、铁、金等多金属矿床具有北西西向成带、北北东向成串的总体特征。矿体均产于岩体与围岩的接触带及其附近,主要赋存于岩体与碳酸盐岩断裂复合接触带、捕虏体接触带、断裂带及其旁侧分支裂隙、不同岩性界面(硅钙面)或层间破碎带,矿体的倾向延深多为走向延长的2~3倍;受断裂构造控制的矿体多具有沿走向尖灭再现、沿倾向呈叠瓦状侧列再现的规律。

(6)进一步完善了区内的成矿模式,建立了本区"三位一体"找矿预测地质模型。区内成矿主要与两期岩浆活动有关。第一期岩浆活动主要发育在隆起区,形成以(斑)岩体为中心向外扩散的岩体内斑岩型,接触带矽卡岩型,接触带外侧围岩地层内层间滑脱带、层间破碎带、硅钙不整合面Manto型,外围受断裂及裂隙控制的中低温热液型或类卡林型矿床(体)"四位一体"成矿样式。第二期岩浆活动主要分布于坳陷区,在火山岩盆地边缘或深部形成矽卡岩型铁矿,在火山岩盆地内形成与次火山岩有关的玢岩型(Kiruna型)铁矿或次火山岩型(斑岩型)铜多金属矿。区内的成矿地质体主要为燕山期壳幔混合的中酸性侵入岩或次火山岩,成矿构造为岩体与围岩的接触带、断裂构造,成矿结构面多为岩体侵入时的断裂-侵入复合构造带(破碎的接触带、断裂裂隙)、不同岩性界面(硅钙面)等,成矿作用特征标志为岩浆期后热液蚀变及各类矿化现象。

(7)总结了区内深部找矿工作,深化了对成矿理论的认识,加强了对方法技术的应用,凝炼了深部找矿勘查思路。通过对区内2005年以来深部找矿工作的总结,深化了对多期次岩浆作用控制多期次成矿、断裂-接触复合构造控矿、复杂的侵入断裂-接触复合带是形成工业矿体的重要因素等的新认识,指出了老矿山及已知矿床(点)深边部、断陷盆地边缘、主要成矿岩体外缘的硅钙界面、火山岩盆地边缘玢岩型铁矿或赋存于沉积岩中的金矿等重要的找矿方向,提出了针对不同类型矿床的物化探方法的组合,总结凝炼了"追索已知矿体走倾向延伸扩大矿床规模,利用矿体尖灭再现、侧列再现规律在已知矿体深边部寻找新矿体,验证已知矿床周边低缓的物化探异常以发现新矿体、新矿床"的深部找矿勘查思路,对今后鄂东南矿集区深部找矿工作将起到较好的指导作用。

本书是在集成"鄂东南地区成矿作用综合研究与深部找矿突破"项目的主要科研成果基础上,结合区内前人矿产地质及研究成果资料编写而成,是项目组成员集体劳动的成果。编写人员分工为:绪论由魏克涛、金尚刚、徐玮编写,第一章"成矿地质背景"由魏克涛、刘冬勤、蔡恒安、吴昌雄编写,第二章"铜铁金矿产分布及典型矿床"由魏克涛、闫芳、文广编写,第三章"区域岩浆岩与成矿"由文广、胡浩、周润杰编写,第四章"矿床成因"由文广、胡浩、周润杰、皮业华编写,第五章"区域成矿规律和区域成矿模式"由魏克涛、金尚刚、杨伟卫、尚世超编写,第六章"深部找矿进展与成果"由徐玮、刘博、闫芳、刘敏编写,第七章结语由魏克涛、黄婉编写。贺景鸽、朱柳琴等完成书内部分插图编制,最后由魏克涛对全书进行统稿,由金尚刚、刘冬勤进行审查。

本次工作虽取得了一些进展和成绩,但由于受笔者知识的局限性和研究时间的限制,研究工作尚存在一些问题,如对区内矿化区域性分带形成的机理研究不够深入,对区内新矿床类型的找矿方向尚未明确等,不足之处敬请同行批评指正。

本书是在湖北省地质局的主管领导、副局长马元,总工程师熊保成和相关处室的大力支持下完成的,得到金振民院士、李建威教授、赵新福教授等专家在学术思路、研究技术与方法等方面的耐心指导与帮助,同时本书在编写过程中,引用了部分单位和个人的研究成果,在文中均有标注,若有侵权,请联系笔者。最后中国地质大学(武汉)、各地勘单位和矿山企业对本书的出版也给予了全力支持。参加项目的全体技术人员不辞辛苦,克服种种困难,保质保量完成了任务。本项工作成果是集体劳动和智慧的结晶,在此向各位领导、专家、老师与同行表示衷心的感谢!

目 录

绪 论 ··· (1)

第一章 成矿地质背景 ·· (10)
第一节 区域地质构造演化 ·· (10)
第二节 地 层 ··· (12)
第三节 岩浆岩 ··· (14)
第四节 构 造 ··· (14)
第五节 变质作用 ··· (15)
第六节 区域矿产 ··· (16)

第二章 铜铁金矿产分布及典型矿床 ·· (17)
第一节 铁 矿 ··· (17)
第二节 铁铜矿 ··· (33)
第三节 铜、钨、钼、金多金属矿 ··· (46)

第三章 区域岩浆岩与成矿 ·· (61)
第一节 岩浆岩空间分布及岩相学特征 ·· (61)
第二节 岩浆岩与成矿的空间关系 ··· (69)
第三节 岩浆岩地球化学特征 ·· (72)
第四节 岩浆岩的形成时代 ·· (82)
第五节 锆石地球化学特征 ·· (85)
第六节 岩浆岩的成因与演化 ·· (91)
第七节 岩浆岩化学组成与成矿的关系 ·· (94)

第四章 矿床成因 ··· (95)
第一节 成矿年代 ··· (95)
第二节 成矿流体特征 ·· (97)
第三节 磁铁矿微量元素及其矿床成因意义 ··· (105)
第四节 成矿物质来源 ·· (111)

第五章 区域成矿规律和区域成矿模式 ·· (115)
第一节 铜铁金成矿在时间上的分布规律 ·· (115)
第二节 成矿在空间上的分布规律 ·· (116)
第三节 构造控矿规律 ·· (116)
第四节 区域成矿规律 ·· (119)
第五节 区域成矿模式和成矿模型 ·· (120)

第六章 深部找矿进展与成果 ··· (130)
第一节 深部找矿进展 ·· (130)
第二节 深部找矿认识 ·· (142)

第七章 结语 ··· (148)

主要参考文献 ·· (152)

绪 论

一、鄂东南矿集区铜铁金资源概况

长江中下游铁铜成矿带盛产富铜富铁矿,共伴生矿产资源丰富,是我国东部重要的黑色金属、有色金属和贵金属成矿带,也是我国地质工作程度最高的成矿带之一。

鄂东南矿集区位于长江中下游铁铜成矿带西段,以铜、铁、金等战略性矿产资源丰富而享誉盛名。已发现铜、铁、金矿床(点)345处,探明有大冶铁矿、铜绿山铜铁矿、鸡冠咀金铜矿、铜山口铜钼矿、鸡笼山铜金矿等10余座大型—特大型铜铁金矿床。截至2018年底,矿集区已累计查明铜金属量515×10^4t、富铁矿石量7.8×10^8t、金金属量272t,分别占湖北省同期累计查明资源量的96%、91%、69%,是湖北省乃至全国重要的有色金属、贵金属和黑色金属基地,依托矿集区资源禀赋,湖北省铜、金矿资源量分别位居全国前6位和前10位。

二、鄂东南矿集区地质研究现状

区内地质调查、矿产勘查和矿产资源开发历史悠久,尤其是中华人民共和国成立70余年以来,矿产勘查和矿产资源开发程度高,与之相匹配也开展了大量的专题研究工作,积累了丰富的资料,使本区成为全国地质工作研究程度最高的地区之一。

区内采矿历史悠久,早在三千多年前的青铜文化时期,即始于殷代、春秋时期,大冶铜绿山地区的铜矿资源就已被开采利用。中华人民共和国成立前,瑞典人丁格兰、安特生和日本人冈村要藏等先后到本区对铁矿、铜矿、煤矿、石灰岩矿等矿产资源进行了调查。民国时期,谢家荣、刘季辰、李捷、叶良辅、朱熙人等对鄂东大冶、阳新、鄂城的铜矿、铁矿、煤矿、石灰岩矿等进行了较为系统的调查。

中华人民共和国成立以后,国内众多的地勘单位对本区进行了系统的区域地质调查、矿产调查、区域物探与化探、矿产勘查和专题研究等工作。

1965—1995年,湖北省区域地质测量队等单位先后完成1∶20万和1∶5万区域地质调查、矿产调查工作。2010年后,湖北省地质调查院等单位完成了新一轮的1∶5万矿产远景调查工作。通过以上工作,基本查清了区内的地层、构造、岩浆岩、矿产等地质特征,为区域成矿地质条件分析、成矿规律的研究及矿产勘查提供了充分的基础地质资料。

区内物探、化探工作程度总体较高,自1974年起湖北省地质矿产勘查开发局地球物理勘探大队等单位开展了1∶10万重力测量和水系沉积物测量,1∶5万高精度重力测量、航空磁测量、高精度磁法测量及水系沉积物测量、土壤地球化学测量、重砂测量和部分图幅的岩石地球化学测量工作,为本区深部地质结构分析、岩体边界圈定、大型断裂构造推断和成矿远景区划分、找矿靶区圈定提供了基础资料。

区内矿产勘查程度较高,找矿过程可以划分为以下4个阶段。

第一阶段:20世纪50年代以前,主要通过露头、高强度磁异常、老窿寻找地表和浅部矿体,发现和勘探了一批具有工业价值的铁、铜矿床。如铁山、程潮、金山店、灵乡铁矿，冯家山铜铁矿，龙角山铜钨钼矿等。

第二阶段：20世纪50年代末期至70年代中期，区内地质工作者加强了区域地质调查，采用了地质、物探、化探综合方法找矿，发现和勘探了大型的铜绿山铜铁矿、丰山洞铜钼矿、铜山口铜钼矿等。评价由具有一定埋深隐伏矿体引起的高中值磁异常或其旁侧次级叠加异常，是以磁法为主，并配合重力、电测深、化探等方法，找到了许多规模较大的隐伏矿体，扩大了铜绿山、大广山、张福山等矿床的规模，同时也找到了一批小型隐伏铜铁矿床，如铜山铜铁矿；验证评价低缓磁异常或低值负磁异常及杂乱异常时，在某些地段有所突破，发现了石头咀铜铁矿、程潮铁矿西区、刘家畈铁矿等矿床，并对当时国民经济发展具有支撑作用的铁矿、铜矿进行了勘探。该阶段是区内找矿成果较显著的阶段。

第三阶段：20世纪70年代中后期至90年代中期，地质工作的特点是研究成矿地质条件，总结成矿规律，应用成矿理论进行隐伏矿床预测，指导普查找矿，扩大了一些矿区远景，发现和探明了大型的鸡冠咀金铜矿、桃花嘴金铜矿，中型的白云山铜矿、付家山钨钼铜矿，以及小型的李万隆铁矿、柯家山铁矿等。同时在金矿找矿方面有了新的重大进展，发现了与小岩体有关的矽卡岩型金矿（金井咀金矿）和中低温热液型金矿（陈子山、宋家塅金矿）。

第四阶段：21世纪初至今，区内主要在总结成矿规律的基础上开展了对已知矿区深部及外围的找矿工作，先后开展了大冶铁矿、金山店张福山铁矿、铜绿山铜铁矿、鸡冠咀金铜矿、丰山洞铜钼矿、鸡笼山铜金矿等危机矿山，以及铜山口铜钼矿、赤马山铜矿老矿山接替资源勘查工作，在矿山深部和外围找矿方面取得了重大突破和重要进展，控制矿体深度突破地下1200m。在桃花嘴金铜矿北东走向上发现了许家咀铜铁矿，在龙角山-付家山钨钼铜矿深部发现了厚大的钨钼矿体。

区内的综合研究和专题研究工作始于20世纪60年代初，早期的综合研究工作多以矿区为单元，以浅部矿体为对象，研究矿床地质特征与控矿因素、矿体分布与物探和化探异常的关系、共伴生有用元素的赋存状态及矿石加工技术性能等内容。自20世纪70年代以来，相关研究主要围绕区域成矿地质条件、成矿规律与成矿预测，重要矿田和矿床控矿地质条件、成矿规律和成矿预测及找矿方法技术来开展。成矿预测在成矿环境、成矿条件、控矿因素、成矿规律研究和深入的基础上，不断反复地进行研究和深入，特别是"七五""八五"期间在普遍关注的地质、物探、化探、遥感等领域进行综合预测，也是本区成矿预测百花齐放的阶段。区内具有代表性的综合研究工作如下：1977年，在1∶20万区域地质调查工作的基础上，中国冶金地质研究所应用地质力学的观点对区内成矿规律进行了初步总结，提出了隆起带成铜、凹陷带成铁的认识；1984年，湖北省地质科学研究所在1∶5万区域地质调查的基础上，运用板块构造的理论，进行了成矿地质条件研究和成矿规律总结；"七五""八五"期间，湖北省鄂东南地质大队系统地开展了对典型矿床的研究及对成矿地质条件和成矿规律的总结，提出了区内铁铜金矿床的三类八型，并预测了靶区，提出了"一断裂、二序列、三环境、四层位"的认识。20世纪90年代初，中国地质大学（武汉）应用推滑覆理论，对区内深部构造进行了初步探索，建立了区内铜金矿成矿模式与找矿模型。区内较有代表性的成果主要有湖北省鄂东南地质大队、湖北省物探大队、中国地质大学（武汉）承担的"七五"国家科技攻关项目"我国东部隐伏矿床研究"下属专题"鄂东南地区铜铁金成矿条件与成矿预测"[编号75-55-02-06（A）]（1986—1990年），湖北省鄂东南地质大队、湖北省物探大队、湖北省地质科学研究所、中国地质大学（武汉）承担的"八五"国家科技攻关项目"紧缺矿产勘查与评价研究"下属专题"鄂东南地区铜金多金属控矿条件分析、预测标志优化及靶区筛选"（编号85-901-03-01）（1991—1994年）和湖北省地质调查院、中国科学院广州地球化学研究所、湖北省地质局第一地质大队承担的国土资源部公益性行业科研专项"鄂东南矿物地球化学勘查标志体系建立与应用"（2015—2017年）。

"鄂东南地区铜铁金成矿条件与成矿预测"专题，在区域上通过麻城-九宫山大地电磁测深剖面，结合区域地质背景、矿产、重磁资料，深化了前人研究中对本区南北部分深部莫霍面的起伏和深部构造特点所推断的南北区地壳性质及其与成岩成矿分区关系的认识，较好地圈定和确定了主要控岩、控矿的深断裂位置和性质，以及主要成矿大岩体的深部产状；通过对岩相古地理的研究，在岩石-岩相和古地理环境研究方面取得了新的认识,认为浅水相、孔隙度大、渗透性强的碳酸盐岩是成矿有利的围岩;通过对岩浆岩系列分析和岩浆作用期次的重新划分,将本区岩浆岩划分为少壳源同熔型岩浆岩亚系列(钾硅质异常演化成铜序列)和多壳源同熔型岩浆岩亚系列(钠硅质异常演化成铁序列),初步探讨了本区岩浆演化与成矿作用的关系,从成岩机制上解释了岩石酸碱度对铜、铁成矿专属性的标型意义。根据成矿环境、成矿物质来源和成矿作用特征,划分了与岩浆作用有关和与沉积作用有关的两个成矿系列。将与岩浆作用有关的成矿系列划分为与多壳源同熔型岩浆岩亚系列有关的成铁和与少壳源同熔型岩浆岩亚系列有关的成铜两个亚系列和五大矿床类型,提出了"一断裂、二序列、三环境、四层位"的区域成矿规律,建立了鄂东南地区矿床组合模式和阳新岩体西北段、铜山口及其外围、铁山岩体东部3个矿田矿床系列组合模式。本次工作系统搜集了不同类型、形态和埋深的矿床地球物理和地球化学信息,结合对成矿规律和成矿模式的认识,建立了含矿岩体的识别标志、成矿接触带标志、矿体赋存部位预测、岩体内隐伏捕房体矿床预测、层间矿体富集部位预测、矿体空间分带及隐伏矿预测、隐伏矿预测的地球物理地球化学标志、卫片影像标志8个方面的预测准则和地质、地球物理、地球化学综合找矿模型。本次工作首次在阳新岩体西北段开展了1:2.5万立体地质填图与成矿预测,探索了立体地质填图及成矿预测的工作方法,查明了工作区范围内-1000m以浅地层、构造、岩浆岩的主要特点,系统收集了建立三维空间需要的各种信息,筛选出有效的地质、物探、化探信息,确定预测指标,预测隐伏矿体,把预测理论和方法研究推向新的水平,并分别圈定了10个靶区和8个预测区,为阳新岩体西北段进一步开展预测—普查—评价打下了基础。本次工作进行了成矿区划分,将区内分为两个Ⅳ级成矿带、15个Ⅴ级成矿单元(矿田),提出成矿预测区27个,为区内地质工作部署提供了重要依据。

"鄂东南地区铜金多金属控矿条件分析、预测标志优化与靶区筛选"专题,在前期研究成果基础上,一是深化区内控矿地质条件研究,采用推覆-滑覆构造理论建立区内滑脱拆离构造系并总结了控岩控矿规律;对石炭系—二叠系—三叠系地层沉积古地理环境和岩相、岩石组合等进行了研究,并探讨了其对区内铜金矿的控制作用;按照花岗岩等级体制,划分区内侵入体谱系单位并对其特征进行研究,对其与成矿作用的关系也进行了探讨。二是优化了区内成矿系列,将区内内生矿床划分为与花岗岩类侵入作用有关的矿床成矿系列,并进一步划分为与燕山期中浅成闪长岩-黑云母透辉石闪长岩-二长闪长岩-石英闪长岩-花岗岩有关的铁铜硫铅锌矿床成矿亚系列(包括铁山式、程潮式、巷子口式、狮子立山式4个矿床式)、与燕山期中浅—中深成透辉石闪长岩-石英闪长岩-石英二长闪长岩-花岗闪长岩-正长闪长岩有关的铜铁金钨钼矿床成矿亚系列(包括张福山式、刘家畈式、铜绿山式、鸡冠咀式、叶花香式、铜山口式、白云山式、龙角山式-付家山式)和与燕山期浅成—超浅成石英闪长岩-花岗闪长岩-石英斑岩有关的铜金硫矿床成矿亚系列(包括丰山洞式、鸡笼山式)3个亚系列。三是对区内含矿小岩体形成的地质背景、成矿特征和物化探异常特征进行研究,总结提出了隐伏含铜(金)小岩体勘查技术方法。四是对区内铜金矿床的找矿预测标志进行优化,对包括鸡冠咀式斑岩-矽卡岩型铜金矿及铜绿山式矽卡岩型铜铁矿在内的4种类型7个矿床式进行了综合分析研究,归纳出区内铜金矿床的地质、物探、化探、遥感预测标志组合,建立了综合找矿模型,确定了区内寻找类似隐伏矿床的找矿预测标志,重新优化筛选出18个预测靶区,最后提交了《鄂东南地区铜金多金属控矿条件分析预测标志优化及靶区筛选研究报告》,出版了《鄂东南铜金矿床成矿模式与找矿模型》(薛迪康等,1997a)。

"鄂东南矿物地球化学勘查标志体系建立与应用"项目,对本区铜绿山铜铁矿床、鸡冠咀金铜矿床、铜山口铜钼矿床开展了全面的蚀变矿物及其勘查应用研究,准确划分了矿床的蚀变矿化期次,系统查明了矿床蚀变矿物的二维—三维分布特征,建立了蚀变矿物的二维—三维模型。对蚀变矿物时空分布特征、物理化学参数空间变化规律进行了总结,建立了3个矿床的蚀变矿物勘查标识体系,最后提交了《鄂东南矿物地球化学勘查标志体系建立与应用研究报告》,出版了《鄂东南矿集区蚀变矿物地球化学研究及其勘查应用》(孙四权等,2019a)。

同时,国内各高校和科研院所对区内主要矿床成因和类型围绕成岩成矿年代学、岩浆岩成因和构造背景等也开展了研究,取得了一些重要进展。在成岩成矿年代学方面,随着同位素年代学理论和同位素分析技术的发展,特别是锆石 U-Pb 定年、蚀变矿物激光阶段加热 Ar-Ar 定年、硫化物 Re-Os 定年等新方法在鄂东南地区的应用,在前人将区内主要岩浆活动划分为燕山早期和燕山晚期两期、5个阶段、8次侵入-喷发活动的基础上(葛宗侠等,1985),对区域侵入岩和矿床时代进行了更加准确的限定。研究结果表明,晚侏罗世的殷祖石英闪长岩、殷祖杂岩体以及可能与之同时的辉长岩-闪长岩记录了鄂东南成矿区晚中生代最早的岩浆活动,侵位年代为152~150Ma。在大约10Ma的岩浆活动间隙之后,灵乡闪长岩(141.1±0.7Ma)开始侵位,随后又形成了阳新(138.5±2.5Ma)及铁山(135.81±2.4Ma)石英闪长岩体(Li et al.,2009,2015;Li et al.,2012)。另外,鄂城岩体具有两期锆石 U-Pb 年龄(分别为140Ma,130Ma),金牛盆地内大寺组、灵乡组及马架山组火山岩的喷发年龄为(125±2)~(130±2)Ma,与庐枞盆地和宁芜盆地内的中基性火山岩年龄完全一致,共同组成了长江中下游成矿带的三大火山盆地(Xie et al.,2011)。Li 等(2014)对整个鄂东南地区开展了精细的成矿年代学研究,表明鄂东南地区存在多期次成矿事件,主要有157Ma,149~148Ma,145~143Ma,141~140Ma 以及133~132Ma,均与区域上的主要岩浆事件有比较好的对应关系,表明本区成矿作用是岩浆侵入主导的热液成矿体系。强度最大、经济价值最高的成矿事件时间为141~140Ma 和138~136Ma。最晚期的成矿事件发生在133~132Ma,以金山店及程潮矽卡岩型铁矿为代表。鄂东南地区大部分的岩体及小岩株均集中在143~132Ma 内侵入,主要岩性为石英闪长岩、闪长岩、花岗闪长岩和二长岩,这一时期爆发了大规模的成矿作用,形成鄂东南地区主要的斑岩型矿床和矽卡岩型矿床。

在岩浆岩成因及构造背景方面,大部分学者都认为本区岩浆是由被古板片熔体或流体交代形成的富集地幔经历部分熔融所形成(Li et al.,2009;Xie et al.,2011),可能有少量地壳物质的混染。部分中酸性侵入岩具有埃达克岩的地球化学特征,对其成因认识有两种不同的观点:①由玄武质岩浆经历分离结晶所形成(谢桂青等,2013);②本区(146~141Ma)存在加厚下地壳,为加厚下地壳或拆沉下地壳部分熔融所形成(王强等,2004)。

三、鄂东南矿集区深部找矿概况

鄂东南地区的深部找矿工作在20世纪50年代就已开始。1952年发现了程潮铁矿深部隐伏矿体,1953年在大冶铁矿深部发现了尖林山隐伏矿体。1960年在灵乡铁矿田发现了刘家畈铁矿床,1976年发现了李万隆铁矿床。自20世纪70年代中后期至90年代中期,在覆盖区发现了一批重要的矿床,如巷子口铜硫矿、鸡冠咀金铜矿、桃花嘴金铜矿、金井咀金矿等。

进入21世纪以后,主要围绕已知大中型矿区深部及外围开展找矿工作,在大冶铁矿、金山店张福山铁矿、铜绿山铜铁矿、鸡冠咀金铜矿、丰山洞铜钼矿、鸡笼山铜金矿、铜山口铜钼矿、龙角山-付家山铜钼钨矿等矿区深部均取得重大突破和重要进展,同时新发现了许家咀铜铁矿。新增333及以上资源量:铜金属量 $82.80×10^4$t,铁矿石量 $7908.11×10^4$t,金金属量68.49t,三氧化钨金属量 $3.90×10^4$t,钼金属量 $0.79×10^4$t。

大冶铁矿在2005—2007年实施的危机矿山接替资源勘查项目中,通过对"褶皱构造控制接触带形态、多台阶控矿"的新认识,再通过深部弱信息提取技术和精细反演等数据处理技术,圈定深部有利成矿部位进行钻探工程验证,在第三台阶(-600~-850m)见到深部隐伏矿体,在尖林山深部-600~-1000m发现了厚大矿体,龙洞-尖林山矿段2号矿体长度增加了215m,倾斜延深增加了320m,向南东侧伏至-862m;狮子山矿段5号矿体向北西侧伏至-700m左右。新增333铁矿石量 $1412.20×10^4$t、铜金属量 $5.85×10^4$t,硫量 $50.48×10^4$t,钴金属量3187.12t,金金属量3.67t,银金属量23.32t。

金山店张福山铁矿在2008—2010年实施的危机矿山接替资源勘查项目中,对地面高精度磁测、井中三分量磁测和CSAMT等综合物探方法成果及地质资料进行综合研究,提高了对断裂接触带构造控矿的认识,对矿床中Ⅰ、Ⅱ号矿体进行深部追索,扩大了矿体规模,新发现了Ⅱ-1号矿体,矿体最深赋存标高增至－1355m。新增332＋333铁矿石量3 597.74×10⁴t。2011—2014年继续开展矿床深部铁矿普查工作，Ⅰ、Ⅱ号矿体深部新增333铁矿石量275.8×10⁴t。

铜绿山铜铁矿在2006—2010年实施的危机矿山接替资源勘查项目中，以构造控矿规律和矿化-蚀变分带规律为基础，认识到矿床深部矿体主要受深部侵入接触构造和燕山期北北东向断裂构造联合控制，结合地球物理和地球化学信息特征，圈定深部找矿靶区，经验证，在3—14线Ⅺ号矿体倾向延伸部位新发现了Ⅷ号矿体，同时扩大了Ⅲ、Ⅳ号矿体规模，新增332＋333铜金属量24.21×10⁴t、铁矿石量1 497.5×10⁴t、伴生金金属量12.85t。2012—2017年，开展的矿区深部普查项目，对铜绿山隐伏背斜西翼主接触带进行追索，新发现了ⅩⅣ号矿体，新增333铜金属量7.16×10⁴t、铁矿石量994.14×10⁴t、伴生金金属量5.34t，控制矿体埋深达1200m以上。

鸡冠咀-桃花嘴铜铁金矿在2006—2009年实施的危机矿山接替资源勘查项目中，利用断裂及旁侧裂隙构造控矿、矿体侧伏再现规律，运用钻孔原生晕提取找矿信息，在鸡冠咀矿区Ⅲ号矿体深部逆冲断层下盘发现了与之呈镜像对称的Ⅶ号矿体群，Ⅳ号矿体下部发现了Ⅵ号矿体，蒲圻组砂页岩层间破碎带内发现了Ⅷ号矿体；在桃花嘴发现了与Ⅱ₄号主矿体呈尖灭再现的Ⅴ号矿体。新增332＋333铜金属量15.63×10⁴t、金金属量14.17t。2010—2014年又相继实施了鸡冠咀矿区、桃花嘴矿区深部铜金矿普查项目和详查项目，查明Ⅶ号矿体332＋333铜金属量11.68×10⁴t、金金属量20.42t。

在2011—2013年实施的许家咀矿区铜多金属矿普查项目中，以矿体受断裂-接触带复合构造控制和沿走向矿体具尖灭再现的规律为指导，结合高精度重力、磁法及可控源电测深等异常，追索桃花嘴主矿体北东走向延伸，在许家咀矿区深部发现了岩体内捕虏体层间破碎带与断裂-侵入接触复合带控制的、赋存于－417～－1141m标高之间富厚的铜铁矿（Ⅲ号矿体群）。查明333铜金属量2.64×10⁴t铁矿石量130×10⁴t、金金属量1.65t。

丰山洞铜钼矿在2008—2011年实施的危机矿山接替资源勘查项目中，以复式褶皱的次级褶皱与接触带复合构造控矿规律为指导，在南缘追索1号矿体深部延伸，发现了J₁、J₂、J₃等新矿体；在北缘对501矿体进行深部追索，扩大了矿床规模。新增333＋334铜金属量11.84×10⁴t、钼金属量4317t。2012—2013年开展补充工作，新增333＋334铜金属量3.39×10⁴t、钼金属量430t。

张海金矿于2013—2015年在矿区及其外围开展的普查工作中，通过对化探Au、As等组合异常进行验证，发现金矿体（群）5个、锑矿体1个、铁铜矿体1个。新增332＋333金金属量4.16t、铜金属量0.19×10⁴t、锑金属量117.88t。

龙角山-付家山铜钼钨矿在2016—2018年实施的矿区外围铜钼钨矿普查项目中，追索付家山Ⅰ号矿体南西倾向延伸和龙角山520矿体群北东侧的走向延伸，在深部接触带发现多层铜钼钨矿体，新增333三氧化钨金属量3.90×10⁴t。

四、主要研究工作进展及成果

为加大鄂东南地区深部成矿理论的创新，推动深部找矿突破，湖北省地质局2017年下达了局重点科技项目"鄂东南地区深部成矿理论与找矿突破"，要求系统总结"八五"期间以来鄂东南地区深部找矿所取得的成果，运用最新的成矿理论和系统地球科学方法论对鄂东南地区铜铁金多金属矿床的成矿作用进行综合研究。尤其是对近20年来深部找矿实践所揭示的各类成矿地质条件、矿体地质特征、蚀变矿化特征和关键控矿因素等进行多学科研究；深化对鄂东南地区矿床时空分布规律、矿床四维结构特征，岩浆岩成因、演化及其成矿专属性，岩浆热液组成、性质、演化、物质交换、沉淀机制及关键控矿因素等重要科学问题的认识；全面揭示鄂东南地区铜、铁、金多金属矿床的成矿机理和成矿规律，建立和完善典型矿床的成矿作用模式，构建深部找矿模型，指出深部和外围新的找矿方向。

(一)研究工作情况

研究工作始于2017年,终于2020年12月,由湖北省地质局第一地质大队和中国地质大学(武汉)联合完成。

1. 研究思路及技术路线

研究思路:在以往研究工作的基础上,充分利用以往的成果,辅以适当的野外补充调查和相关测试工作,结合21世纪以来深部找矿工作实践所揭露的各类地质现象,围绕成矿地质条件、矿体地质特征、蚀变矿化特征和关键控矿因素等进行多学科研究,全面揭示鄂东南地区铜、铁、金多金属矿床的成矿机理和成矿规律,建立和完善典型矿床的成矿作用模式,构建深部找矿模型,指出深部和外围新的找矿方向。

技术路线:通过收集分析各类基础地质、矿产勘查开发资料、专题研究资料,深化区内成矿地质条件、成矿地质背景认识;通过资料收集和野外调查,结合岩浆岩岩石化学、稀土元素分析和Sr-Nd同位素分析、岩浆岩副矿物原位微区LA-ICP-MS微量元素分析、磁铁矿微量元素点分析等岩矿测试分析手段,对区内主要岩体侵入序次、岩相分布和岩石类型进行划分,分析岩浆来源、演化过程和成矿流体组成、性质、演化、物质交换与沉淀机制以及矿床形成过程,开展对本区岩浆岩成因、演化与成矿专属性的研究;通过对已有矿区勘查开发资料的收集、整理,补充野外调查和岩矿测试分析,对矿床特征、控矿条件和成矿要素进行分析,开展对典型矿床的研究,深化矿床时空变化规律、构造控矿规律和矿床定位规律,总结区域成矿规律和成矿模式。对区内成矿地质条件、控矿因素、成矿规律和揭示成矿的物化探信息标志进行分析,建立找矿预测标志,圈定深部找矿靶区,提出下一步找矿方向。

2. 完成主要实物工作量

收集整理分析了历年来区域地质调查报告、区域成矿规律和成矿预测及区域规划资料20余份,120余个金属矿床点的普查-勘探报告及近10年来的矿产勘查报告200余份,1∶10万重力资料及近10年来完成的1∶5万重力、磁法资料10余份,综合剖面(含激电中梯、激电测深、CSAMT、SIP)100余条,井中物探资料近100份。

系统地收集了近年来发表的鄂东南地区岩浆岩地球化学数据,并对数据按照一定条件进行了分类、筛选;重新计算了岩石的$(^{87}Sr/^{86}Sr)_i$及$\varepsilon_{Nd}(t)$值和锆石的$\varepsilon_{Hf}(t)$值。

3. 主要研究内容

1)成矿地质背景

通过收集区域地质调查资料、公开发表的文献、新修编的地质志研究成果,本书对区域构造演化历史进行了分析,重点开展了对区域目标层位、中酸性岩浆岩分布和组合构造要素及变质作用的研究,为明确找矿方向和评价资源潜力奠定了基础。

2)岩浆岩成因和成矿专属性

通过区域地质调查资料、矿产勘查资料及公开发表文献的岩浆岩研究成果,结合补充调查和测试分析,对地球化学数据重新分类、筛选、计算等,本书研究了区域岩浆岩的空间分布、岩石类型组合和岩相学特征,岩浆岩岩石地球化学特征,矿物学地球化学特征,同位素年龄等,探讨了岩浆岩的起源、岩浆岩的演化、岩浆岩的侵位时代,分析了岩浆岩的成因,讨论了岩浆岩的成矿专属性。

3)典型矿床

通过对典型矿床勘查开发资料的收集整理,结合补充调查和测试分析,研究了矿床地质特征、矿体特征、矿石特征及其三维空间变化规律,分析了成矿作用条件与关键控矿因素。

4）矿床成因

通过对典型铁铜矿床开展岩浆岩锆石微量元素分析,如锆石 U-Pb 定年、金云母 Ar-Ar 定年、榍石 U-Pb 定年、磷灰石 U-Pb 定年等,结合以往测年资料,分析了成岩成矿时代;通过对流体包裹体的研究,分析成矿流体的组成、性质和物质交换与沉淀机制及演化规律;通过对磁铁矿矿物学和微量元素特征的研究,分析磁铁矿的形成环境;通过对矿石硫同位素的研究,分析成矿作用过程中成矿流体的物理化学条件和成矿物质来源;探讨了区内铜、铁、金矿床的成因,建立了矿床成因模式。

5）区域成矿规律

通过收集整理区域地质调查资料、矿产调查资料、勘查资料、典型矿床资料,分析了矿床总体分布特征、构造控矿规律、矿床定位规律,结合成岩成矿研究,分析矿床时空变化规律,深化了对区域成矿规律的认识,完善了区域成矿模式。

6）深部找矿方向

通过对近年来深部找矿工作成果的收集整理,梳理了区内深部找矿的工作进展,分析了区内深部找矿工作采用的方法技术,凝炼了区内深部找矿的勘查思路。结合区域成矿规律和物化探信息,提出了区域深部找矿方向。

（二）取得的主要成果和认识

1. 深化了对成矿地质背景的认识

中元古代—青白口纪,本区位于扬子陆块南缘和江南弧盆系交接处,形成双基底。区内北部为扬子陆块活动陆缘,主体为一套 TTG 侵入岩组合;南部为在洋内俯冲背景下形成的弧后盆地,是一套碎屑岩夹火山岩建造,为区内大规模成矿奠定了物质基础。区内大规模的岩浆作用始于晚侏罗世(152Ma),由岩石圈伸展驱动可以反映晚中生代鄂东南地区岩石圈处于伸展的地球动力学背景。

2. 深化了对岩浆岩成因、演化与成矿关系的认识

区内岩浆岩可分为两期,均与俯冲有关或与流体交代地幔形成的岩石圈富集地幔有关,是由经板片交代的富集岩石圈地幔源区部分熔融后经历不同程度的分离结晶作用而形成的。第一期岩浆活动的闪长岩是由经板片交代的富集岩石圈地幔通过部分熔融在地幔深度发生橄榄石分离,最后经历不同程度的分离结晶作用而形成的,而石英闪长岩地球化学特征与埃达克岩相似,它是经历了角闪石、斜长石、磁铁矿、钛铁矿及磷灰石的分离结晶作用而形成的。第二期岩浆活动形成的闪长岩、花岗岩母岩浆与第一期岩浆活动形成的岩浆岩相似,都是由岩浆系统深部提供的交代地幔供给的,但第二期岩浆活动在浅部地壳中熔融了更多的地壳组分。

通过对岩浆岩中锆石的微量元素组成分析,计算锆石中的 Ce/Ce^*、Ce^{4+}/Ce^{3+}、Eu/Eu^*、Lu/Hf、Yb/Dy 和 $\varepsilon_{Hf}(t)$ 值,分析岩浆的源区、氧化还原状态,估算其温度、氧逸度、水含量及岩浆结晶分异作用程度,对岩浆岩的成矿专属性进行了判别分析,与成铜相关的岩浆岩和与成铁相关的岩浆岩中的锆石具有相对高的 Ce/Ce^*、Ce^{4+}/Ce^{3+}、Eu/Eu^*、Lu/Hf、$\varepsilon_{Hf}(t)$ 值,更低的结晶温度,更高的氧逸度和水含量。

鄂东南地区第一期岩浆活动中形成的偏酸性岩浆岩大多具有埃达克岩的特征,在岩浆演化初期具有高的硫含量和水含量、更高的氧逸度和分异程度特征,可以高效地富集金属元素,在逐渐演化上升到浅部的岩浆流体过程中,可以将地幔中的铜、金等成矿物质带入到浅部岩浆房中,并通过岩浆-热液作用在浅地表有利的空间位置沉淀成矿。

第二期岩浆活动形成的岩浆岩,在深部岩浆分异过程中含铁热液流体与富钠闪长质岩浆分异比较完全。在岩浆演化阶段尤其是中晚期,部分岩浆同化混染含膏盐层,使岩浆出溶的初始流体具有相对高

的盐度,为铁的大规模迁移和富集提供了有利条件。

3. 深化了对成矿物质来源与成矿过程的认识

区内成矿物质以幔源为主,成矿元素 Cu、Au、Fe、Mo、W、Pb 等均与地幔和下地壳有密切的联系。成矿流体主要为岩浆演化到一定阶段出溶的流体,早期为高温、高盐度、高氧逸度,晚期向中低温、中低盐度演化,后期有大气降水参与。与成铁矿有关的侵入岩和与成铜(铁)矿有关的侵入岩相比具有更多的地壳物质、膏盐层及大气流体的加入。当深部分异产生的岩浆热液成矿流体被深大断裂沟通后,沿岩体与围岩的断裂-接触复合带不断上涌,随着含矿热液的温度和压力的下降,遇断裂带内的含氧地下水、碱性热水溶液后,含矿热液的 pH、Eh 值发生变化,矿质不断沉积,在断裂-接触复合带部位不断沉淀,形成厚大的工业矿体,从而形成侵入体的多期次活动并伴有以一到两次为主的多期次矿化,多期次侵入活动中岩浆上升通道的变化影响了矿化的分带和矿化的强度。

4. 深化了对区内矿床成因的认识

鄂东南地区成矿与岩浆作用有关,是岩浆特定阶段的产物。早期(150～137Ma)主要形成铜钼金矿床;稍晚(148～136Ma)形成铜铁金矿床,与早期形成的铜钼钨矿床在时间上呈连续过渡的关系;铁矿成矿主要集中在 133～130Ma 间,成矿规模大,形成了程潮铁矿和金山店铁矿等大型富铁矿床。成矿流体主要与岩浆演化有关,早期为高温、高盐度、高氧逸度,晚期向中低温、中低盐度演化,后期有大气降水参与,随着流体温度、压力、成分的变化,成矿元素析出沉淀,在合适的构造位置富集成矿。通过对磁铁矿微量元素特征的研究,程潮、王豹山等铁矿床中的磁铁矿均为热液成因,即岩浆热液与碳酸盐岩地层相互作用导致铁氧化物的快速结晶,成矿以热液作用为主。通过对同位素年代学、流体包裹体和磁铁矿结构及成分的研究,以及与宁芜及庐枞盆地玢岩型铁矿类比,认为金牛火山岩盆地存在玢岩型铁矿,盆地周边的矽卡岩型铁矿与玢岩型铁矿的磁铁矿-磷灰石型矿体具有密切的成因和空间关系,是在同一岩浆热液体系中形成的产物,即在超高温(约 800℃)形成玢岩型铁矿床,而在晚阶段(约 400℃)形成矽卡岩型铁矿床。

5. 深化了对区内成矿规律的认识

区内中生代燕山期是区内铜、铁、金等多金属矿产最重要的成矿期,与岩浆作用关系密切,成矿作用是岩浆活动特定阶段的产物,成矿略晚于成岩,年龄差距多在 0～2Ma 之间。区内成矿划分为早期(151～135Ma)和晚期(133～125Ma)两个成矿期和 4 个成矿阶段(151～145Ma、145～135Ma、133～130Ma、130～125Ma),主要成矿阶段为 145～135Ma,形成矽卡岩型铁矿、铁铜矿,矽卡岩-斑岩型铜金钼钨矿床;其次为 133～130Ma,形成矽卡岩型铁矿及玢岩型铁矿等。矿化区域性分带明显,自南向北为铜钼→金、钨钼→铜、铜铁、铁铜、铁,自西向东则为铁→铁铜→铜硫、铅锌的分带特征。区内铜、铁、金等多金属矿床具有北西西向成带、北北东向成串的总体特征。矿体均产于岩体与围岩的接触带及附近,主要赋存于岩体与碳酸盐岩断裂复合接触带、捕房体接触带、断裂带及其旁侧分支裂隙、不同岩性界面(硅钙面)或层间破碎带,矿体的倾向延深大于走向延长的 2～3 倍;受断裂构造控制的矿体多具有沿走向尖灭再现、沿倾向呈叠瓦状侧列再现的规律。

6. 进一步完善了区内成矿模式,建立了本区"三位一体"找矿预测地质模型

区内成矿主要与两期岩浆活动有关,第一期岩浆活动主要发育在隆起区,以(斑)岩体为中心向外扩散在岩体内形成斑岩型,在接触带处形成矽卡岩型,在接触带外侧围岩地层内层间滑脱带、层间破碎带、硅钙不整合面形成 Manto 型,在外围形成受断裂及裂隙控制的中低温热液型或类卡林型矿床(体)"四位一体"成矿样式。第二期岩浆活动主要分布于坳陷区,在火山岩盆地边缘或深部形成矽卡岩型铁矿,在火山岩盆地内形成与次火山岩有关的玢岩型(Kiruna 型)铁矿或次火山岩型(斑岩型)铜多金属矿。

第一期岩浆活动形成的矿产成矿地质体主要为150~135Ma侵入的中酸性或中基性岩浆岩。成矿构造主要为断裂-接触复合构造、捕虏体接触带构造、岩体内外断裂带及其旁侧分支裂隙、岩体外围岩不同岩性界面(硅钙界面)、围岩层间破碎带、爆破角砾岩筒等。成矿结构面主要为岩体与围岩的接触面、岩体内及围岩内裂隙面、不同岩性界面(硅钙界面)、断裂面、断裂-接触复合面等。成矿作用特征标志是在早阶段主要形成矽卡岩或角岩。氧化物阶段是铁、钨矿成矿主阶段,同时是铜、钼、金矿的成矿早阶段。早期硫化物阶段是铜、钼、金矿的成矿主阶段。晚期硫化物阶段是铜、金矿的成矿晚阶段,也是铅锌银矿的成矿主阶段。

第二期岩浆活动形成的矿产成矿地质体主要为135~125Ma之间的中基性闪长岩等侵入岩或中基性闪长玢岩等次火山岩;成矿构造主要有接触带构造、断裂-接触复合构造、火山机构、火山原生断裂构造、次火山岩体接触带与区域构造叠加复合构造等,成矿结构面主要有侵入岩体与围岩的断裂-接触复合面、火山岩型岩相构造面(火山岩型岩相界面、火山岩和沉积岩界面)、火山构造面(火山机构及其由火山喷发活动形成的放射状、环状断裂面)、次火山岩体构造面(次火山岩体顶部接触带、裂隙面)、次火山岩/侵入岩与碳酸盐岩的接触面等。成矿作用特征标志矽卡岩型铁矿与第一期岩浆活动类似,Kiruna型铁矿成矿早阶段为钠长石-阳起石-透闪石阶段,磷灰石-金云母-磁铁矿为成矿主阶段;成矿晚阶段为赤铁矿-黄铁矿-石英阶段和碳酸盐阶段。

7. 对区内深部找矿工作进行了总结,深化了本区成矿理论认识和方法技术应用,总结凝炼了深部找矿勘查思路

2005年以来,区内在大冶铁矿、铜绿山铜铁矿、鸡冠咀金铜矿、金山店铁矿、丰山洞铜钼矿等老矿山深部及外围均取得重大找矿突破和进展,累计新增铜金属量84.95×10^4t,铁矿石量8750×10^4t,金金属量71.42t。通过对深部找矿工作的总结,深化了多期次岩浆作用控制多期次成矿,断裂-接触复合构造控矿,形成工业矿体的重要因素是复杂的侵入断裂-接触复合带等的新认识,指出了老矿山及已知矿床(点)深边部、断陷盆地边缘、主要成矿岩体外缘的硅钙界面、火山岩盆地边缘的玢岩型铁矿或赋存于沉积岩中的金矿等重要的找矿方向,提出了针对不同类型矿床的物化探方法组合,总结凝炼了追索已知矿体走倾向延伸扩大矿床规模,利用矿体尖灭再现、侧列再现规律在已知矿体深边部寻找新矿体,验证已知矿床周边低缓的物化探异常以发现新矿体、新矿床的深部找矿勘查思路,对今后鄂东南矿集区深部找矿工作将起到较好的指导作用。今后,应加强综合找矿技术方法和最新物化探技术手段的应用,不断总结和更新对成矿规律的认识,查明鄂东南矿集区深部构造情况以指导深部找矿、开辟区内3000m以浅新的找矿空间。

第一章　成矿地质背景

鄂东南地区位于长江中下游铁铜成矿带西段、扬子陆块下扬子台坪，北以襄樊-广济断裂、郯庐断裂与桐柏-大别中间隆起相邻，南以江南断裂带与江南地轴北缘幕阜台坳相接，西邻江汉断陷，向东延伸至江西境内。

第一节　区域地质构造演化

区内构造发展演化可划分为3个阶段(胡正祥等，2016)：中元古代—新元古代青白口纪陆块拼合，统一扬子克拉通基底形成发展阶段；南华纪—三叠纪大陆裂解-增生-重组，统一中国大陆形成演化阶段；晚三叠纪—全新世陆内盆山演化阶段。

一、中元古代—青白口纪统一扬子克拉通基底形成发展阶段

中元古代—青白口纪，本区位于扬子陆块南缘和江南弧盆系交接处，形成双基底。新元古代青白口纪早期，古华南洋洋壳向扬子陆块俯冲，区内北部的扬子陆块南缘转变为活动陆缘，形成青白口纪陆缘岩浆弧，主体为一套TTG侵入岩组合。区内南部则为在洋内俯冲背景下形成的江南初始岛弧北侧的弧后盆地，是以冷家溪群为代表的一套碎屑岩夹火山岩建造。青白口纪末期，经弧-陆碰撞增生造山作用，江南弧盆系增生于扬子陆块南缘，形成青白口纪江南造山带。至此，统一扬子克拉通基底形成，其上接受了统一的南华纪盖层沉积。

二、南华纪—三叠纪统一中国大陆形成演化阶段

该阶段主要分为：南华纪—志留纪是华南板块发展形成阶段；泥盆纪—三叠纪是统一中国大陆形成阶段。

南华纪—志留纪，区内总体处在较稳定环境，属于扬子陆块南缘，接受南华纪—志留纪陆棚碎屑岩-台地碳酸盐岩盖层沉积。区域上至加里东运动，华南洋关闭，华夏陆块与扬子陆块汇聚成华南板块，区内由处于扬子陆块南缘转化为华南板块北缘。

南华纪—震旦纪，区内处于扬子陆块南缘向华南洋过渡区。早南华世莲沱组，为陆棚相细碎屑岩沉积；中南华世古城组、大塘坡组为滨海-陆棚间冰期沉积，形成一套偶含冰筏"坠石"的粉砂岩-砂泥岩组合；晚南华世南沱组，为冰海环境，形成含砾砂泥岩沉积。震旦纪为陆棚相向华南洋过渡区，海水相对较深，陡山沱组、灯影组以碳硅质岩-碳酸盐岩沉积为主。

寒武纪—志留纪，华夏陆块向扬子陆块靠近，华南洋逐渐消失关闭，最终在志留纪华夏陆块与扬子陆块在华南造山带拼合汇聚形成华南板块。寒武纪，本区呈现为低幅度地壳升降运动的特点。早寒武世为陆棚海环境，牛蹄塘组、石牌组为一套钙泥质、碳质沉积组合，晚期逐渐由开阔海向局限海转化，天河板组、石龙洞组为碳酸盐岩沉积；中寒武世高台组为局限台地碳酸盐岩沉积组合；晚寒武世娄山关组为陆棚台地碳酸盐岩沉积。奥陶纪早期，海侵作用加强，早中奥陶世表现为台棚相的交替，南津关组、红花园组、大湾组、牯牛潭组为一套稳定型的泥质碳酸盐岩沉积组合，岩性组合为碳酸盐岩、泥质岩多旋回重复。晚奥陶世随着华夏陆块向扬子陆块进一步靠近，华南造山带隆升，海盆向北迁移，在龙马溪组底部形成滞流环境的笔石页岩沉积。进入志留纪，随着华南洋关闭，本区由扬子陆块南缘转化为华南板块北缘，为滨、浅海相的砂泥质沉积。早志留世的新滩组、坟头组、茅山组为一海退沉积序列，以滨岸-潮坪相碎屑岩结束，转化为大陆环境，中晚志留世及早中泥盆世沉积缺失。

中泥盆世始，随着壳幔相互作用和板块运动，本区地壳再次开始沉降和隆升循环振荡，海侵、海退来回发生。晚泥盆世处于滨岸环境，云台观组以砂砾岩组合为主，向北以成熟度极高的石英砂岩为特征。早石炭世地壳抬升，本区缺失相应地层。晚石炭世，地壳又开始沉降，本区位于滨海潟湖环境向局限海到开阔海演进，大埔组以白云岩沉积为主，黄龙组以灰岩沉积为主。在鄂东南鄂城一带，大埔组顶部和黄龙组底部之间沉积有"宁乡式"铁矿（西山、雷山）。早二叠世，区内地壳抬升，船山组大部分缺失，只在本区南部有分布，为局限台地碳酸盐岩沉积。进入中二叠世，区内地壳开始沉降接受海侵，栖霞组以深色含碳泥质生物碎屑微晶灰岩夹燧石结核（条带）为主，茅口组以浅色微晶灰岩夹少量燧石结核或团块（条带）为主。中二叠世晚期至晚二叠世早期，地壳抬升，龙潭组形成海漫沼泽环境含煤陆屑建造。晚二叠世中期地壳又开始沉降接受海侵，下窑组为一套台地碳酸盐岩沉积，大隆组为硅质岩沉积，反映海侵达到高潮。早三叠世，地壳开始抬升，早中三叠世具有明显的海退特征。早三叠世早期，大冶组下部（第一段）以台棚间列的钙泥质沉积为主，形成薄层钙质页岩夹灰岩；中期至晚期，由开阔台地向局限台地和台地蒸发环境演化，大冶组中上部（第二段至第四段）主要形成灰岩、白云质灰岩、灰质白云岩，嘉陵江组主要形成白云岩、含膏白云岩、岩溶角砾岩、灰岩。中三叠世，本区仍以振荡为主，为滨海-陆源碎屑沉积环境，蒲圻组主要为紫红色砂质页岩、泥质粉砂岩夹细砂岩、细砾岩，下部夹黄绿色砂质页岩、粉砂岩。

三、晚三叠纪—全新世陆内盆山演化阶段

中三叠世末期印支运动，华北陆块与扬子陆块陆-陆碰撞，统一大陆形成，本区进入陆内盆山演化阶段。晚三叠世受南北印支期造山带影响，区内形成压陷盆地，但已上升至海平面附近，以海陆交互相沉积为特征，并逐渐演化为陆相盆地沉积。早侏罗世，本区在晚三叠世形成的压陷盆地基础上继承性发展。盆地发育与两侧的挤压抬升相对应，由先前的近海湖泊含煤陆屑沉积转变为内陆河湖相陆屑沉积。晚三叠世九里岗组以粉砂岩、泥岩含煤层为主，局部为含砾砂岩。晚三叠世至早侏罗世王龙滩组以石英砂岩、长石石英砂岩为主；早侏罗世桐竹园组为一套细碎屑岩，属河湖相杂色复陆屑巨厚堆积；中侏罗世花家湖组为一套紫红色泥质粉砂岩、泥岩夹灰绿色页岩及长石石英砂岩，属河流冲积相沉积。

晚侏罗世，燕山运动使包括上三叠统—中侏罗统在内的地层发生褶皱隆升剥蚀，造成区内沉积缺失。晚侏罗世晚期至早白垩世早期（145～130Ma），区内由强烈挤压造山向伸展垮塌过渡，伴随地幔及地壳深熔作用，造成区内大规模岩浆侵入，形成灵乡、阳新等一批同熔型中酸性杂岩体和小岩体，以及一系列与其有关的以矽卡岩型为主的铁铜金等矿产，同时有晚侏罗世马架山组钙碱性火山岩形成；早白垩世中晚期，区内进入伸展阶段，火山喷发活动较为强烈，形成灵乡组内陆湖泊相碎屑岩夹凝灰岩、安玄岩、安山岩等火山岩，以及大寺组安山岩、珍珠岩、流纹岩和凝灰岩等火山岩夹薄层粉砂岩。

进入晚白垩世，区内以伸展为主，表层地壳处于松弛状态，进入断陷-断坳盆地的重要发展时期。本

区由于基底断裂的张性复活，产生大冶、阳新等箕状盆地的山麓相堆积，形成公安寨组以棕色为主色调，其间夹橄榄玄武岩杂色的碎屑岩系。

第二节 地 层

区内地层发育较全，从元古宇至新生界，除缺失中、下泥盆统及下石炭统外，其余均有出露。前震旦系主要为一套中—浅变质岩，分布于南部边缘。震旦系—下三叠统主要为海相碳酸盐岩，次为碎屑岩，主要分布于本区中部广大地区。中上三叠统、侏罗系和下白垩统主要分布于灵乡—大冶—富池口以北地区，以陆相碎屑岩为主，局部为火山岩。上白垩统—古近系、第四系主要分布于长江沿岸、梁子湖、大冶湖、阳新盆地及其附近地区，为陆相碎屑岩及松散沉积物（表1-1）。

表1-1 区域地层简表

界	系	统	地层名称	代号	岩性特征
新生界	第四系	全新统		Qh	冲积、洪积物。岩性为砂、砾石、亚黏土及淤泥等
		更新统		Qp	残坡积、洪冲积物。岩性为亚黏土、网纹状亚黏土夹岩块、砾石层
	古近系		公安寨组	K_1E_1g	俗称"红层"，为一套紫红色砾岩、泥质粉砂岩。主要分布于长江沿岸及阳新、大冶等几个断陷盆地中
中生界	白垩系	上统	大寺组	K_1d	岩性为斜长流纹岩、珍珠岩、安玄岩、安山岩、英安岩、钾质粗面岩、熔结凝灰岩夹少量橄榄玄武岩，由火山喷发旋回及火山沉积岩组成
		下统	灵乡组	K_1l	上部为页岩、粉砂岩、砂岩夹安山岩；中部为粉砂岩、粗砂岩、凝灰质含砾砂岩；下部为粉砂岩、细砂岩、泥灰岩；底部为含砾粉砂岩夹钙质粉砂岩、砾岩、凝灰质含砾粗砂岩
	侏罗系	上统	马架山组	J_3m	上部为霏细岩、流纹岩、流纹质凝灰角砾岩；下部为流纹质熔结角砾岩、角砾集块岩；底部为砾岩
		中统	花家湖组	J_2h	上部为含砾长石石英砂岩；中部为粉砂岩；下部为粉砂岩、粉砂质泥岩夹细砂岩透镜体
		下统	桐竹园组（香溪群）	J_1t	黄色粉砂质页岩、粉砂岩夹煤层
			王龙滩组（香溪群）	T_3J_1w	石英砂岩、黄绿色粉砂岩夹碳质页岩、薄煤层
	三叠系	上统	九里岗组	T_3j	黏土岩、泥质粉砂岩、泥岩夹细砂岩，含菱铁矿结核，局部含煤层
		中统	蒲圻组	T_2p	钙质粉砂岩、泥质粉砂岩、砂质页岩、细砂岩，局部夹灰岩透镜体
		中下统	嘉陵江组	$T_{1-2}j$	砂泥岩夹灰岩透镜体，底部常具不连续的灰岩层，厚层状含生物屑灰岩、含砂砾屑灰岩，含泥质、硅质条纹带，薄层状去膏化泥晶云岩、去膏化白云石化层纹石灰岩、白云石化晶洞灰岩
		下统	大冶组	T_1d	上段为砂砾屑灰岩、鲕粒灰岩、鲕粒核形石灰岩、晶洞灰岩、薄层状泥晶灰岩、粉晶灰岩夹钙质页岩；中下段为中层状粉—微晶灰岩、砾屑灰岩与泥晶灰岩、页岩互夹或互层，页岩、硅质黏土岩、含硅质页岩夹薄—中层状泥晶灰岩

续表 1-1

界	系	统	地层名称	代号	岩性特征
上古生界	二叠系	上统	大隆组	P_2d	硅质灰岩夹钙质页岩，薄层硅质岩、黏土页岩夹灰岩透镜体
			下窑组	P_2x	含燧石结核生物屑灰岩，燧石有时呈薄层硅质岩
			龙潭组	P_2l	灰色含碳质页岩、粉砂岩、细砂岩、硅质岩，含1~3层煤
		中统	茅口组	P_1m	灵乡—大冶—大王殿以南为厚层含燧石结核生物屑灰岩夹硅质条带。北上部为硅质岩，下部为灰岩；鄂城以北全为硅质岩
			栖霞组	P_1q	上部为含碳质瘤状灰岩、含碳质生物屑灰岩，常含燧石结核或条带、碳质页岩；下部为黑色碳质灰岩夹煤层
		下统	梁山组	P_1l	深灰—灰黑色含碳质生物灰岩
	石炭系	上统	船山组	C_2c	上部为灰—深灰色厚层生物屑核形灰岩，下部为含碳质生物屑核形灰岩
			黄龙组	C_2h	灰色、灰白色厚层灰岩、生物屑灰岩
			大埔组	C_2d	灰白—浅黄色微粒云岩、砾状云岩，局部含燧石结核
	泥盆系	中上统	云台观组	$D_{2-3}y$	石英砂岩、含砾石英砂岩，底部为石英砾岩，全区均有分布，零星出露
下古生界	志留系	上统	茅山组	S_3m	灰绿色中—厚层状粉—细粒石英砂岩夹粉砂质黏土岩，局部含磷质，分布于毛铺—阳新—富池口一线以北地区
		中统	坟头组	S_2f	上部为黄绿色、灰绿色粉砂岩，粉砂质泥岩，局部夹透镜状磷块岩；下部为同色石英细—粉砂岩、粉砂质泥岩
		下统	新滩组	S_1x	黄色粉砂质页岩、页岩夹石英砂岩、石英粉砂岩
	奥陶系	中上统	龙马溪组	O_3S_1l	黑色含碳质页岩、粉砂质页岩，硅质岩夹含碳质页岩，含丰富的笔石化石。大幕山区夹泥质瘤状灰岩
			宝塔组	$O_{2-3}b$	灰绿色中层状泥质瘤状灰岩、泥岩或页岩，紫红色龟裂纹灰岩、瘤状灰岩、灰色中厚层龟裂纹灰岩、生物屑灰岩
		下统	牯牛潭组	O_1g	龟裂纹灰岩、生物屑灰岩，局部夹页岩
			大湾组	O_1d	薄层瘤状灰岩、生物屑灰岩，局部夹页岩
			红花园组	O_1h	生物屑灰岩、结晶灰岩、含燧石结核或硅质条带
			南津关组	O_1n	似瘤状灰岩、结晶灰岩、白云岩等夹燧石条带
	寒武系	中上统	娄山关组	$\in_2O_1l$	中—厚层白云岩、鲕状白云岩、砾状白云岩，局部含燧石，顶部为灰岩夹白云岩
			高台组	$\in_{1-2}g$	灰白色、深灰色块状白云岩、砾状白云岩、鲕状白云岩，上部夹含砾砂岩、石英砂岩
		下统	石龙洞组	$\in_1 sl$	深灰色厚—块状白云岩、白云质灰岩，下部具瘤状构造
			天河板组	$\in_1 t$	深灰色似虎皮状薄层鲕粒灰岩，下部夹薄层粉砂岩
			石牌组	$\in_1 s$	上部为灰绿色、灰绿色页岩，粉砂质页岩、粉砂岩；中下部为灰黑色页岩、钙质页岩、粉砂岩夹透镜体
			牛蹄塘组	$\in_1 n$	上部为白云岩、灰岩，含碳质、泥质灰岩；中部为灰岩夹黏土页岩或粉砂岩；下部为碳质页岩、粉砂岩，局部夹石煤

续表 1-1

界	系	统	地层名称	代号	岩性特征
古元古界	震旦系	上统	灯影组	$\epsilon_1 d$	泥质白云岩、灰质白云岩夹碳质页岩
		下统	陡山沱组	$Z_1 d$	灰—浅灰色薄—中层条带状白云岩、泥质白云岩夹页岩
	南华系	上统	南沱组	$Nh_2 n$	上部为变冰碛含砾砂质泥岩、砂岩、粉砂岩;中部为变粉砂岩、细砂岩、页岩、白云岩等;下部为冰碛含砾砂岩、砂页岩
		下统	莲沱组	$Nh_1 l$	上部为变含砾砂泥岩;中部为变凝灰质杂砂岩、深凝灰岩、板岩;下部为变含砾砂岩
中元古界			冷家溪群	$Pt_2 L$	灰绿色板岩、砂质板岩、含砾砂质板岩、千枚状绢云板岩、细粒杂砂岩、变粉砂岩、变砂砾岩等

第三节 岩浆岩

区内岩浆岩主要形成于中生代中晚期环太平洋大陆边缘活动发展阶段。燕山期是本区岩浆活动最为强烈和频繁的时期,岩浆活动呈现由南向北、从盆外到盆内的侵位特征,由中深、浅成、超浅成至喷出,岩石类型以中酸性岩类为主。喜马拉雅期,仍会发生一些沿深断裂分布的玄武岩喷溢,但规模不大。

岩浆岩的产出和空间分布受印支—燕山运动所形成的区域构造格架的控制,总体上被围陷于北部的襄樊-广济断裂、西部的梁子湖断裂和南部的鸡笼山-高桥断裂形成的三角区内。在三角区内,存在经苏皖运动发展、印支运动褶皱时期基本定型的南隆北坳,燕山运动特别是北东方向左旋扭应力对印支期构造的叠加改造为区内的岩浆侵位提供了空间。

区内侵入岩总体呈北北东向排列的特点,自北向南有鄂城、铁山、金山店、灵乡、殷祖、阳新六大岩体,及 10 余处分布的 40 多个小岩体群,总面积约 659km²。侵入岩体的产出主要受次一级北西西向、北西向、北东向 3 组构造控制。就单个岩体而言,位于北部的鄂城、铁山、金山店 3 个岩体呈北西西向展布;位于南部的阳新岩体呈北西向展布;灵乡岩体则呈北东向沿黄石-灵乡断裂带东缘展布,受该断裂控制。殷祖岩体位于灵乡岩体东南,也呈北东向展布。此外,沿近东西向的毛铺-两剑桥断裂带,有瓦雪地、白云山、犀牛山等小岩体群产出;丰山洞岩体群位于三角形区域东南角,与九江—瑞昌地区的岩体同属另一种构造环境。火山岩分布于中生代断陷盆地内侧,有金牛-太和及花马湖两个火山盆地,面积约 265km²,其中呈北东向展布于陈贵—灵乡一带的火山岩明显受控于黄石-灵乡断裂带。上述合计岩浆岩分布面积 924km²。

区内与矿关系密切的岩浆岩岩石类型主要为石英二长闪长玢岩、花岗闪长斑岩、石英二长闪长岩、闪长岩。此外,铁矿还与闪长玢岩有关。

第四节 构 造

中生代以来,区内构造活动频繁强烈,区内板块在印支运动、燕山运动的影响下形成了强烈的改造叠加的褶皱、断裂系统,成为区内盖层构造的主体构造格局,构造格局特点主要是燕山期形成的北北东向褶皱、断裂系统与印支期形成的北西西—近东西向褶皱、断裂系统叠加所形成的干涉图案;新生代构造变形往往受前期构造的影响和限制,表现形式主要为断裂,形成阳新、大冶、太和、蕲春等断陷盆地。

区内由北向南,依次分布有七大复式背向斜构造,即鄂城复背斜、花家湖复向斜、铁山复背斜、黄金山复向斜、保安-汪仁复背斜、大冶复向斜和殷祖复背斜。这些褶皱北部以北西西向为主,向南部逐渐过渡为近东西向,规模大,背向斜相间排列,向斜宽缓,组合成隔挡式褶皱。燕山期区内应力场由近南北向挤压变为北西西向挤压,表现为北西西向褶皱轴面呈局部向北突出的弧形,褶皱枢纽呈波状起伏,两翼地层向东收敛、向西撒开,两期褶皱的背斜叠加部位形成短轴背斜或鼻状背斜。区内共有15个大的断裂带,按方向分为5组,以形成较晚的北西西向(程潮断裂带、铁山-章山断裂带、保安-陶港断裂带)、北北东向(麻城-团风断裂带、鄂城-保安断裂带、姜桥-下陆断裂带、湖山-浮屠街断裂带、圻州-陶港断裂带)为主,次为北西向(襄樊-广济断裂带、谢华武-丰山洞断裂带、刘南塘-阳新断裂带)、北东向(鄂城-嘉鱼断裂带、黄石-灵乡断裂带、白沙铺断裂带)和近东西向(毛铺-两剑桥断裂带)。北西向、北东向和近东西向这3个方向的断裂为基底断裂,形成时间较早,但后期仍有活动。

控制本区内生金属矿床形成的构造因素比较复杂。区内内生金属矿床均随各大侵入体和一些小侵入体成群成带产出,在空间上主要赋存于燕山期中酸性侵入岩与下三叠统大冶组、中上三叠统嘉陵江组碳酸盐岩、中三叠统蒲圻组砂页岩的接触带上;其次是近接触带岩体中碳酸盐岩的残留体和捕虏体内与离接触带不远的碳酸盐岩层间的破碎带;远离接触带更次之。根据大量勘探资料,矿体基本上都与大理岩体接触带构造系统有关,除了北西西向断裂-接触带和北北东向横跨叠加背斜与北北东向断裂复合构造对成矿具有明显的控制作用外,北北东向、北东向、北西西向和北西向断裂以及大理岩层间破碎带对矿体的赋存也有重要的控制作用。

第五节 变质作用

区内变质作用主要有接触热变质作用、接触交代变质作用和动力变质作用。

一、接触热变质作用

接触热变质作用是岩体侵入到围岩地层,在应力及静压力作用很小、基本无化学活动性流体参与下,使碳酸盐岩、砂页岩地层发生重结晶作用的热力变质过程。当岩体与碳酸盐岩地层接触,碳酸盐岩普遍发生重结晶形成大理岩;当岩体与砂页岩接触,则形成角岩类的热力变质岩。大理岩或角岩变质程度和范围与岩体大小和接触带产状有一定的关系。岩体大,则大理岩或角岩分布范围就宽,反之分布范围变窄。一般远离岩体1km大理岩化即消失。围岩位于岩体上接触带时,大理岩或角岩分布范围就宽;围岩位于下接触带时,在平面上分布范围就变窄。接触热变质作用是成矿作用前的变质作用。

二、接触交代变质作用

在岩体与碳酸盐岩的接触带内,经气化热液的作用,发生扩散、渗滤交代两种方式的接触交代变质作用,形成以斜长石岩-矽卡岩为主的高温接触交代变质岩系。

区内接触交代变质作用强度与侵入深度和接触带的形态、构造发育程度、封闭条件及岩浆岩高温挥发分的丰度有关。一般侵入深度浅,矽卡岩发育,形成斜长石岩-矽卡岩组合;侵入深度大,矽卡岩不发育,甚至只形成大理岩。接触带形态复杂,则交代蚀变作用强烈。构造发育,裂隙丰富的接触带附近交代蚀变作用强烈。封闭条件好,热液挥发分丰富,交代蚀变亦强烈。

矽卡岩类型与围岩性质有关。当围岩为灰岩时，形成钙矽卡岩，主要为石榴子石矽卡岩，其次是硅灰石矽卡岩、方柱石矽卡岩、绿帘石矽卡岩；当围岩为白云岩时，形成镁矽卡岩，主要为金云母矽卡岩、透辉石矽卡岩，其次是量很少的镁橄榄石矽卡岩、硅镁石矽卡岩；当围岩为灰质白云岩、白云质灰岩时，形成钙镁矽卡岩，此类矽卡岩与区内成矿关系密切，主要有透辉石矽卡岩、金云母透辉石矽卡岩、透辉石石榴子石矽卡岩、石榴子石透辉石矽卡岩，其次有透闪石-阳起石矽卡岩。

三、动力变质作用

动力变质作用是原有岩石在构造作用下受到应力作用，发生不同程度的破碎、粉碎或塑性变形及重结晶形成动力变质岩的过程。动力变质岩主要产出于断层带、剪切带内，常呈带状分布。

动力变质岩在区内表现为破碎带、节理、劈理，分布于断裂带、断裂-接触复合带和褶皱的不同部位，其中接触带附近的断层系和断裂-接触复合带形成的构造角砾岩、碎裂岩和岩石次生裂隙是区内成矿流体运移、矿质沉淀的主要通道和空间，与成矿关系密切。

第六节 区域矿产

区内矿产资源十分丰富，现已查明的有铜、铁、金、铅、锌、银、钨、钼、锑、钒、硫铁矿、石膏、石灰岩、大理岩、白云岩、天青石、煤等 40 余种矿产，共 700 余处矿床(点)。

铁、铜、铅、锌、金、银等金属矿床多为接触交代型、接触交代-斑岩型、斑岩型、热液充填交代型、沉积热液改造型及风化淋滤型。在空间上的分布与燕山期中酸性岩浆岩的分布一致，主要分布于区内岩体接触带附近，它们紧密相伴，成带分布，分段集结。

非金属矿产主要有非金属化工原料(硫铁矿、含钾岩石、化工用石灰岩、方解石、重晶石、天青石)、冶金辅助原料(熔剂石灰岩、白云岩)、建材原料及其他非金属矿产(石膏、水泥用页岩、砖瓦黏土、大理岩、花岗岩、硅灰石、透闪石、高岭土、陶瓷土和长石)等。矿床类型主要有海相沉积型、沉积热液改造型、热液充填交代型、热接触变质型、接触交代变质型。

第二章 铜铁金矿产分布及典型矿床

区内成矿以铁、铜、金为主,伴有钨、钼、铅、锌等。成矿类型主要为矽卡岩型、矽卡岩型-斑岩型及热液型。铁矿主要分布于坳陷区,隆起区以铜、金、钨、钼为主,铁、铜矿主要分布于过渡区。

铁矿包括矽卡岩型、岩浆热液型和火山热液型3种成因类型矿床,代表性矿床分别有程潮铁矿、灵乡铁矿和王豹山铁矿等;铁铜矿主要为矽卡岩型成因,共(伴)生的金可达大型规模,代表性矿床为铁山铁铜矿、铜绿山铜铁矿等;铜、钨、钼、金多金属矿包括矽卡岩型和斑岩型两种成因类型,代表性矿床为铜山口铜钼矿床、鸡冠咀金铜矿床和阮家湾钨钼(铜)矿床等。在该区南部还分布有中低温热液型铅锌银(锰)矿床,以银山矿床为典型代表。

第一节 铁 矿

铁矿类型以矽卡岩型为主,其次为岩浆热液型及火山热液型。矽卡岩型铁矿床与中酸性侵入岩有关,成矿岩体岩性包括闪长岩、石英闪长岩、石英二长岩、花岗岩等,大的侵入岩体通常是多期次岩浆侵位形成的复式岩体。这些岩体多侵位于含多层膏盐层的三叠纪海相碳酸盐岩地层,在岩体与地层接触带上形成矽卡岩铁矿床,典型代表有程潮、张福山、余华寺等铁矿床。岩浆热液型及火山热液型铁矿床发育在金牛火山岩盆地及其周缘,岩浆热液型铁矿床主要分布于灵乡岩体及其周围,代表性矿床有刘家畈、广山、脑窖、刘岱山、狮子山等,成矿以充填方式为主,蚀变类型有硅化、绿泥石化、钾化、钠化、金云母化、碳酸盐化,但干矽卡岩不发育。火山热液型铁矿床主要分布在早白垩世火山岩分布区内,代表性矿床有王豹山、王母尖、梅山等,成矿以高温热液充填为主,矿石类型以砾岩和角砾岩型为主,热液蚀变主要有硅化、石榴子石化、绿泥石化、碳酸盐化。

一、程潮铁矿床

程潮铁矿床位于鄂州市东南11km处,鄂城侵入杂岩体南缘中段,北北西向鄂城背斜与陈家桥向斜间的次级褶曲广山-黄林嘴斜歪背斜南翼,是长江中下游成矿带最大的铁矿床,已探明储量 $20\ 798.8\times 10^4$ t,矿石品位 $36\%\sim 51\%$(最高可达 61%),伴生钴、硫和石膏且均为大型规模。矿床的形成与鄂城侵入杂岩体关系密切。鄂城杂岩体主要由花岗岩和闪长岩组成,LA-ICP-MS 锆石 U-Pb 年龄分别为 (128.8 ± 0.5)Ma 和 (140.0 ± 0.3)Ma(姚磊等,2013)。

(一)矿区地质概况

区内地层主要为三叠纪碳酸盐岩、碎屑岩和早侏罗世页岩、粉砂岩等碎屑岩,分布于矿区南部

(图 2-1),成矿主要与中—下三叠统嘉陵江组灰岩、白云质灰岩和中三叠统蒲圻组碎屑岩有关。印支期形成的北西西向构造和燕山期形成的北东向构造为区内主要构造样式,北西西向挤压逆断层与花岗岩或闪长岩侵入中—下三叠统嘉陵江组灰岩、白云质灰岩、白云岩与蒲圻组砂页岩接触面(硅钙面)附近的接触带,复合形成的断裂-接触复合带构造,控制矿体的形成、形态及产状。

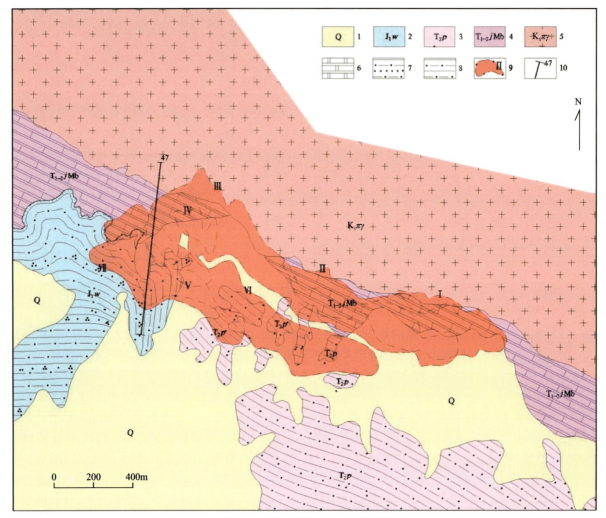

图 2-1 鄂州市程潮铁矿床地质略图

1.第四纪松散沉积物;2.下侏罗统王龙滩组;3.中三叠统蒲圻组;4.中—下三叠统嘉陵江组(白云岩);5.早白垩世斑状花岗岩;6.大理岩;7.砂质页岩夹砂岩;8.砂质页岩;9.隐伏矿体及编号;10.隐伏断层及编号

(二)矿体特征

区内在东西长 2.5km、南北宽 100~700m 的范围内发现大小矿体 123 个,多为隐伏矿体,主要赋存于花岗岩、闪长岩与其外侧含石膏碳酸盐岩围岩的接触带及其附近。接触带呈阶梯状,主矿体赋存于各个台阶由陡变缓的部位,并且更多地分布在外接触带及其外侧围岩中,内接触带铁矿体少见。矿体在平面上呈北西西向叠层平行排列,横剖面上呈首尾错叠的雁行状排列。矿体形态不规则,多呈透镜状、豆荚状、似层状产出,走向一般为北西西—南东东,倾向南或南南西,倾角各处不一,有陡有缓,一般为 30°~47°,矿体向北西西侧伏,侧伏角 4°~12°(图 2-2)。铁矿体规模相差较为悬殊,其中 7 个主矿体(Ⅰ、Ⅱ、Ⅲ、Ⅳ、Ⅴ、Ⅵ、Ⅶ)呈叠瓦状或雁行排列,赋存在 23~-1055m 标高范围内,矿体赋存标高依次减小,储量约占程潮铁矿储量的 95%。

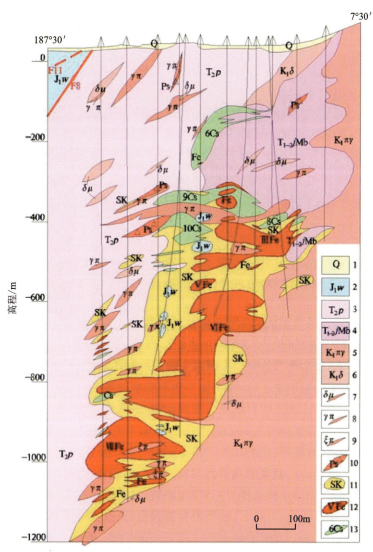

图 2-2 程潮铁矿区 47 勘探线剖面图

1.第四纪松散层；2.下侏罗统武昌组；3.中三叠统蒲圻组；4.中—下三叠统嘉陵江组（大理岩）；5.早白垩世斑状花岗岩；6.早白垩世闪长岩；7.闪长玢岩脉；8.花岗斑岩脉；9.二长斑岩脉；10.角砾岩；11.矽卡岩；12.铁矿体及编号；13.石膏矿体及编号

（三）矿石特征

矿石类型以磁铁矿矿石为主。矿石矿物主要有磁铁矿和赤铁矿，脉石矿物主要是石榴子石、透辉石、硬石膏、方解石等，其次为绿帘石、透闪石、阳起石、方柱石、金云母、蛇纹石、绿泥石、石英、黄铁矿、黄铜矿、石膏等。

磁铁矿：矿石中的含量在 20%～90% 之间，呈自形—半自形（图 2-3a）、他形粒状或集合体产出，常见其交代早期的矽卡岩矿物，以及被赤铁矿、黄铁矿、石英、方解石、硬石膏等矿物交代（图 2-3c～d）。磁铁矿常含 Mg、Al、Si、Ca 等少量或微量元素，与赋矿围岩中磁铁矿的化学成分有系统的差别。通过对系统的矿相学研究发现，矿床可能存在多个阶段的磁铁矿。

赤铁矿：晶粒非常细小，自形程度低，往往是交代磁铁矿形成的，常呈网脉状或不规则状分布（图 2-3a）。碳酸盐阶段的赤铁矿主要呈针状，与方解石组成细脉穿插早阶段形成的岩石或矿石。此外可见大量镜铁矿,在手标本中呈深灰色,具金属光泽的片状集合体,镜下主要为针状或放射状,常与黄铁矿、方解石、绿泥石共生(图 2-3b),局部呈黄铁矿-镜铁矿脉或纯镜铁矿脉产出。

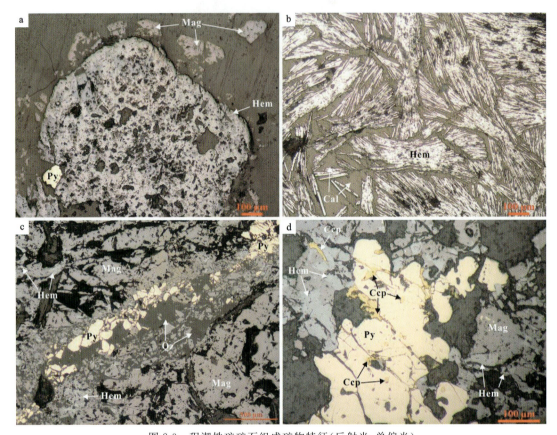

图 2-3 程潮铁矿矿石组成矿物特征(反射光,单偏光)
a.赤铁矿交代磁铁矿;b.自形针状、放射状镜铁矿;c.黄铁矿呈脉状交代磁铁矿后又被石英沿裂隙充填交代;d.黄铜矿呈脉粒状交代黄铁矿或呈他形粒状被包裹在黄铁矿中。Mag.磁铁矿;Hem.赤铁矿(镜铁矿);Py.黄铁矿;Ccp.黄铜矿;Qz.石英;Cal.方解石

矿石构造主要有块状构造、浸染状构造、脉状构造、斑杂状构造和角砾状构造 5 种。最常见的为块状构造,磁铁矿在矿石中含量占 80% 以上,颗粒比较细小,有少量黄铁矿、赤铁矿等与其共生(图 2-4a~c)。其次为浸染状构造(稠密浸染状),磁铁矿呈集合状在矽卡岩、大理岩或硬石膏中不均匀分布着,含量在 40%~80% 之间(图 2-4d)。脉状构造有两种:一是磁铁矿呈脉状沿大理岩的裂隙充填交代,脉壁呈波浪形,且大理岩中可见少量磁铁矿颗粒(图 2-4e);二是晚期热液脉穿入磁铁矿矿石中(图 2-4f~g)。斑杂状构造为块状矿石在后期热液作用下形成,可见硬石膏呈斑杂状分布在磁铁矿矿石中(图 2-4h)。角砾状构造也有两种:一种是早期围岩破碎形成角砾,为磁铁矿所胶结(图 2-4i);另一种是磁铁矿呈角砾状,被后期的矽卡岩矿物胶结。

(四)变质作用与围岩蚀变特征

矿床围岩蚀变发育且种类繁多,主要有钾长石化、钠长石化、矽卡岩化、绿泥石化、硬石膏化、碳酸盐化、黄铁矿化、绢云母化等。其中矽卡岩化与成矿关系最为密切。

钠长石化、钾长石化在岩体中广泛发育,主要表现为斜长石或钾长石被碱性长石交代。单偏光镜下的长石颗粒均已看不清边界,多呈棕色,颜色分布不均匀。在扫描电镜下可见浅灰色的钾长石被深灰色钠长石交代(图 2-5)。

图 2-4 程潮铁矿床矿石宏观特征

a. 含金云母的块状磁铁矿矿石;b. 块状磁铁矿矿石,含有细粒金云母、阳起石、黄铁矿呈浸染状分布并被晚期的方解石细脉切穿;c. 块状磁铁矿矿石,含有方解石、绿帘石,并有早期的金云母透辉石矽卡岩残余;d. 含有黄铁矿和蛇纹石的稠密浸染状磁铁矿矿石;e. 大理岩中的脉状磁铁矿,其中左边为磁铁矿脉中的后期方解石脉;f. 含方解石脉的磁铁矿矿石,黄铁矿呈浸染状分布;g. 磁铁矿矿石中含有方解石-黄铁矿-镜铁矿脉;h. 硬石膏呈斑杂状分布在磁铁矿矿石中;i. 磁铁矿矿石包裹闪长玢岩角砾。Mag. 磁铁矿;Py. 黄铁矿;Hem. 赤铁矿(镜铁矿);Phl. 金云母;Ep. 绿帘石;Di. 透辉石;Cal. 方解石;Anh. 硬石膏;Srp. 蛇纹石;marble. 大理岩;diorite porphyrite. 闪长玢岩

矽卡岩化主要发育在侵入岩与碳酸盐岩的接触带上及其附近,以钙矽卡岩(石榴子石)为主,其次为镁矽卡岩(透辉石),退化蚀变矿物主要有绿帘石、绿泥石、角闪石等。与白云岩接触的矽卡岩中可见金云母、蛇纹石共生的现象。石榴子石分布非常广泛(图 2-5a),环带结构发育,局部可见核部全被消光、边部有发育环带的现象,常与透辉石等矿物共生(图 2-5b),可见有被磁铁矿、绿帘石、绿泥石、碳酸盐等矿物交代的现象,有时被磁铁矿完全交代形成假象。扫描电镜-能谱分析表明,石榴子石主要为钙铁榴石,其次为钙铝榴石。透辉石多与石榴子石、磁铁矿等共生(图 2-5b、d、e)。方柱石在薄片中无色透明,晶形为长柱状,后期可能发生钠化或绢云母化(图 2-5j),常与石榴子石、透辉石共生,含量很少。能谱分析结果表明,方柱石中 Cl 含量为 $3\%\sim4\%$,钙柱石的端元组分为 $25\%\sim31\%$,属于钠柱石到针柱石的范围。

绿泥石化分布较广,是一种常见的晚期热液蚀变,主要分布在接触带与附近的围岩中,整体呈深绿色,常叠加在矽卡岩化、黄铁矿化之上,往往呈细脉状沿裂隙分布(图 2-5a、i)。

硬石膏化常与碳酸盐化伴生,广泛发育在接触带及附近的大理岩、矽卡岩、铁矿体中。硬石膏在手标本中呈白色或浅紫色,自形程度较高(图 2-5h)。

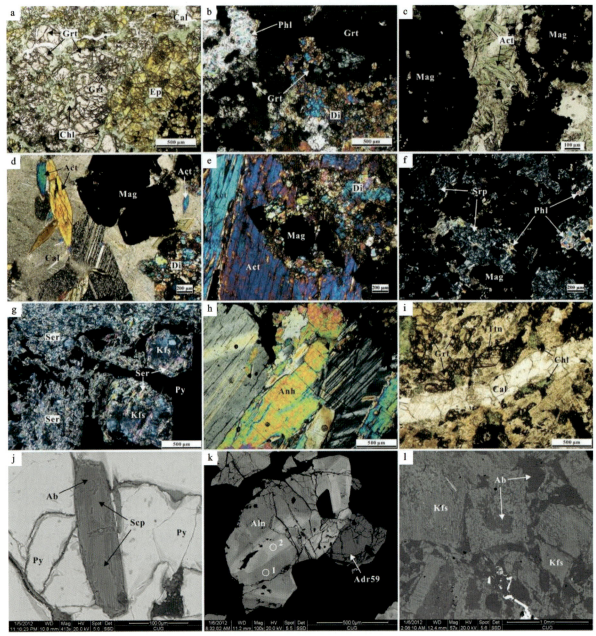

图 2-5 程潮铁矿主要围岩蚀变类型及蚀变矿物

a. 石榴子石被绿帘石、绿泥石交代，可见后期方解石细脉（透射光，单偏光）；b. 石榴子石与透辉石共生，被金云母交代（透射光，正交）；c. 磁铁矿中的纤维状、放射状阳起石（透射光，单偏光）；d. 后期方解石充填交代透辉石、磁铁矿、阳起石（透射光，正交）；e. 透辉石-阳起石矽卡岩（透射光，正交）；f. 磁铁矿与蛇纹石、金云母共生（透射光，正交）；g. 钾长石发生绢云母化蚀变，黄铁矿呈脉状产出（透射光，正交）；h. 硬石膏的Ⅱ级干涉色（透射光，正交）；i. 后期方解石脉穿过早期石榴子石矽卡岩，可见少量绿泥石和榍石（透射光，单偏光）；j. 长柱状方柱石，被钠长石交代（扫描电镜）；k. 褐帘石和钙铁榴石，褐帘石环带发育，分析点1的稀土元素含量为16.07%，分析点2的稀土元素含量为10.50%（能谱分析结果）；l. 钠长石交代钾长石（扫描电镜）。Mag. 磁铁矿；Py. 黄铁矿；Grt. 石榴子石；Di. 透辉石；Ep. 绿帘石；Act. 阳起石；Phl. 金云母；Chl. 绿泥石；Srp. 蛇纹石；Ser. 绢云母；Anh. 硬石膏；Cal. 方解石；Ttn. 榍石；Scp. 方柱石；Ab. 钠长石；Kfs. 钾长石；Aln. 褐帘石；Adr. 钙铁榴石

黄铁矿化主要发育在接触带及其附近的碳酸盐岩中,常叠加在矽卡岩化之上或分布于铁矿体中(图2-5d),黄铁矿多呈星散状、细脉状或斑块状与绿泥石、碳酸盐、硬石膏等共生,手标本中呈浅黄色,自形程度较高,粒径为0.1~2mm。黄铁矿在磁铁矿阶段和碳酸盐阶段均有产出,磁铁矿阶段黄铁矿常呈脉状或不规则状交代磁铁矿,又被较晚形成的石英充填交代(图2-4c~d);碳酸盐阶段的黄铁矿自形程度较好,常与方解石共生,呈脉状穿过矿体。部分黄铁矿富Co。与黄铁矿化伴生的硫化物主要是黄铜矿,磁铁矿阶段的黄铜矿与黄铁矿伴生,常呈细脉状穿过黄铁矿颗粒或呈他形粒状包裹在黄铁矿中(图2-4d);碳酸盐阶段的黄铜矿常与方解石、硬石膏、黄铁矿及赤铁矿共生。

绢云母化主要分布于接触带及其附近的花岗岩、闪长岩、矽卡岩或铁矿体中。分布不广,蚀变较弱,多表现为绢云母交代斜长石和方柱石(图2-5g)。

碳酸盐化是矿床发育最为广泛的一种晚期热液蚀变,常叠加在矽卡岩化、绿泥石化等早期蚀变之上。碳酸盐化形成的碳酸盐矿物往往呈星散状、斑块状产出,局部可见细脉(图2-5a、d、i)。

二、灵乡铁矿床

灵乡岩体西段分布有中、小型的富铁矿床10余个,构成灵乡铁矿田。矿田内矿床从东向西呈"井"字形排开,组成刘家畈-铁子山、狮子山北-小包山-玉屏山、脑窖-广山-刘岱山共东、中、西3个矿带(图2-6)。矿带之间呈近等距分布,东、中矿带相距大致为2.4km,中、西矿带相距为2~2.4km。在各个矿带之间还存在着小的矿床(点),如在中、西矿带中间有神麻山铁矿,脑窖和广山之间存在后吴铁矿点。

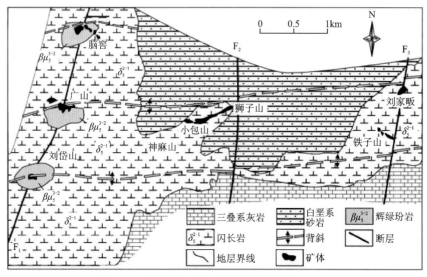

图2-6 灵乡铁矿田地质图(据夏金龙等,2010)

矿田内地层自南向北出露由老到新的三叠系、侏罗系、白垩系,从浅海相碳酸盐岩—陆相红色碎屑岩—陆相火山-沉积岩系变化分布,其中三叠系的含膏碳酸盐岩与成矿关系最为密切,是主要的赋矿岩层。矿田构造较为复杂,主要表现在燕山期的北北东向构造叠加于印支期东西向构造之上,以断裂破碎带和隐伏褶皱及侵入接触构造为主,其中闪长岩体与大理岩接触带是最主要的控矿构造。岩浆岩主要为灵乡岩体的一部分,以斑状闪长岩和细粒闪长岩为主,均发生不同程度的钠化,与成矿关系密切。

矿体大多产于闪长岩体与大理岩接触带上,在闪长岩体的顶缘接触带周围以及大理岩的残留体与断裂构造发育部位也有产出。矿体形态复杂,产状多变,有透镜状、囊状、不对称马鞍状以及其他不规则状。

(一)矿床特征

以西矿带的脑窖、广山矿床为代表进行介绍。

1. 矿区地质

脑窖、广山矿床均位于殷祖复式背斜北翼,灵乡侵入体西北缘,北北东向脑窖-广山断裂带中。其中脑窖矿床位于断裂与近东西向脑窖-九眼桥背斜的交会部位,而广山矿床位于断裂和近东西向广山-刘家畈背斜的交会部位。

出露地层较为简单,主要为下三叠统大冶组(T_1d)灰岩、白云质灰岩和下白垩统灵乡组(K_1l)砂砾岩,地层走向北西,倾向北东,倾角30°左右。岩浆岩属于灵乡岩体一部分,主要为闪长岩,与成矿关系密切,见少量石英斑岩脉和辉绿岩脉。区内褶皱和断裂发育及捕房体发育,捕房体主要由大冶组灰岩、白云质灰岩组成,它与岩体的接触带是矿区最主要的控矿构造。

2. 矿体地质

1)脑窖矿床

由Ⅰ~Ⅷ号共13个矿体组成,几乎所有矿体都产于斑状闪长岩中大理岩捕房体接触带内,受北北东向断裂控制,主要沿着北北东向断裂构造分布,即分布在东西长510m、南北宽450m的范围内,矿体赋存标高为地表至−120m(图2-7),有辉绿岩脉穿过矿体。其中Ⅰ~Ⅳ号矿体规模较大,其余规模较小。Ⅰ号矿体位于地表,平面上呈囊状,剖面上呈似层状,走向近东西,长500m,宽20~125m,整体呈向深部弯曲的背形,向南北两个方向倾斜,倾角一般为2°~11°,最大倾角35°,矿体全铁品位52.81%。Ⅱ号矿体走向近东西,长310m,倾向南,倾角20°~30°,最大延伸420m,厚4.51~57.00m,形态复杂,呈不规则的脉状、肾状、囊状。Ⅲ号矿体位于Ⅱ号矿体之下,与其近乎平行排列,走向长270m,倾向南,倾角20°,最大延伸320m,厚度4.6~51m,形态复杂。Ⅳ号矿体走向近东西,长100m,呈马鞍状,向南北倾斜,倾角25°~60°,北陡南缓,形态复杂,中央厚四周薄,一般厚25~60m,平均30m。

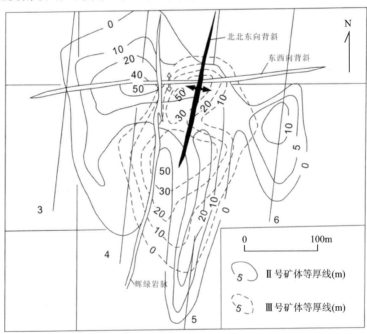

图2-7 脑窖矿床矿体等厚线图(据姚书振,1983)

2) 广山矿床

广山矿床共发现 6 个矿体,主要分布于近东西向背斜的鞍部及其南北两翼,赋存于闪长岩与大理岩接触带,呈不规则透镜状产出。主矿体 I 号矿体总长度为 850m,宽 250～325m,厚 40～87m,赋存深度在 140.50～210m 之间,走向近东西,南翼倾角 35°～50°,北翼倾角 30°～50°。矿体的形态比较复杂,其中部呈厚层状、囊状、马鞍状,两侧急剧减小,最后尖灭于大理岩与斑状闪长岩中;矿体边部为薄层状,纵向上分叉复合现象十分显著,其中常夹斑状闪长岩和大理岩透镜体,辉绿岩脉穿插矿体,它的侵入时间晚于矿体形成时间。

矿体最大厚度部位和近东西向褶皱构造轴线方向大体一致。在北北东向褶皱构造和近东向褶皱构造的交会部位,矿体的厚度增大,逐渐成为矿体中心部位(图 2-8)。矿体形态既保留原地层变化时的褶皱形态,又在原褶皱的背斜轴部空间内形成厚度较大的矿体。纵剖面上呈不对称马鞍状和不规则状。

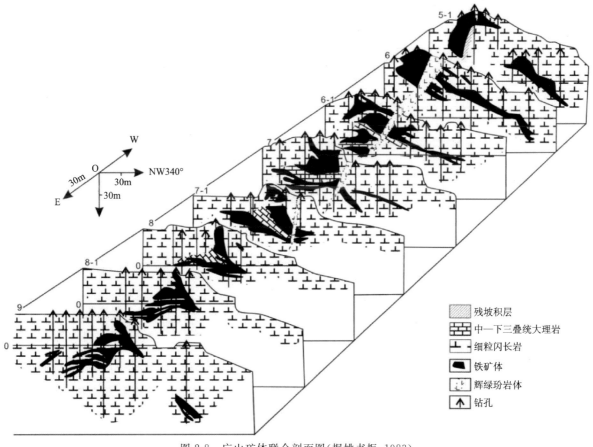

图 2-8 广山矿体联合剖面图(据姚书振,1983)

(二)矿石特征

1. 矿石结构

矿石结构主要有自形—半自形晶结构、他形结构、交代残余结构、包含结构、镶边结构、假象结构、环带结构、骸晶结构、网状结构、似草莓结构等。

自形—半自形晶结构、他形结构:磁铁矿呈大小不等、不规则的粒状或团块分布在矿石之中(图 2-9a、c);黄铁矿呈自形—半自形晶结构或者他形结构沿磁铁矿裂隙分布(图 2-9d)。

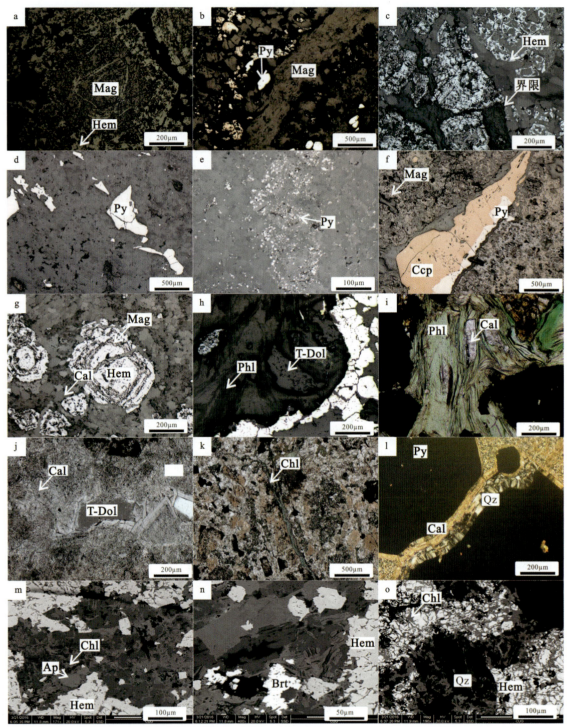

图 2-9 灵乡矿床西矿带矿石显微图

a. 磁铁矿被赤铁矿交代形成环带结构；b. 磁铁矿集合体呈脉状穿插矿体；c. 磁铁矿被赤铁矿、绿泥石、碳酸盐类交代；d. 自形较好黄铁矿；e. 可能地层来源黄铁矿，呈似草莓状；f. 氧化的黄铜矿交代黄铁矿；g. 方解石脉穿插矿体；h. 矿体中的铁白云石；i. 金云母与方解石共生；j. 铁白云石被碳酸盐类交代，与之呈脉状充填矿体；k. 绿泥石呈脉状穿插矿体；l. 方解石脉与石英脉穿插矿体中；m. 矿石中被绿泥石交代的磷灰石（背散射图像）；n. 矿石中的重晶石（背散射图像）；o. 矿石中的绿泥石与赤铁矿共生（背散射图像）。Mag. 磁铁矿；Hem. 赤铁矿；Py. 黄铁矿；Ccp. 黄铜矿；Cal. 碳酸盐类；Phl. 金云母；Ank. 铁白云石；Chl. 绿泥石；Ap. 磷灰石；Brt. 重晶石；Qz. 石英

交代残余结构:赤铁矿交代磁铁矿形成交代残余结构(图 2-9g),黄铁矿交代磁铁矿以及赤铁矿形成交代残余结构(图 2-9b),黄铁矿被黄铜矿交代形成交代残余结构(图 2-9f)。

包含结构:磁铁矿被晚期的黄铁矿包含(图 2-9d)。

镶边结构、假象结构、环带结构:赤铁矿交代磁铁矿形成镶边结构、假象结构、环带结构(图 2-9g)。

骸晶结构:磁铁矿被赤铁矿、绿泥石和碳酸盐类交代形成骸晶结构(图 2-9c)。

网状结构:黄铁矿被压碎,被碳酸盐脉穿插沿裂隙充填形成网状结构(图 2-9h)。

似草莓结构:黄铁矿呈似草莓结构分布在矿石中(图 2-9e)。

2. 矿石构造

矿石构造主要有致密块状构造、脉状构造、网脉状构造、角砾状构造等。

致密块状构造:在矿区发育普遍,磁铁矿在矿石中以致密集合体形态产出,均匀分布,矿体与岩体接触界线一般清楚截然(图 2-9b、c,图 2-10a)。

脉状构造:在矿区普遍发育,磁铁矿呈脉状集合体充填穿插于围岩中,矿石与围岩接触界线一般清楚截然(图 2-9b)。

网脉状构造:在矿区分布广泛,较为常见,碳酸盐以细脉状充填穿插磁铁矿中(图 2-9b、f),或者磁铁矿以细脉状充填胶结岩体形成网脉状,后期又被碳酸盐充填交代(图 2-10b)。

角砾状构造:矿区常见构造,发育较为普遍,早期的磁铁矿矿石呈角砾状被碳酸盐脉或者晚期的磁铁矿脉胶结(图 2-10a)。

图 2-10 灵乡矿床西矿带磁铁矿矿石构造

a.磁铁矿呈网脉状胶结角砾状闪长岩,后又被碳酸盐充填交代(右下);b.方解石呈细脉状穿插磁铁矿。Mag.磁铁矿矿石;Dio.闪长岩;Cal.方解石;Py.黄铁矿

3. 矿物组成

矿床矿石矿物成分组成比较简单,金属矿物主要有磁铁矿、黄铁矿、黄铜矿、赤铁矿等;非金属矿物主要是铁白云石、金云母、绿泥石、方解石、石英等;次要矿物有磷灰石、金红石、重晶石等。

磁铁矿(Fe_3O_4):最主要的矿石矿物,在矿石中含量一般为 20%～80%。手标本磁铁矿为铁黑色,显微镜下为红棕色,半自形—他形细粒状结构,粒径在 0.05～0.5mm 之间。部分磁铁矿表面发育明显的振荡环带结构,可能为原生磁铁矿后期发生了溶解-再沉淀作用形成的,但其局部被赤铁矿交代(图 2-9a)。磁铁矿常被黄铁矿、赤铁矿、方解石、绿泥石等交代(图 2-9c),与金云母、黄铁矿、赤铁矿、绿泥石等共生。

赤铁矿(Fe_2O_3):主要分布于矿体上部的氧化带中,与磁铁矿共生或者交代磁铁矿、黄铁矿等形成(图 2-9a、c、g),为主要的矿石矿物,显微镜下为亮白色,大小为 100～400μm。早期赤铁矿主要在磁铁矿阶段、石英—硫化物阶段与磁铁矿共生或者交代磁铁矿形成假象磁铁矿,沿着磁铁矿边缘分布,在交代比较强烈的部位,赤铁矿完全交代磁铁矿,仅残留磁铁矿假象。晚期赤铁矿为氧化-次生富集阶段磁铁矿等氧化形成。

黄铁矿(FeS):主要呈条带状分布于矿石中,为常见矿物。显微镜下为亮黄白色,大小为 $20\sim600\mu m$,部分晶形较好。黄铁矿分为两种类型:一种呈自形、半自形粒状结构(图 2-9d),部分被赤铁矿、黄铜矿、碳酸盐交代,与磁铁矿、赤铁矿共生或交代磁铁矿阶段,主要在磁铁矿阶段、石英-硫化物阶段产出;另一种黄铁矿粒度较小,呈他形、放射状、有似草莓结构(图 2-9e),部分表面蚀变,被碳酸盐脉、石英脉充填,部分与方解石、石英等一起沿磁铁矿矿石的裂隙呈脉状充填,此类黄铁矿可能来源地层。

金云母:主要形成于磁铁矿阶段,产于磁铁矿的裂隙中,手标本下为墨绿色,显微镜下为淡绿色,呈片状,小至几微米,大至一两百微米,具有多色性和高干涉色,被方解石脉充填,与磁铁矿界线平整截然,与磁铁矿等共生或略晚于磁铁矿形成(图 2-9i)。

绿泥石:分布于矿石氧化带上或成脉状穿插在岩(矿)石中,显微镜下为淡绿色,呈他形,大小为 $50\sim200\mu m$ 不等。根据绿泥石产状最少可分为两阶段,早阶段与磁铁矿、赤铁矿、黄铁矿等共生或者交代磁铁矿、赤铁矿等形成(图 2-9o、m),主要形成于磁铁矿阶段;晚阶段呈脉状穿插在岩(矿)石中(图 2-9k)或者在交代长石等矿物中,部分与方解石等共生,主要形成于石英-硫化物阶段、碳酸盐阶段。

石英:主要分布于原生矿石带上,呈粒状(图 2-9o)、脉状产出。显微镜下为灰黑色,大小为 $50\sim150\mu m$ 不等,自形较完好,少数呈他形,其表面有少量杂质,部分呈脉状充填于矿体中(图 2-9l),主要形成于石英-硫化物阶段。

磷灰石:矿石中较为常见,主要分布于矿石裂隙中,被碳酸盐类、绿泥石交代(图 2-9m)。显微镜下为灰黑色,呈自形—半自形柱状、板状,粒径为 $0.1\sim5mm$。

4. 变质作用及围岩蚀变特征

围岩蚀变主要有碳酸盐化、绿泥石化、钠长石化、黄铁矿化以及金云母化。金云母化与成矿关系最为密切。

碳酸盐化:发育广泛,主要表现为方解石呈脉状、网脉状穿插于闪长岩或矿体中,或者交代闪长岩等在围岩中形成,一般分布于矿体上部几十米的围岩中(图 2-11a、e)。

绿泥石化:本区发育最广泛的一种围岩蚀变,早阶段绿泥石为墨绿色,常与磁铁矿共生或略晚于磁铁矿形成,为磁铁矿阶段的产物,主要分布于矿体中;晚阶段绿泥石颜色较浅,主要交代长石、角闪石、黄铁矿等矿物或者呈脉状充填在岩(矿)裂隙中而形成的,为晚期热液活动蚀变产物,主要形成于石英-硫化矿阶段、碳酸盐阶段,常分布于围岩及矿体中(图 2-9k、图 2-11b)。

钠长石化:一般发育在矿体周围的闪长岩中,尤其是在矿体下部的闪长岩中钠化比较强烈,表现为钠长石对闪长岩的斜长石、黑云母、角闪石等矿物交代。钠化过程中,闪长岩中的角闪石、黑云母等矿物被钠长石交代后析出铁、镁组分,这些组分在原地或者就近结晶形成绿泥石等富镁铁矿物(图 2-11c)。

黄铁矿化:主要发育于近矿围岩中,黄铁矿多呈稀疏浸染状交代磁铁矿、赤铁矿,常与绿泥石化伴生,局部形成黄铁矿-绿泥石化带(图 2-9q、图 2-11d)。

金云母化:发育普遍,与矿体关系密切,分布在矿体与围岩的接触带中,金云母主要交代斜长石、钠长石等矿物(图 2-11f)。

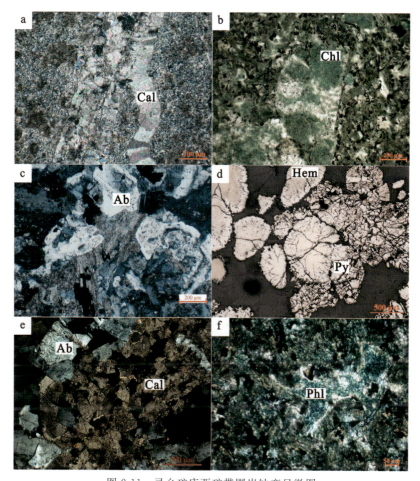

图 2-11　灵乡矿床西矿带围岩蚀变显微图

a.碳酸盐交代穿插于围岩中；b.绿泥石交代岩体；c.斜长石、角闪石发生钠长石化；d.黄铁矿交代磁铁矿、赤铁矿；e.碳酸盐交代长石等矿物；f.金云母交代围岩。Cal.碳酸盐类；Chl.绿泥石；Ab.钠长石；Hem.赤铁矿；Py.黄铁矿；Phl.金云母

三、王豹山铁矿床

王豹山铁矿床位于金牛火山岩盆地北缘，大冶复式向斜北翼次级构造张华泗背斜的南翼，王豹山岩体的西南缘。

（一）矿区地质概况

矿区地层主要为中三叠统蒲圻组（T_2p）长石石英砂岩、粉砂岩、粉砂质页岩，下侏罗统桐竹园组（J_1t）粉砂质页岩和粉砂岩及下白垩统灵乡组（K_1l）砾岩层，其中灵乡组砾岩层的灰岩角砾与成矿关系密切。地层走向北西西，倾向南西，倾角50°～84°，呈单斜产出。岩浆岩为王豹山小岩体，岩性主要为石英闪长岩、闪长岩、黑云母闪长岩、斑状闪长岩，与成矿关系较为密切，脉岩则多见闪长玢岩，常切穿岩体及矿体；区内构造主要为断裂构造和侵入接触带构造，与成矿有一定的关系（图2-12）。

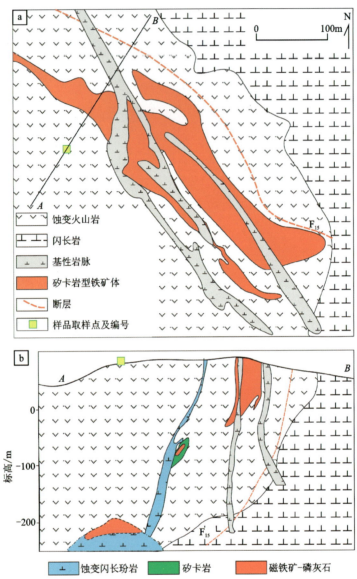

图 2-12 王豹山矿床地质图及典型的勘探线剖面图(据 Hu et al, 2020 有修改)

(二)矿体特征

区内已发现铁矿体 18 个。Ⅰ~Ⅷ号矿体主要呈透镜状、似层状赋存于下白垩统灵乡组($K_1 l$)砾岩层的底部含灰岩砾石砾岩中,以Ⅰ号矿体规模最大,其他Ⅱ~Ⅷ号矿体规模较小,分别产于其上下或走向延伸部位。1~10 号矿体主要分布于Ⅰ~Ⅷ矿体的北部,产出于石英闪长岩与砂页岩的接触带及附近,规模较大的为 1 号和 7 号矿体,其他矿体规模也较小。主矿体Ⅰ号矿体查明铁矿石资源储量占全区的 77%。

Ⅰ号矿体:呈似层状赋存于接触带外侧灵乡组砾岩层的底部含灰岩砾石砾岩中,走向北西 130°~310°,倾向南西,倾角 55°~80°,走向长约 500m,地表出露最大宽度 130m,向深部呈楔形尖灭,倾斜延深 360m,赋存标高 130~-230m(图 2-12)。

Ⅶ号矿体:呈似层状产于石英闪长岩与围岩(砂岩)接触带上,走向北西,倾向南西,倾角 26°~40°,平均另行 33°,走向长约 366m,倾斜延深 50~100m,厚度 2.62~9.46m,平均 7.82m,赋存标高 -9~-95m。

(三)矿石特征

1. 矿石类型

根据矿物组合主要分为矽卡岩型磁铁矿矿石和磁铁矿-磷灰石型铁矿石,磁铁矿-磷灰石型铁矿石与次火山岩-闪长玢岩密切相关,多呈脉状产出,表现为磁铁矿-磷灰石呈不规则脉状穿插或者胶结英安岩及闪长玢岩。

2. 矿物组成

矿石金属矿物主要为磁铁矿,次为赤铁矿、黄铁矿,少见磁黄铁矿,偶见菱铁矿等。矽卡岩型磁铁矿矿石的脉石矿物主要为石榴子石、方解石、白云石,次为绿泥石、石英、长石、绿帘石等(图 2-13);磁铁矿-磷灰石型铁矿石的脉石矿物主要为透辉石、磷灰石、钠长石,局部可见阳起石及少量的石英、方解石、榍石等(图 2-14)。

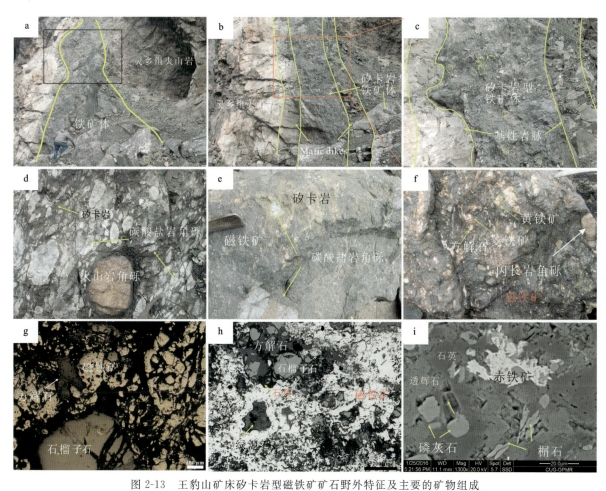

图 2-13 王豹山矿床矽卡岩型磁铁矿矿石野外特征及主要的矿物组成

a.铁矿体与灵乡组火山岩接触关系较为截然;b、c.晚阶段基性岩墙穿插磁铁矿体;d.碳酸盐岩和火山岩角砾呈椭圆状,被矽卡岩矿物胶结;e.铁矿体中的碳酸盐角砾;f.铁矿体中的火山岩角砾;g、h.磁铁矿、方解石、石榴子石共生;i.磷灰石、赤铁矿、透辉石、榍石等共生

磁铁矿:主要矿石矿物,多呈半自形—他形粒状分布,直径 0.04~5mm,分为低钛磁铁矿和高钛磁铁矿两类。低钛磁铁矿通常和矽卡岩矿物共生(图 2-13g),背散射图像具有明显的振荡环带,具有低的 Ti 和 V 而具有高的 Si 含量。高钛磁铁矿具有明显的钛铁矿的出熔结构,含有较高的 Ti、V、Al 及 Mg,少量磁铁矿具有富 Si 的条带。在磁铁矿-磷灰石型矿石中,磁铁矿与磷灰石密切共生,相互包裹,显示两者近于同时形成,磁铁矿中具有典型的钛铁矿的出熔结构,而且由于出熔造成的结构缺陷,使得磁铁矿常常出现类似方铅矿的黑三角孔结构(图 2-14f)。

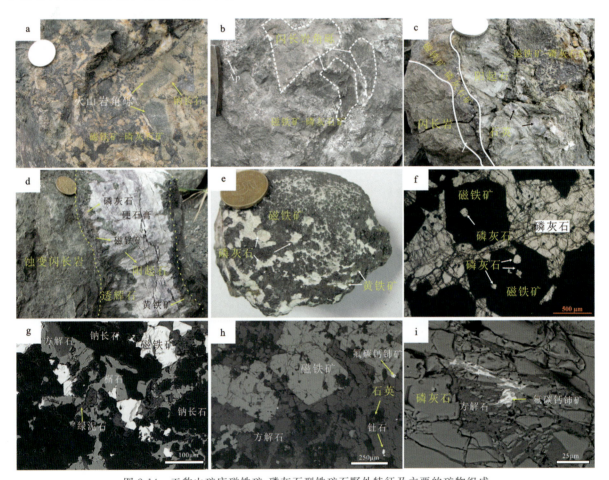

图 2-14 王豹山矿床磁铁矿-磷灰石型铁矿石野外特征及主要的矿物组成

a、b.磁铁矿-磷灰石矿体中包含火山岩角砾;c.脉状和角砾状磁铁矿-磷灰石矿石;d.硬石膏磷灰石脉穿插于蚀变闪长岩中;e.典型磁铁矿-磷灰石矿石;f.磁铁矿与磷灰石共生;g.磁铁矿、榍石和钠长石共生;h.氟碳钙铈矿和钍石在铁矿石中出现;i.氟碳钙铈矿与磷灰石和方解石共生

赤铁矿:矿床内不发育,有少量赤铁矿出现在矽卡岩中,叠加在早阶段形成的透辉石等矽卡岩矿物上,呈片状集合体产出(图 2-13i)。

黄铁矿:矿石中较为常见矿物。在矽卡岩型矿石中常常交代磁铁矿,与碳酸盐矿物共生。在磁铁矿-磷灰石矿石中常常叠加在磁铁矿和磷灰石之上,呈脉状或浸染状产出(图 2-14e)。

3. 矿石结构构造

矿石结构主要为自形—半自形粒状结构,次为他形结构、包含结构等。

自形—半自形结构、他形结构:磁铁矿呈现出大小不等、不规则的粒状或团块分布在矿石之中(图 2-13g、h、i,图 2-14a、c);方解石或者稀土矿物呈他形结构沿着磷灰石裂隙呈网脉状交代(图 2-14i)。

包含结构:磷灰石呈自形结构被磁铁矿所包裹(图 2-14f)。

矿石构造主要有浸染状及斑块状构造,次为致密块状、条带状、角砾状(图 2-13、图 2-14)、皮壳状及蜂巢状等构造。磁铁矿-磷灰石矿石主要胶结赋矿的火山岩,其中火山岩大多发生强烈的碱质交代形成钠长石,或者胶结含矿闪长玢岩形成致密块状、浸染状及角砾状构造等。

(四)围岩蚀变特征

围岩蚀变十分强烈,类型多样,主要有钠长石化、绿泥石化、硅化、碳酸盐化,次为矽卡岩化、绿帘石化、硬石膏化、黄铁矿化等,总的表现为在矿体下盘弱而上盘强。

钠长石化:在英安岩及闪长岩围岩中碱性交代发育广泛,形成大量的钠长石。

矽卡岩化:主要发育于矽卡岩型矿石中,主要由石榴子石、透辉石、绿帘石及绿泥石等矿物组成(图 2-13)。

磁铁矿-磷灰石矿石则发育广泛的磷灰石-透辉石-阳起石组合的蚀变,同时还发育有硬石膏化、硅化(图 2-14)。

碳酸盐化及黄铁矿化在矿床中普遍发育,为成矿晚阶段的蚀变。

第二节　铁铜矿

区内铁铜矿以矽卡岩型为主,主要分布在铁山岩体东部,阳新岩体西北段,代表性矿床包括铁山、铜绿山、石头咀、铜山等矿床。矿体主要产在闪长岩或花岗闪长岩与下三叠统大冶组、嘉陵江组碳酸盐岩地层的接触带及其附近。

一、铁山铁铜矿床

该矿床位于铁山复式背斜北翼、铁山侵入体南缘中段(图 2-15),隶属黄石市铁山区,是一个以铁、铜为主,伴生钴、硫、金、银矿产的大型矿床。

(一)矿区地质概况

区内地层主要为上二叠统大隆组和龙潭组以及下三叠统大冶组和下—中三叠统嘉陵江组。大冶组与嘉陵江组是区内分布最广的地层,与成矿关系密切。深部矿体最常见的近矿围岩是嘉陵江组第一段厚层大理岩和白云质大理岩,次为大冶组第四段的中厚—厚层大理岩。燕山期以来铁山岩体的多次侵入以及与岩体侵入热接触动力变质有关的褶皱、断裂构造和印支期北北西向构造叠加交织,构成了矿区复杂的构造变形特征。区内岩体为铁山岩体的一部分,主要为驾虹山岩体,由黑云母透辉石闪长岩、辉石闪长岩、角闪石英二长闪长玢岩、角闪二长闪长岩组成,与成矿关系密切。矿区内该岩体南缘接触带除龙洞一带为向南陡倾外,其余地段在浅部+50m、0m 或-50m 标高以上均向北倾,使岩体超覆在大理岩之上;在深部,接触带则逐渐拐向南倾变成正常的侵入接触。

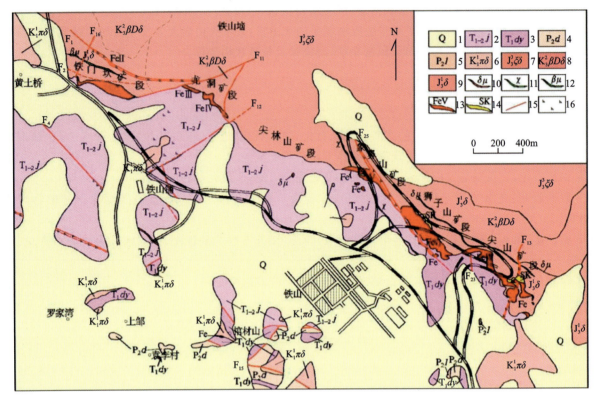

图 2-15 黄石市铁山铁铜矿床地质略图

1.第四纪松散层;2.中—下三叠统嘉陵江组;3.下三叠统大冶组;4.上二叠统大隆组;5.上二叠统龙潭组;6.早白垩世早期斑状闪长岩;7.晚侏罗世晚期正长闪长岩;8.晚侏罗世中期黑云母透辉石闪长岩;9.晚侏罗世早期中粗粒闪长岩;10.闪长玢岩;11.煌斑岩;12.辉绿岩;13.铁矿体及编号;14.矽卡岩;15.断层;16.角砾岩

(二)矿体特征

该矿床主要有 6 大主矿体(1~6 号矿体),分布在铁山岩体南缘正长闪长岩、细斑石英正长闪长玢岩或黑云母透辉石闪长岩与大冶组、嘉陵江组碳酸盐岩接触带上,呈北西西向展布,长 4.9km,自西而东依次构成了铁门坎矿段、龙洞矿段、尖林山矿段、象鼻山矿段、狮子山矿段和尖山矿段,除尖林山 3 号矿体为隐伏矿体外,其他都有露头。

矿床除 6 个主要的大矿体外,在深部还有 26 个小矿体,大小矿体共 32 个。从地表来看,这 6 大主矿体互不相连,但经生产勘探和矿山开采查明,除铁门坎矿段以外,其余 5 大主矿体在地表以下不深处即连成了一体,成为一个统一的大矿体。矿体主要产在正接触带岩体一侧,与围岩接触界线截然清晰,矿体的形态和产状主要受有断裂叠加的接触带和派生的低序次断裂及大理岩捕虏体接触带控制。矿体的总体走向为北西西向,上部倾向北北东,向深部即转向南南西倾斜。矿体倾角变化很大,有的很缓,近于平卧(尖林山 3 号矿体东部和象鼻山 4 号矿体),有的很陡,达 87°、90°(铁门坎 1 号矿体、狮子山 5 号矿体)(图 2-16)。矿体的边界无论沿矿体的走向或沿倾向均呈舒缓波状变化。在横剖面上,各大主矿体都主要赋存在铁山岩体南缘接触带上,但也常见矿体的北端插入内接触带的闪长岩中,在靠近大理岩一侧,可见到有矿体的短小分支插入大理岩中。

矿床内的 6 大主矿体,单个矿体的规模均较大,走向长度均为 360~750m,沿倾斜延伸 60~670m,一般 100~300m;厚 10~180m,一般厚 30~100m。6 个主矿体的赋存标高在 226~-444m 的范围内。沿矿体走向,大致有中间高、两头低的特征。

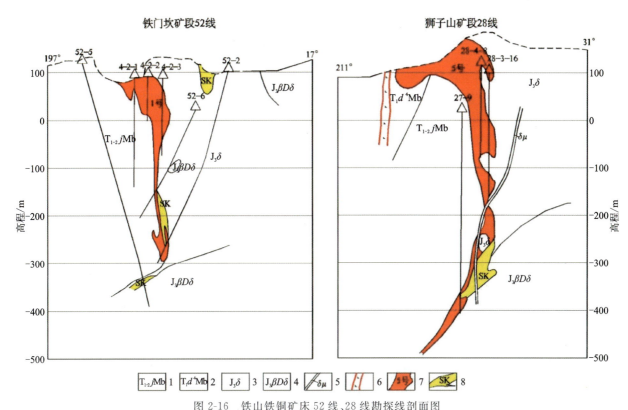

图 2-16 铁山铁铜矿床 52 线、28 线勘探线剖面图

1.下—中三叠统嘉陵江组大理岩；2.下三叠统大冶组第四段大理岩；3.晚侏罗世闪长岩；4.晚侏罗世黑云母透辉石闪长岩；5.闪长玢岩脉；6.断裂破碎带；7.铁矿体及编号；8.矽卡岩

(三) 矿石特征

1. 矿石类型及矿物组成

矿石工业类型主要为铁矿石、铁铜矿石，矿石自然类型分为原生矿石和氧化矿石。

原生矿石以含铜磁铁矿-赤铁矿-菱铁矿矿石为主，其次为黄铁矿-黄铜矿矿石。矿石的金属矿物主要为磁铁矿、赤铁矿、菱铁矿、黄铜矿、磁黄铁矿，少量含有斑铜矿、镜铁矿、辉铜矿、辉钼矿、方铅矿等。矿石的非金属矿物主要为白云石、透辉石、绿泥石、方解石、金云母、方柱石、绿帘石、石榴子石、阳起石、硬石膏等。

氧化矿石以含铜褐铁矿-赤铁矿矿石为主，矿石的金属矿物主要为铁和铜的氧化物，主要有赤铁矿、褐铁矿、赤铜矿、孔雀石等，次为铜蓝、蓝铜矿和软锰矿等，并含有不等量的原生矿物。

2. 矿石结构

矿石结构以他形粒状结构为主，其次为交代结构（交代残余和交代骸晶结构），少见自形—半自形粒状结构、填隙结构、假象结构、骸晶结构、压碎结构等。

他形粒状结构：磁铁矿呈不规则粒状分布，黄铜矿充填交代他形粒状磁铁矿（图 2-17b）。

交代结构：矿床中最常见的结构类型，磁铁矿充填交代早期矽卡岩矿物，如透辉石（图 2-17a）；磁铁矿被后期赤铁矿、硫化物、碳酸盐矿物交代，磁铁矿局部表现为岛屿状或不规则残余体，呈交代残余结构（图 2-17g、h）；磁铁矿被晚期矿物沿裂隙穿插交代，呈脉状交代结构（图 2-17e、f）；磁铁矿被碳酸盐、硫化物、赤铁矿交代，局部呈港湾状、锯齿状，呈浸（溶）蚀结构（图 2-17f、h）。

自形—半自形粒状结构:磁铁矿和黄铁矿呈自形—半自形产出于矽卡岩孔洞中或气孔状、花斑状矿石中。也可见透辉石、阳起石等呈自形—半自形分布于磁铁矿中(图2-17a)。

填隙结构:碳酸盐矿物或金属硫化物沿磁铁矿晶隙充填交代(图2-17b、c)。

假象结构:赤铁矿对磁铁矿的交代溶蚀作用进行得彻底,保留了磁铁矿的外形(图2-17g)。

骸晶结构:自形磁铁矿的内部和边缘被方解石、赤铁矿溶蚀交代,并保留磁铁矿残骸外形(图2-17f)。

压碎结构:半自形黄铁矿受动力作用产生裂缝或小位移并产生许多碎块,并且裂隙被黄铜矿充填(图2-17i)。

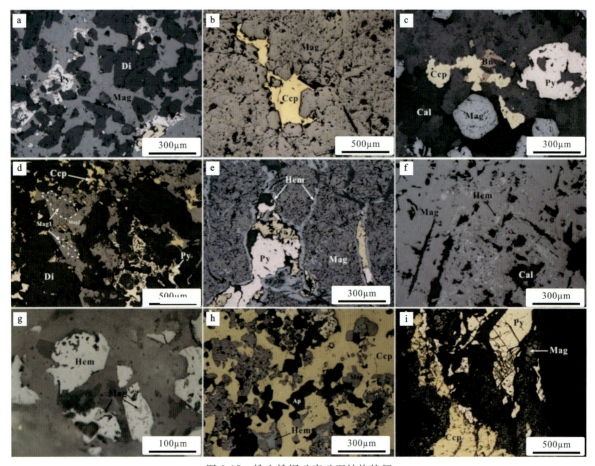

图2-17 铁山铁铜矿床矿石结构特征

a.结晶晚的磁铁矿充填于自形—半自形透辉石所形成的颗粒空隙间,可见晚期黄铜矿、黄铁矿交代磁铁矿;b.黄铜矿沿自形—半自形粒状磁铁矿晶隙充填交代;c.方解石中有自形—半自形磁铁矿,并可见黄铜矿、黄铁矿和斑铜矿;d.透辉石中充填交代两期磁铁矿(第一期磁铁矿分布于中心部位,并多呈黑色麻点状分布,可能为硅酸盐包裹体;第二期磁铁矿分布于边部,没有或很少有黑色麻点分布,可能是一期含硅酸盐包裹体的磁铁矿受交代形成所致;此外还可见后期黄铜矿、黄铁矿充填交代磁铁矿);e.赤铁矿呈不规则细脉状充填交代磁铁矿,后期形成的黄铜矿、黄铁矿又充填交代赤铁矿脉;f.早期具环带结构磁铁矿被后期方解石和赤铁矿沿环带或不规则状交代;g.赤铁矿交代磁铁矿,呈假象结构,部分赤铁矿中可见残余磁铁矿;h.黄铜矿、黄铁矿充填交代早期形成的他形晶粒状磁铁矿和磷灰石,且磁铁矿被赤铁矿不规则交代;i.黄铜矿、黄铁矿充填交代细粒磁铁矿,局部可见黄铜矿呈网脉状沿黄铁矿裂隙穿插交代。Di.透辉石;Mag.磁铁矿(Mag1、Mag2为第一期和第二期磁铁矿);Ccp.黄铜矿;Py.黄铁矿;Bn.斑铜矿;Hem.赤铁矿;Cal.方解石;Ap.磷灰石

3. 矿石构造

矿石构造以块状构造为主,其次为浸染状、花斑状和条带状构造,局部见脉状、气孔状、角砾状等构造。

块状构造：最为常见，磁铁矿在矿石中含量占80%以上，有少量黄铁矿、黄铜矿、赤铁矿、菱铁矿等与之共生，并可见少量透辉石、金云母等脉石矿物。它分为致密块状（图2-18a）和砂质块状（图2-18b）两种。前者磁铁矿较粗大，后者磁铁矿结晶较细，砂质块状断面有粉砂岩的质感。

图2-18　铁山铁铜矿床典型矿石的构造

a. 致密块状磁铁矿矿石，磁铁矿结晶较粗大，含有透辉石、方解石、黄铁矿及少量金云母；b. 砂质块状磁铁矿矿石，磁铁矿结晶较细，断面有粉砂岩的质感，含方解石和菱铁矿；c. 含黄铁矿和透辉石的稠密浸染状磁铁矿矿石；d. 石榴子石-透辉石矽卡岩孔洞中的磁铁矿粗晶；e. 花斑状磁铁矿-赤铁矿矿石，方解石呈斑杂状分布，并且矿石矿物与脉石矿物略具条带状分布特征；f. 条纹状磁铁矿-赤铁矿矿石，方解石呈条纹状分布于矿石矿物中；g. 角砾状磁铁矿矿石，方解石胶结磁铁矿角砾，可见方解石晶洞；h. 孔洞状磁铁矿矿石，有的孔洞中含黄铁矿、黄铜矿和金云母（左图），有的含粗粒方解石（右图）；i. 层孔状矿石，由磁铁矿与赤铁矿和成层的气孔组成，洞壁上铁矿物自形较好，且粒度比较粗大，气孔中常见硫化物；j. 磁铁矿与大理岩截然接触，接触边界有透辉石-金云母矽卡岩化；k. 斑杂状磁铁矿矿石，含硬石膏较多，且其呈斑杂状分布；l. 透辉石矽卡岩中的磁铁矿细脉，磁铁矿脉被后期黄铁矿短脉穿切。marble. 大理岩；skarn. 矽卡岩；Mag. 磁铁矿；Grt. 石榴子石；Di. 透辉石；Phl. 金云母；Anh. 硬石膏；Cal. 方解石；Sd. 菱铁矿；Py. 黄铁矿；Ccp. 黄铜矿；Hem. 赤铁矿

浸染状构造：主要为稠密浸染状构造，也可见浸染状。磁铁矿含量在 30%～80% 之间，主要呈集合体在矽卡岩中不均匀分布（图 2-18c）。

花斑状构造：硬石膏、方解石、铁白云石和菱铁矿呈花斑状分布于磁铁矿矿石中（图 2-18e、h）。

条带状（条纹状）构造：方解石、菱铁矿呈细条纹状连续—断续分布于磁铁矿-赤铁矿矿石中（图 2-18f）。一些花斑状矿石中矿石矿物与脉石矿物也略具条带状分布特征（图 2-18e）。

脉状构造：磁铁矿呈脉状沿围岩或矽卡岩的裂隙充填交代形成。充填交代大理岩的磁铁矿脉脉壁呈波浪形，界线截然、较规则（图 2-18j），大理岩中可见少量磁铁矿颗粒、充填交代矽卡岩的磁铁矿脉形态多样且脉体界线不规则（图 2-18l），磁铁矿多充填于矽卡岩孔洞或裂隙中，偶见孔洞中结晶较粗大的磁铁矿晶体（图 2-18d）。

气孔状（层孔状）构造：矿石中原生孔洞发育，常见孔洞中生长有磁铁矿、方解石、金云母及硫化物等矿物晶粒（图 2-18h）。磁铁矿与赤铁矿和成层的气孔组成层孔状磁铁矿矿石（图 2-18i），由气孔状磁铁矿-赤铁矿与成层状的空洞组成，矿体疏松，易碎成粉状。

角砾状构造：磁铁矿呈角砾状，被后期的矽卡岩、碳酸盐矿物胶结（图 2-18g）。

（四）变质作用与围岩蚀变特征

围岩主要有矽卡岩化、钠化、钾化、硅化、金云母化、绿泥石化、碳酸盐化和高岭石化等。其中矽卡岩和碱质交代岩与矿化时空关系较为密切，在形成时间上早于矿化作用或相继形成；在空间上与矿化和矿体伴生并大致重合。矽卡岩有透辉石矽卡岩、石榴子石-透辉石-方柱石矽卡岩和石榴子石矽卡岩。围岩蚀变的发育程度与岩浆岩类型有一定关系，矽卡岩化、碱质交代等在中细粒含石英闪长岩分布地段表现甚微，而在黑云母透辉石闪长岩分布地段则相当发育，内带中尤为明显。

1. 碱质交代

该矿床的碱质交代可分为钾质交代和钠质交代两大类，在矿区岩体中广泛发育。钾质交代表现为钾长石化，钠质交代表现为钠长石化，并以钠长石化为主。矿区接触带附近的钠长石化多受裂隙控制呈网脉状，并多发生在第二次侵入的黑云母透辉石闪长岩中，与方柱石-金云母-透辉石-石榴子石网脉有密切的空间关系，而第一次侵入的中细粒含石英闪长岩钠长石化较弱，且有些地段还有钾长石化。宏观上，遭到钠长石化的岩石颜色由于暗色矿物显著减少或消失而明显变浅，矿物颗粒边界模糊，大部分变为浅灰色或灰白色，并常略带浅粉红色，具团块状、脉状—网状构造（图 2-19a）。单偏光镜下的长石颗粒均已看不清边界，多呈棕色，颜色分布不均匀（图 2-20c）。阴极发光图像中能看到钠长石化后斜长石的交代残余结构（图 2-20b、d），图中斜长石为蓝—蓝紫色，被呈红色的钠长石交代。

2. 矽卡岩化

矽卡岩化是矿床最为发育的围岩蚀变，主要发育在黑云母透辉石闪长岩与大理岩的接触带及其附近，而在中细粒含石英闪长岩的接触带上矽卡岩化强度较弱，矽卡岩（带）与矿体在空间上密切共生，充分体现了接触交代作用及其所形成的矽卡岩是成矿作用的重要组成部分和标志。

矽卡岩以钙矽卡岩（石榴子石、方柱石、绿帘石）为主，其次为镁矽卡岩（透辉石、金云母），蚀变矿物主要为石榴子石和透辉石，矽卡岩的退化蚀变矿物主要有绿帘石、绿泥石、角闪石等。

图 2-19　铁山铁铜矿围岩蚀变宏观特征

a.闪长岩中的粗脉状碱质交代现象,后期绿帘石-石榴子石细脉穿切碱质交代粗脉;b.石榴子石-透辉石矽卡岩,后期方解石、黄铁矿叠加交代;c.淡绿色阳起石与磁铁矿共生,阳起石呈柱状、放射状;d.石榴子石矽卡岩,可见大量绿帘石叠加其上;e.金云母-透辉石矽卡岩磁铁矿矿石,金云母呈团脉状分布;f.绿泥石交代闪长岩,其沿岩体裂隙分布;g.硬石膏充填交代磁铁矿,矿石呈花斑状;h.方解石呈脉状或网脉状胶结破碎磁铁矿或沿磁铁矿的裂隙延伸,并发育方解石脉晶洞构造;i.菱铁矿胶结磁铁矿角砾。Alkali metasomatism. 碱质交代;diorite. 闪长岩;Ep. 绿帘石;Grt. 石榴子石;Di. 透辉石;Phl. 金云母;Chl. 绿泥石;Anh. 硬石膏;Cal. 方解石;Sd. 菱铁矿;Mag. 磁铁矿;Py. 黄铁矿

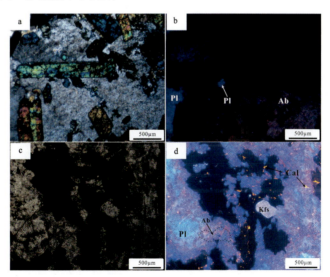

图 2-20　钠长石化与碳酸盐化显微镜下特征(正交,单偏光)及阴极发光图

a.钠长石化(正交),发生钠长石化的部分斜长石光性发生明显变化;b.钠长石化(阴极发光),红色为钠长石,蓝紫色为斜长石,可见钠长石中残余的斜长石;c.钠长石化闪长岩(单片光),可见斜长石发生泥化,表面较脏;d.钠长石化和碳酸盐化(阴极发光),橘黄色的细粒为方解石,蓝色的为斜长石,淡蓝色的为钾长石,红色的为钠长石。Pl. 斜长石;Ab. 钠长石;Kfs. 钾长石;Cal. 方解石

二、铜绿山铜铁矿床

铜绿山铜铁矿床距大冶市区西南约 3km,位于阳新岩体的西北端,大冶复式向斜南翼,姜桥-下陆断裂带与保安-陶港断裂带的交会部位。该矿床具有悠久的开采历史,是目前国内发现最大的矽卡岩型铜多金属矿床之一。

(一)矿区地质概况

区内地层较为简单,主要为呈隐伏残留状态的下—中三叠统大冶组、嘉陵江组碳酸盐岩,与成矿关系密切,岩性主要为灰岩及白云质灰岩,受岩浆侵入作用的控制,均已变质为大理岩或矽卡岩,沿北北东向构造呈捕虏体或残留体。岩浆岩主要为铜绿山岩体,主体岩性为石英二长闪长(玢)岩,与成矿关系密切。燕山期北北东向断裂、褶皱构造及其与接触带的复合构造和印支期北西西向断裂、褶皱构造两期构造叠加成为矿区的主体控矿构造。

(二)矿体特征

该矿床由 14 个大小不等的矿体组成,矿体的分布主要受北北东、北东东向两组褶皱、断裂构造控制,排列成两个带(图 2-21)。其中北北东向矿带沿 NE22°方向延伸,长约 2100m,宽 300~350m,包括Ⅰ~Ⅵ号、Ⅺ~ⅩⅣ号矿体;北东东向矿带沿 NE68°方向延伸,长约 1850m,宽约 10m,包括Ⅹ号、Ⅷ号、Ⅶ号、Ⅸ号矿体,这些矿体规模小,分布零星,互不连续。上述矿体在剖面上呈透镜状或似层状,主要赋存于石英二长闪长玢岩与大理岩的接触带上,其次赋存在接触带附近的大理岩层间,少量矿体赋存于接触带附近的岩体内。

其中,Ⅰ号、Ⅲ~Ⅶ号、Ⅺ~ⅩⅣ号共 9 个矿体都是由两个到数十个呈雁行排列的、由不同类型矿石组成的矿体群。矿体在平面上表现为一组出露深度不等的平行脉,剖面上呈雁行式斜列,具尖灭再现现象(图 2-22),单脉呈狭长透镜状,倾角 50°~80°不等。各矿体长一般为 200~520m,延深较大,一般为 105~650m,局部可达-1000m 以下。Ⅲ号矿体在-820m 以下,Ⅷ号矿体在-1200m 以下仍未尖灭。此外,在Ⅰ号、Ⅲ号、Ⅳ号、Ⅺ号等矿体的顶底板及附近分布有单钼矿体,在远离接触带的大理岩(或矽卡岩)及岩浆岩中分布有小的铜矿体,这类矿体规模小,变化大,但都分布在主矿体的周围。

(三)矿石特征

矿床矿石类型复杂,工业类型划分为 5 类,即铁矿石、铜铁矿石、铜矿石、铜钼矿石、钼矿石,以前 3 类为主。

1. 铁矿石

原生铁矿石主要为磁铁矿矿石,大多分布在铜铁矿体的边缘,或夹于铜铁矿石内与铜铁矿石合为一体(余元昌等,1985)。矿石矿物以磁铁矿为主,但矿体浅部磁铁矿部分氧化成赤铁矿(图 2-23a)。脉石矿物多为透辉石、石榴子石、金云母等。一般 TFe 品位大于 50%,含有少量的 Cu,品位为 0.08%~0.29%。

磁铁矿矿石大致可分为浸染状磁铁矿矿石,磁铁矿交代以透辉石、石榴子石等为主的早期矽卡岩,具有自形—半自形粒状结构,极少样品可见弱的条带状构造;块状磁铁矿矿石,磁铁矿以他形—半自形粒状结构为主,磁铁矿颗粒间可见矽卡岩矿物残留,颗粒大小及结晶程度也可出现截然差别(图 2-23b)。

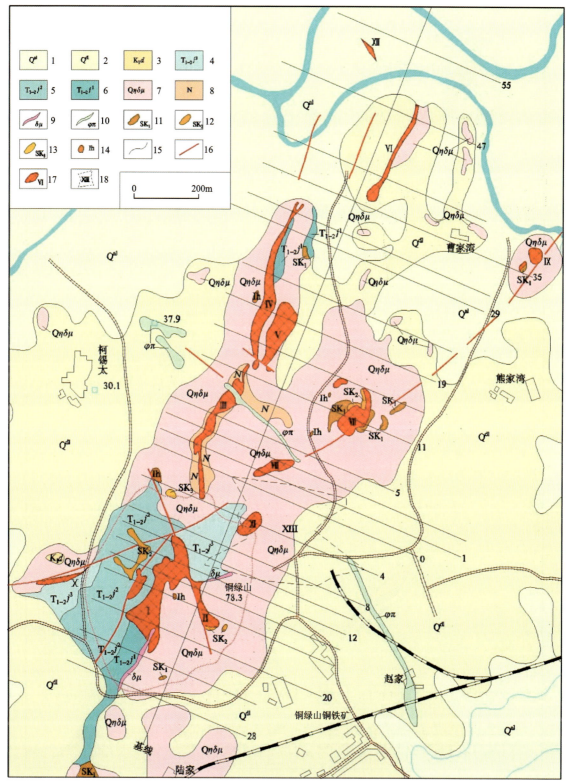

图 2-21 铜绿山铜铁矿区地质略图

1.第四系冲积层;2.第四系坡积层;3.大寺组凝灰角砾岩;4.嘉陵江组第三段白云岩;5.嘉陵江组第二段白云岩;6.嘉陵江组第一段白云岩;7.石英二长闪长玢岩;8.斜长石岩;9.闪长玢岩脉;10.钠长斑岩脉;11.石榴子石矽卡岩;12.石榴子石透辉石矽卡岩;13.金云母透辉石矽卡岩;14.铁帽;15.地质界线;16.断裂;17.矿体及编号;18.XIII号矿体隐伏范围

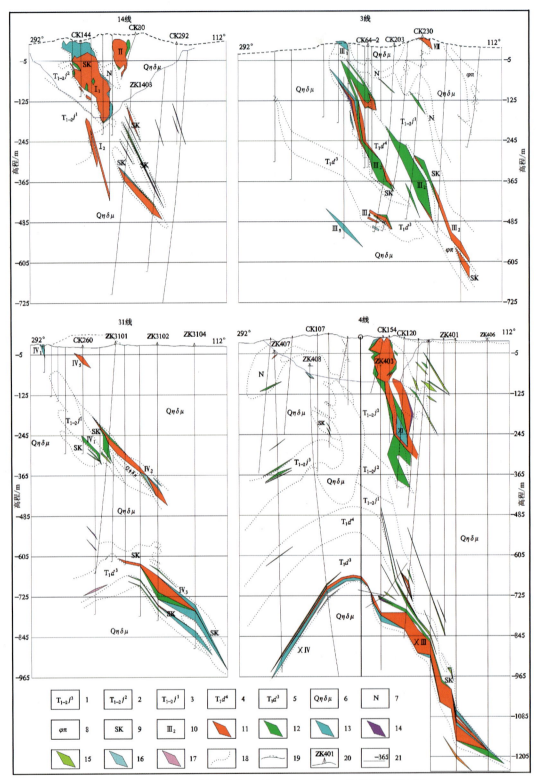

图 2-22 铜绿山铜铁矿床 14 线、3 线、4 线、31 线勘探线剖面图

1.嘉陵江组第三段；2.嘉陵江组第二段；3.嘉陵江组第一段；4.大冶组第四段；5.大冶组第三段；6.石英二长闪长玢岩；7.斜长石岩；8.钠长斑岩；9.矽卡岩；10.矿体编号；11.铜铁矿体；12.铜矿体；13.铁矿体；14.钼矿体；15.低品位铜矿体；16.低品位铁矿体；17.低品位钼矿体；18.地质界线；19.地形线；20.钻孔位置及编号；21.高程线及高程(m)

图 2-23　铜绿山铜铁矿床主要矿石类型及结构构造

a. 矿体浅部氧化赤铁矿矿石；b. 致密块状磁铁矿矿石，磁铁矿颗粒大小及结晶程度出现截然差别；c. 致密块状铜铁矿矿石，黄铜矿呈星点状叠加于磁铁矿之上；d. 浸染状铜铁矿矿石，黄铜矿、磁铁矿交代透辉石、石榴子石等矽卡岩矿物呈浸染状产出；e. 致密块状黄铁矿矿石；f. 斑杂状铜铁矿矿石，黄铁矿呈斑杂状叠加于磁铁矿之上；g. 黄铜矿呈脉状规则地穿切在磁铁矿构成的脉状铜铁矿石中；h. 黄铜矿（Ccp）交代闪锌矿（Sp）形成典型的边缘交代结构，二者充填产出于磁铁矿粒间空隙中；i. 黄铜矿与闪锌矿呈固溶体分解的乳浊状结构；j. 黄铁矿（Py）受动力作用后呈压碎结构

2. 铜铁矿石

铜铁矿石是矿床中最主要的矿石工业类型,大部分为交代金云母透辉石矽卡岩构成的含铜磁铁矿矿石。含铜矿物以黄铜矿为主,斑铜矿次之,可见辉铜矿等,叠加于较之更早的磁铁矿矿化之上,黄铁矿常见但含量较低(<6.44%)。矿石以不同程度的浸染状、块状构造为主,也可见细脉星点状、浸染状、斑杂状、脉状等构造(图2-23c、d、f、g)。

3. 铜矿石

铜矿石是仅次于铜铁矿石的主要铜矿石类型,分布于铁铜矿体的边缘,沿走向或倾斜与铜铁矿石呈过渡渐变关系,矿体与围岩无明显界线,系铜矿化叠加于铁矿化之上而超出后者产出范围的部分。含铜矿物以黄铜矿为主,次为斑铜矿和极少的辉铜矿,常呈斑点状、浸染状交代早期矽卡岩,富矿石则多为斑杂状、团块状构造,甚至出现块状构造(图2-23e)。

(四)变质作用及围岩蚀变特征

围岩蚀变十分强烈,类型多样,以矽卡岩化尤为显著,其次为钾长石化、硅化、高岭石化、绿泥石-蛇纹石化、碳酸盐化。金属矿物广泛交代矽卡岩矿物而富集成矿,矿体绝大多数赋存于矽卡岩中。

1. 矽卡岩化

进蚀变矽卡岩阶段有石榴子石透辉石矽卡岩、透辉石石榴子石矽卡岩、石榴子石矽卡岩;退蚀变矽卡岩阶段有绿帘石石榴子石矽卡岩、金云母矽卡岩。

石榴子石透辉石矽卡岩:浅灰绿色,块状结构。主要矿物为透辉石,少量石榴子石,主要交代白云石大理岩类。在Ⅲ号矿体内广泛发育,常为磁铁矿、黄铜矿交代,受后期热液改造后,透辉石被大量蛇纹石和少量绿泥石等后期热液蚀变矿物交代(图2-24m)。

透辉石石榴子石矽卡岩:灰褐色,块状构造。主要矿物为石榴子石,少量透辉石等。常为磁铁矿、黄铜矿等交代,透辉石常常被后期热液蚀变改造,形成蛇纹石、绿泥石等(图2-24d)。

石榴子石矽卡岩:灰褐色至棕褐色,呈块状构造、脉状构造,具粒状结构、环带结构。主要矿物为石榴子石及少量后期退变质矿物(图2-24a)。石榴子石有细粒(<0.2cm)和中—粗粒结构(0.5~2.5cm)之分,石榴子石矽卡岩一般矿化较差,Ⅰ号矿体与Ⅲ号矿体之间有大片石榴子石矽卡岩分布,矿化极为微弱。

绿帘石石榴子石矽卡岩:黄绿色—黄褐色,自形粒状结构,块状构造(图2-24)。分布较少,常常是后期退蚀变的少量绿帘石与石榴子石矽卡岩相叠加形成的,绿帘石晶体常呈柱状,结晶好,粗粒晶体(0.5~2cm)。绿帘石常常交代早期石榴子石、透辉石(图2-24)。

金云母矽卡岩:绿色—深绿色,鳞片变晶结构,块状构造(图2-24b、f)。主要矿物成分为金云母,少量透辉石、斜长石、透闪石等。金云母粒径一般为0.5~2mm,大的有0.5~1.5cm,在Ⅲ号矿体内广泛分布,主要产于外接触带白云石大理岩中。金云母通常分为两期:早期为细鳞片结构,块状构造,常被铁铜等矿化交代;晚期为粗鳞片结构,常呈脉状构造,穿切早期块状细鳞片结构的金云母矽卡岩和含细粒金云母的铜铁矿(图2-24e)。

2. 钾长石化

钾长石化是矿床内广泛发育的热液蚀变铜铁矿体,岩体内广泛发育。钾长石化一是钾长石呈脉状分布于岩体和矽卡岩中,其中主要分布于内接触带及岩体中,与辉钼矿化有关(图2-24c);二是呈团块状、脉状与铜成矿密切相关。

图 2-24　铜绿山铜铁矿床主要矽卡岩矿物特征

a. 不同期次石榴子石矽卡岩；b. 金云母矽卡岩；c. 辉钼矿化钾长石脉；d. 黄铜矿化透辉石石榴子石矽卡岩；
e. 粗粒脉状金云母切割呈浸染状分布交代细粒金云母矽卡岩的磁铁矿矿石；f. 金云母交代斜长石；g. 绿帘石
矽卡岩；h. 绿帘石交代透辉石；i. 绿帘石交代石榴子石；j. 浸染状黄铜矿分布于被蛇纹石蚀变的透辉石矽卡
岩中；k. 蛇纹石、绿泥石化的金云母；l. 绿泥石化石榴子石矽卡岩

3. 硅化

硅化可以分为 3 个阶段。第一阶段呈细粒石英集合体，伴随辉钼矿、黄铁矿矿化呈脉状分布于岩体中；第二阶段以团块状、脉状石英、钾长石的形式出现，与铜、钼矿化关系紧密；第三阶段与成矿没有关系，主要充填于晶洞中形成结晶完好的石英晶体。

4. 高岭石化

高岭石化发育广泛。高岭石化岩石呈灰白色—白色,土状构造,是在成矿后期低温热液的作用及原生硫化物作用下发生蚀变的。

5. 绿泥石-蛇纹石化

绿泥石-蛇纹石化在矿区内广泛发育,形成绿泥石-蛇纹石化岩,呈深绿色—蓝绿色。绿泥石、蛇纹石等晚期热液交代早期矽卡岩,特别是透辉石、金云母矽卡岩尤为明显,或呈脉状切割早期矽卡岩(图2-24k、e)。与铜矿化有紧密的联系,黄铜矿常呈斑点状或浸染状分布于大量绿泥石-蛇纹石化岩中(图2-24j)。

6. 碳酸盐化

碳酸盐化作用延续时间长,而且与铜矿化作用有关的方解石化最为发育,其次是低温、不含矿热液沿构造薄弱地带上升,再结晶形成自形结晶方解石脉。

第三节 铜、钨、钼、金多金属矿

铜、钨、钼、金多金属矿可细分为铜、铜钼、钨铜钼、金铜共4类矿床。其中铜矿床主要分布在阳新岩体北缘和西缘接触带,与成矿有关的岩浆岩主要为石英闪长岩类,矿床成因类型主要为矽卡岩型。铜钼矿床、钨铜钼矿床和金铜矿床主要与花岗闪长岩类小岩体有关,矿床成因类型为矽卡岩型、岩浆期后高中温气液型和斑岩型,当斑岩型矿化与矽卡岩矿化叠加在一起时,也被称为矽卡岩-斑岩复合型矿床。与这几类矿床成矿有关的地层主要为奥陶系、志留系、石炭系、二叠系、下三叠统碳酸盐岩和砂页岩。

一、鸡冠咀金铜矿床

鸡冠咀金铜矿床位于湖北省大冶市城区西南约3.5km处,大冶复式向斜南翼,铜绿山岩体西北边缘,金牛火山岩盆地东北缘,与铜绿山铜铁矿床毗邻,为一大型的矽卡岩型金铜矿床。

(一)矿区地质概况

矿区地层主要有三叠系碳酸盐岩、砂岩,下白垩统马架山组火山碎屑岩、熔岩角砾岩,灵乡组安玄岩、细砂岩、粉砂岩及第四系湖冲积层,矿体主要受中上三叠统嘉陵江组碳酸盐岩地层控制。岩浆岩主要为铜绿山岩体的石英二长闪长玢岩、石英闪长岩、闪长岩组成,具有多期次岩浆侵入的特点,导致矿化作用的叠加,形成多世代的金属硫化物。区内的金铜矿体在空间展布上受北北东向断裂-破碎带及北北东向的叠加褶皱控制(图2-25),主矿体产于大理岩残留体的层间破碎带、大理岩残留体与岩体的断裂-接触复合带等构造裂隙发育部位,矿体两侧的围岩具体强烈的角砾岩化特征。

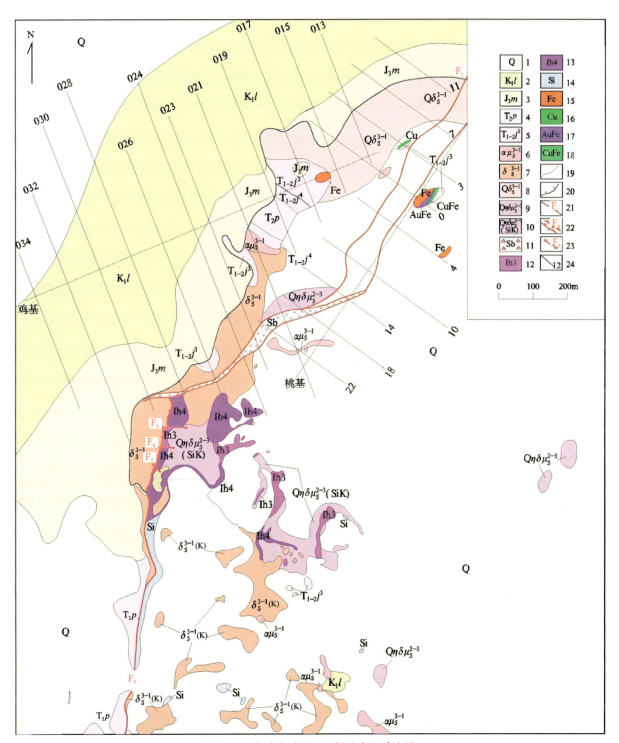

图 2-25　大冶市鸡冠咀金铜矿床地质略图

1.第四系；2.下白垩统灵乡组；3.上侏罗统马架山组；4.中三叠统蒲圻组；5.下三叠统嘉陵江组第三段；6.安山玢岩；7.闪长岩；8.石英闪长岩；9.石英二长闪长玢岩；10.硅化高岭石化石英二长闪长玢岩；11.破碎带；12.硅质铁帽；13.褐铁矿铁帽；14.硅质岩；15.铁矿体；16.铜矿体；17.金铁矿体；18.铜铁矿体；19.地质界线；20.地层不整合界线；21.推测断层；22.实测、推测逆断层；23.实测平推断层；24.勘探线及线号

(二) 矿体特征

已发现Ⅰ、Ⅱ、Ⅲ、Ⅶ号4个主矿体群，14个主矿体，151个零星矿体。主矿体集中分布在013—034线间，矿体长950m，宽160～800m，赋存在-5～-1409m标高间，矿体水平投影面积为0.58km²。总体展布方向为北东30°，走向一般为北东15°～72°，局部为北西西向。矿体分布在北北东向横跨背斜的两翼，Ⅰ、Ⅱ、Ⅲ号矿体群赋存在该背斜北西翼的同一含矿大理岩($T_{1-2}j^3$)捕房体内，Ⅰ、Ⅱ、Ⅲ、Ⅶ号矿体（群）空间展布纵向自北向南由浅向深侧，横向上呈雁行式斜列倾向北西，局部倾向南。矿体在剖面上呈透镜状、薄板状或似层状，局部呈鞍状，主要赋存于铜绿山岩体西北边缘断陷盆地下部中—下三叠统嘉陵江组的白云质大理岩与石英二长闪长玢岩、石英闪长岩的接触带，白云质大理岩内的层间雁状裂隙和不同岩性的分界面附近。

鸡冠咀Ⅰ号矿体群分布于鸡冠咀矿区013—024线间，产于浅部大理岩残留体内，矿体分布于石英闪长岩与白云质大理岩的接触带、白云质大理岩的层间破碎带和近接触带的石英闪长岩裂隙内，由$Ⅰ_1$、$Ⅰ_2$、$Ⅰ_3$号三个主矿体和2个零星矿体组成。

鸡冠咀Ⅱ号矿体群分布于019—025线间，产于矿区中深部大理岩残留体内，主矿体分布于浅部石英闪长岩与深部石英二长闪长玢岩之间夹持的大理岩残留体的层间破碎带、接触带附近的矽卡岩内，由$Ⅱ_1$、$Ⅱ_2$、$Ⅱ_3$、$Ⅱ_4$号4个主矿体和7个零星矿体组成。

鸡冠咀Ⅲ号矿体群主矿体分布于017—028线间，产于鸡冠咀矿区深部大理岩残留体内，赋存于石英二长闪长玢岩或石英闪长岩与大理岩、白云质大理岩残留体的层间破碎带、接触带附近，由$Ⅲ_1$、$Ⅲ_2$、$Ⅲ_3$、$Ⅲ_4$号4个主矿体和54个零星矿体组成。

鸡冠咀Ⅶ号矿体群由$Ⅶ_1$、$Ⅶ_2$、$Ⅶ_3$号3个主矿体和88个零星矿体组成。矿体赋存于鸡冠咀矿区020—034线深部低角度断层下盘蒲圻组粉砂岩与嘉陵江组白云质大理岩接触界面附近的层间破碎带、白云质大理岩的层间破碎带、白云质大理岩与石英闪长岩的接触带附近，呈上下近于平行的叠瓦状排列，总体向南西侧伏，侧伏角35°～45°。矿体的埋藏标高在-630～-1409m间，北东部埋藏较浅，南西部埋藏深度较大。矿体走向北东10°～30°，倾向北西，倾角一般为0°～45°，在032线基线以南矿体倾角为70°。走向延伸为500～600m，倾向延伸80～885m，主矿体的视厚度为18.52～72.97m。矿体在026—028线之间较厚大，向南西和北东矿体逐渐尖灭。矿体形态、产状受岩体与大理岩接触带、断裂构造的形态和产状控制。矿体铜、金含量在026—030线之间较高，向北东及向南西均有贫化的趋势。

(三) 矿石特征

鸡冠咀金铜矿床矿石类型多样，主要可分为矽卡岩型矿石，按照工业类型可划分为金铁矿石、铜金矿石和铜矿石，次要矿石类型有金矿石、铁矿石、硫铁矿石和钼矿石（图2-26）。

1. 矿物组成与特征

矿石中主要金属矿物有黄铁矿、白铁矿、赤铁矿、磁黄铁矿、黄铜矿、斑铜矿、闪锌矿、磁铁矿、含金矿物、含银矿物等。下面就几种常见的金属矿物作简介。

黄铁矿：最主要的金属矿物，也是主要的含金矿物之一。黄铁矿主要呈浸染状或细脉状分布于矽卡岩或石英脉及大理岩中，还可见致密块状黄铁矿硫矿石，产出形式多样。①黄铁矿呈自形—半自形粒状被后期碳酸盐交代溶蚀成骸晶或残余结构产出，也有保留完好的自形黄铁矿（图2-27a、d、e）；②黄铁矿与黄铜矿相互胶结与石英伴生产出，在矽卡岩中常见黄铁矿呈他形伴随梳状石英产出（图2-27f）；③黄铁矿被压碎呈角砾状（图2-27c）；④黄铁矿被白铁矿或赤铁矿交代（图2-27g、l）；⑤黄铁矿呈同心圆环状或纹层状（图2-27b）。

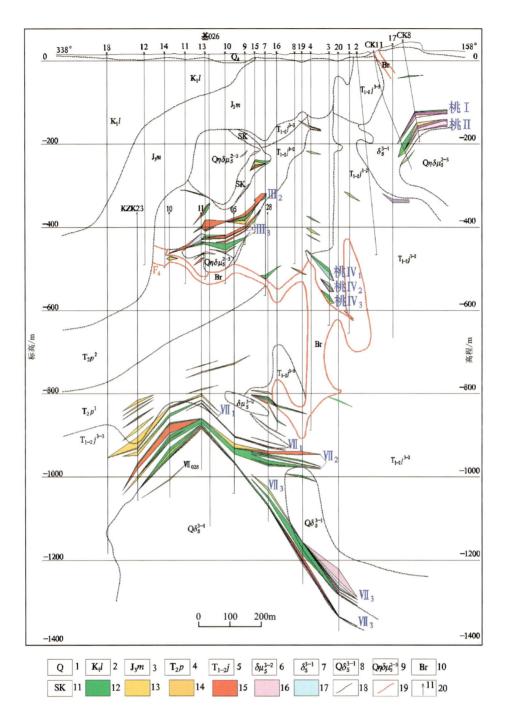

图 2-26 鸡冠咀金铜矿区 026 勘探线地质剖面简图

1.第四系；2.下白垩统灵乡组；3.上侏罗统马架山组；4.中三叠统蒲圻组；5.下三叠统嘉陵江组；6.安山玢岩；
7.闪长岩；8.石英闪长岩；9.石英二长闪长玢岩；10.构造角砾岩；11.矽卡岩；12.铜矿；13.硫铁矿；14.金矿；
15.铜金矿；16.钼矿；17.铜铁矿；18.地质界线；19.构造线；20.钻孔位置及编号

白铁矿：主要与黄铁矿共生产出，反射率大于黄铁矿，强非均质性，常常交代早期黄铁矿（图 2-27g、h）。

赤铁矿：主要的铁氧化物，有 4 种产出形式。①赤铁矿与磁铁矿、斑铜矿和黄铜矿伴生产出于碳酸盐矿物中，赤铁矿常交代磁铁矿（图 2-27k）；②赤铁矿单独呈板状或针状产出于碳酸盐矿物中（图 2-27j）；③赤铁矿交代黄铁矿分布于残余黄铁矿周围或内部（图 2-27l）；④赤铁矿交代斑铜矿产出（图 2-28f）。

代残余结构产出。

闪锌矿：呈星状的出溶结构分布于黄铜矿中或呈脉状充填于黄铜矿裂隙中。

磁铁矿：主要铁氧化物之一，有两种产状。一是与赤铁矿伴生，磁铁矿多被赤铁矿、后期被石英或碳酸盐矿物交代；二是呈半自形—他形，粒间充填黄铜矿和斑铜矿，磁铁矿分为颜色深浅不同的两期，与金云母共生。

含金矿物：主要以自然金和银金矿为主，且二者常紧密共生。金矿物多集中分布在黄铜矿中。

含银矿物：主要以自然银、硒银矿和银金矿的形式产出，分布于黄铜矿和碳酸盐中。

2. 矿石结构

矿石结构主要包括半自形—自形粒状结构、压碎结构、交代残余结构、共结边结构、乳浊状结构、纹层状结构等。

半自形—自形粒状结构：黄铁矿呈自形正四边形或半自形粒状（图2-27a），赤铁矿呈板状、针状自形晶（图2-27j）；偶见黄铜矿包围的磁铁矿呈不规则六边形粒状产出。

压碎结构：主要发育在黄铁矿矿石中，黄铁矿被压碎呈角砾状，然后被后期的碳酸盐岩或石英胶结（图2-27c）。

交代残余结构：多见黄铁矿或黄铜矿被后期的碳酸岩交代呈浑圆的骸晶或港湾状；褐铁矿中黄铁矿呈交代残余状产出（图2-27d）。

共结边结构：黄铁矿与白铁矿或磁黄铁矿常具该结构，接触边界平直，无相互插入。

乳浊状结构：黄铜矿或磁黄铁矿呈乳滴状分布于黄铁矿中，二者接触界线平滑（图2-27i）。

纹层状结构：黄铁矿呈同心圆环状产出（图2-27b）。

3. 矿石构造

矿石构造主要有块状、浸染状、角砾状、脉状、网脉状等多种类型。

块状构造：多见于黄铁矿矿石和黄铁矿、黄铜矿矿石中（图2-28d、e、f），其次见于赤铁矿、磁铁矿中，矿石主要由黄铁矿、黄铜矿或磁铁矿组成，呈致密块状产出。

图2-28 鸡冠咀矿床矽卡岩型矿石照片

a、b. 浸染状矽卡岩型矿石，黄铁矿和黄铜矿呈稀疏浸染状分布于矽卡岩中；c. 矽卡岩型富矿石，多数矽卡岩矿物被硫化物溶蚀，可见少量石榴子石、透辉石等；d. 黄铜矿磁铁矿矽卡岩型矿石；e、f. 致密块状大理岩型层状矿石。Py. 黄铁矿；Ccp. 黄铜矿；Mag. 磁铁矿；Gt. 石榴子石；Cal. 方解石；skarn. 矽卡岩

浸染状构造：常见于含铜矽卡岩、含铜大理岩和含黄铁矿大理岩（图2-28a、b），分为稠密浸染状和稀疏浸染状构造两种。黄铁矿和黄铜矿呈稀密不均匀分布，局部团块状。

角砾状构造：黄铜矿或黄铁矿呈大小不等的角砾状分布在大理岩或矽卡岩中，或是矿石经构造破碎呈角砾状并混有围岩被方解石或铁泥质等胶结（图2-28c）。

脉状、网脉状构造：金属矿物沿裂隙充填，形成各种网脉。如黄铁矿呈网脉状充填于大理岩裂隙中，黄铜矿呈脉状沿裂隙充填在大理岩中（图2-28d）。

（四）变质作用及围岩蚀变特征

矿床矽卡岩不发育，仅形成少量的矽卡岩。但与矿化有关的围岩蚀变发育且类型复杂，常见矽卡岩化、钾长石化、绿泥石化、绢云母化、黏土矿化、碳酸盐化、赤铁矿化等，其中以钾长石化、绿泥石化和碳酸盐岩化最为发育。

1. 矽卡岩化

矽卡岩化在内外接触带均较发育，内接触带主要为石榴子石矽卡岩，外接触带主要由石榴子石矽卡岩、石榴子石绿帘石矽卡岩和阳起石透闪石矽卡岩组成。

石榴子石矽卡岩：内接触带石榴子石矽卡岩呈浅灰绿色，块状构造，主要矿物为较小粒状石榴子石和叠加的碳酸盐岩岩脉，其次为斜长石、石英和少量透辉石、透闪石和绿帘石，副矿物主要有磷灰石、榍石、黄铁矿和赤铁矿。

石榴子石绿帘石矽卡岩：呈黄绿色，块状构造，主要矿物为石榴子石和绿帘石，含少量方解石和赤铁矿。绿帘石常与石英、阳起石、碳酸盐伴生，交代早期石榴子石。

阳起石透闪石矽卡岩：呈灰绿色，块状构造，主要由纤维状、柱状透闪石（60%）和阳起石（20%）组成，少量棕黄色石榴子石（5%）和绿帘石（2%）、石英（5%）、方解石（6%）、硅灰石（<1%）和绿泥石（1%）、榍石。透闪石主要为透明无色的柱状、纤维状集合体。阳起石透闪石矽卡岩中发育较多的榍石和少量磷灰石。

2. 钾长石化

钾长石化分为两种：一种是岩体内部的浸染状或弥散状钾长石化，多数斜长石被肉红色碱性长石交代致使岩石由灰色变为肉红色；另一种是钾长石呈脉状、团块状或片状发育，可见钾长石化脉被后期绿色蚀变和方解石脉穿切。钾长石脉中有石英和钾长石共生，同时绿帘石矽卡岩常被肉红色钾长石脉切割，说明钾长石晚于湿矽卡岩的形成。

3. 绿泥石化

绿泥石化是最发育的蚀变之一，叠加在早期的钾长石化和矽卡岩化之上。绿泥石呈深绿色，细粒泥状集合体，分布于方解石和赤铁矿的微裂隙间，局部可见团块状方解石与绿泥石生长在一起。

4. 绢云母化和黏土矿化

绢云母化和黏土矿化主要发生在岩体和钾长石化的长石矿物中，尤其是斜长石斑晶较为严重，常蚀变为黏土矿物和绢云母，并保留长石板状晶形；钾长石绢云母化不太强烈，只是局部发生，但黏土化强烈。

5. 碳酸盐化

碳酸盐化分布较为普遍，岩体中和各阶段蚀变矿化中均可见碳酸盐矿物呈脉状或粒状。在大理岩型层状矿石中碳酸盐矿物常胶结硫化物或呈脉状穿插,碳酸盐矿物以方解石为主,次有菱铁矿和白云石,结晶较好。

6. 赤铁矿化

在大理岩型层状矿石中,赤铁矿呈网脉状胶结碳酸盐岩角砾,结晶较差。

二、铜山口铜钼矿床

铜山口铜钼矿床位于大冶市市区南西约18km处,灵乡侵入体东南外侧,殷祖复式背斜北翼,是一个典型的大型斑岩－矽卡岩复合型铜钼矿床。成矿与铜山口花岗闪长斑岩以及早—中三叠世大冶组和嘉陵江组碳酸盐岩密切相关(图2-29),在岩体内部发生典型的斑岩型矿化,在岩体与碳酸盐岩的接触带处则发生典型的矽卡岩型矿化。

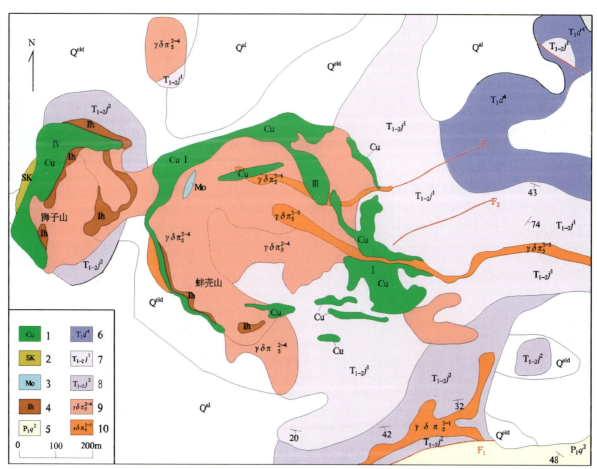

图2-29 铜山口铜钼矿床地质略图
1.铜矿体;2.花岗闪长斑岩;3.钼矿体;4.铁帽;5.厚—巨厚层含燧石结核灰岩;6.厚—巨厚层灰岩;7.白云岩、角砾状白云岩;8.白云质灰岩、灰岩

(一)矿区地质概况

该矿区主要出露中—下三叠统嘉陵江组白云岩、白云质灰岩及下三叠统大冶组灰岩,局部见下二叠

统栖霞组灰岩。其中与成矿关系紧密的是大冶组第四段及嘉陵江组第一、二段的碳酸盐岩地层,是重要的赋矿层位。铜矿山倾伏背斜为矿区主要控岩控矿褶皱,它是由北北东向构造改造东西向的倒转向斜北翼形成的鼻状构造;岩浆活动强烈,按岩浆侵入的先后顺序,分别为花岗闪长斑岩岩株、花岗闪长斑岩脉、石英二长斑岩筒和花岗细晶斑岩枝。其中花岗闪长斑岩岩株是主要的含矿岩体,与成矿作用关系密切,剖面上呈一略向南东倾斜的上大下小的蘑菇状,而平面上呈北西向的椭圆形,中心直径500~600m,出露面积为0.33km²。

(二)矿体特征

矿床由Ⅰ~Ⅵ号共6个铜钼矿体和若干个小钼矿体组成,矿体之间相互连接、紧密共生,主要赋存于花岗闪长斑岩与中—下三叠统碳酸盐岩的接触带及附近,矿体的形态、产状、规模严格受接触带的控制(图2-30)。少量矿体赋存于花岗闪长斑岩中和围岩地层层间破碎带中。其中,Ⅰ号矿体和Ⅳ号矿体为斑岩型矿化叠加矽卡岩型矿化,其他矿体均为矽卡岩型矿化。斑岩型矿化主要赋存于岩体顶部和围岩的内接触带,向外逐渐过渡为矽卡岩型矿化。Ⅰ号矿体的规模最大,是受岩株控制的"筒形"矿体,在平面上呈一直径500~600m的"环状",因东部被火成岩阻隔,将圆环切开缺口,立体形态似一向南东倾斜的"花瓶";矿体随接触带弯曲,剖面上多呈似层状,部分呈马鞍状,局部地段呈囊状或"S"形。矿体绕岩株周边长2100m,倾向延伸300~500m,产状较陡,倾向南东,倾角30°~78°。矿体厚10~30m,最厚处为60m,而且上部较厚,厚度向深部变小,但深至700m仍未尖灭。Ⅳ号矿体位于矿区西部,围绕岩瘤北西侧生成,呈半月形,剖面上呈楔形,上厚下薄,平均厚度比Ⅰ号矿体大,矿体走向长500m,厚10~30m,倾向南东,倾角30°~60°,是矿床中铜品位最高的矿体。Ⅲ号矿体是岩株体内的一个捕虏体,是在岩体侵入过程中形成的,平面上呈透镜状,Ⅰ号矿体与其南北两端相连。Ⅵ号矿体隐伏于200m深处,呈似层状,产状平缓,走向近东西,向北倾,倾角8°~22°,在22线南北两端均与Ⅰ号矿体相连,呈一"浮桥"状,由于被后期侵入的石英二长斑岩所破坏,使Ⅵ号矿体局部破碎成角砾岩。Ⅱ号和Ⅴ号矿体都属于似层状矿体,均产于下—中三叠统嘉陵江组白云岩($T_{1-2}j$)与下三叠统大冶组灰岩(T_1d)层间裂隙构造带附近,产状与围岩岩层基本一致,局部地段有穿层,二者在接触带附近与Ⅰ号矿体相连。钼矿规模不大,主要呈透镜状产出,并且都分布在岩体内接触带。

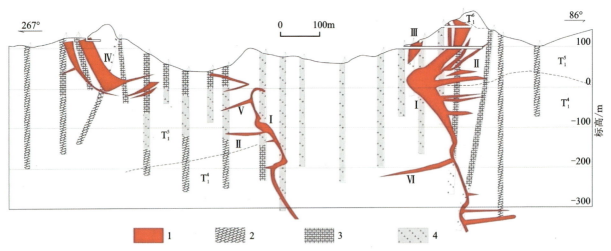

图2-30 铜山口铜钼矿区9号勘探线剖面图
1.矿体;2.大理岩;3.矽卡岩;4.花岗闪长斑岩

(三)矿石特征

1. 矿石类型及矿物组分

矿石类型主要为斑岩型铜(钼)矿石、黄铁矿、黄铜矿、辉钼矿、石英、钾长石、黑云母、绢云母、角闪石、矽卡岩型铜(钼)矿石、大理岩型铜矿石。

斑岩型铜(钼)矿石:主要有含铜(钼)花岗闪长斑岩矿石和含铜(钼)斜长岩矿石,分布于Ⅰ号、Ⅲ号、Ⅳ号矿体靠近岩体的内带和Ⅵ号矿体中,约占Ⅰ号、Ⅲ号、Ⅳ号矿体的20%,Ⅵ号矿体中的30%。主要构造为浸染状和细脉浸染状(图2-31),次为脉状和块状。浸染状矿石主要分布于岩体核心及矿体外围,细脉浸染状矿石主要分布于岩体核心向接触带的过渡部位及接近矿体外围的部分。组成矿石的矿物种类繁多。金属矿物主要有黄铜矿、辉钼矿、黄铁矿、斑铜矿(图2-32c)、磁铁矿(图2-32f)和赤铁矿(图2-32d)等;非金属矿物主要有石英、钾长石、绢云母、绿泥石、蛇纹石、方解石(图2-33e)、萤石(图2-33f)和石膏等。

图2-31 铜山口斑岩型矿石类型
a、d.花岗闪长斑岩中的浸染状黄铜矿、黄铁矿;b、e.与石英脉共生的脉状黄铜矿;
c、f.与石英脉共生的脉状辉钼矿

黄铁矿:主要形成于绢云母化带,呈细脉浸染状。在花岗闪长斑岩中,钾化带和矿体外围有少量浸染状的黄铁矿。据黄铁矿的结构、形态和产状,它可分为3期。第一期黄铁矿主要呈浸染状分布于花岗闪长斑岩中、钾化带或矿体外围(图2-32a),自形程度较高,自形—半自形,晶形较完好;第二期黄铁矿主要呈细脉浸染状充填在石英脉中,与黄铜矿共生,多为他形;第三期黄铁矿叠加在第二期黄铁矿之上。

黄铜矿:最主要的矿石矿物,产状与黄铁矿类似,黄铜矿自形程度低,主要为他形,与黄铁矿紧密共生,且主要以细脉浸染状出现在石英脉中(图2-32b)。在黄铁矿颗粒中的微小裂隙内也可见到,还会沿其他矿物颗粒(如磁铁矿)的间隙充填(图2-32f)。

辉钼矿:主要为鳞片状或束状集合体(图2-32e),早期的辉钼矿以浸染状为主,出现在钾化带,而后形成的辉钼矿常呈脉状与石英脉共生。

石英:最主要的脉石矿物之一,主要有两种产状。一是花岗闪长斑岩中的基质成分,呈他形粒状,颗粒较小,分布较均匀,颗粒之间常有浸染状辉钼矿、黄铜矿等;二是石英脉,为热液充填阶段的产物,脉中有大量硫化物,石英脉形成的阶段是矿化的主要阶段。

图 2-32　铜山口矿区矿石中金属矿物特征

a. 花岗闪长斑岩中浸染状黄铁矿（Py）、黄铜矿（Ccp）；b. 石英脉中脉状黄铜矿；c. 矽卡岩中斑铜矿（Bn）；d. 矽卡岩中浸染状赤铁矿（Hem）；e. 石英（Qz）脉中的细脉状辉钼矿（Mot）；f. 石英脉中的磁铁矿（Mag）裂隙充填有黄铜矿

钾长石：主要出现在花岗闪长斑岩和钾化带内，呈斑晶分布于花岗闪长斑岩中的钾长石属于岩浆钾长石或遭受弱变质，在热液作用下，可蚀变为绿帘石、钠长石、绿泥石、碳酸盐矿物等（图 2-33a）；热液钾长石常以脉状充填在岩体中或被后期石英脉充填。

黑云母：主要出现在花岗闪长斑岩、钾化带和绢云母化带中。原生的黑云母在铜山口花岗闪长斑岩中很少，多数被蚀变为绿泥石。热液黑云母主要是角闪石蚀变的产物（图 2-33b），大多还保留角闪石的晶形。

图 2-33　铜山口斑岩型矿石中主要非金属矿物特征

a. 花岗闪长斑岩中的钾长石（Kfs）变斑晶；b. 花岗闪长斑岩（Bt）和石英（Qz）中的黑云母（Bt）变斑晶；c. 花岗闪长斑岩（Bt）中的绢云母（Ser）；d. 花岗闪长岩中蚀变的绿泥石（Chl）、绿帘石（Ep）；e. 石英硫化物脉中的方解石（Cal）；f. 石英脉中的萤石（Fl）

绢云母：主要出现在绢云母化带，呈细小鳞片状集合体形态（图 2-33c），常充填在石英、长石的裂隙中。

角闪石：多数是角闪石残余，被黑云母替代，或蚀变成绿泥石、绿帘石（图 2-33d）。

矽卡岩型铜（钼）矿石：矿区分布最为广泛，各个矿体中均有见及，主要分布于正接触带及其外侧，约占各矿体70%。它分为含铜透辉石矽卡岩矿石和石榴子石矽卡岩矿石。主要矿石矿物为黄铜矿、黄铁矿，次为辉钼矿、磁铁矿、白钨矿、闪锌矿、方铅矿等；脉石矿物主要为透辉石、石榴子石，次为石英、玉髓、方解石、蛇纹石等。

大理岩型铜矿石：主要分布于Ⅱ号、Ⅴ号矿体，其他矿体外接触带中也见及。占Ⅱ号、Ⅴ号矿体的30%左右，占其他矿体的10%以下。主要有透辉石化和石榴子石化白云岩，大理岩两种矿石。主要矿石矿物为黄铁矿、黄铜矿，少量磁铁矿、闪锌矿、白钨矿、辉钼矿、镜铁矿等；脉石矿物主要为白云石、方解石，次为透辉石、石榴子石、蛇纹石、石英等。

2. 矿石结构构造

矿石结构主要为自形—半自形晶粒状结构、他形晶粒状结构、叶片状结构、针状结构、包含结构、裂隙充填结构、粒间充填结构、浸蚀结构、镶边结构、乳滴状结构等。

自形—自形晶粒状结构：黄铁矿呈立方体状生长在石英脉或方解石脉中（图2-34a），有时也分布于绢云母中，自形黄铁矿晶体较大。磁铁矿自形的较少，与金云母、绿帘石等共生。

图 2-34 铜山口矿床主要矿石结构

a. 斑岩体内自形到半自形黄铁矿；b. 斑岩体内他形黄铁矿、黄铜矿；c. 斑岩体内鳞片状辉钼矿；d. 矽卡岩中放射状镜铁矿；e. 石英脉中自形的黄铁矿被黄铜矿包裹；f. 黄铜矿沿黄铁矿颗粒中的微细脉充填；g. 黄铜矿沿石英方解石脉充填；h. 石英脉中黄铁矿交代黄铜矿呈港湾状；i. 矽卡岩中斑铜矿交代-包裹黄铜矿。符号同图2-33

他形晶粒状结构：黄铁矿、黄铜矿、斑铜矿、磁铁矿等呈他形粒状分布在矽卡岩或花岗闪长斑岩中（图2-34b）。

叶片状结构及针状结构：辉钼矿表现为鳞片状或片状结构嵌布在石英脉中（图2-34c）。赤铁矿在矽卡岩矿石中为叶片状集合体。在矽卡岩中还可见针状或放射状结构的镜铁矿（图2-34d）。

包含结构：在黄铜矿中包含细粒自形—半自形黄铁矿（图2-34e）。

裂隙充填结构：黄铁矿、黄铜矿及辉钼矿沿方解石或石英的裂隙充填交代。闪锌矿沿黄铁矿裂隙充填，黄铜矿和黄铁矿沿磁铁矿的裂隙充填，在粗粒的黄铁矿中，有网状充填交代的黄铜矿（图 2-34f），镜铁矿沿黄铜矿的晶粒裂隙充填交代。

粒间充填结构：可见黄铜矿、黄铁矿沿石英、方解石或者绿帘石的粒间间隙充填交代（图 2-34g），黄铜矿在自形的黄铁矿间隙中充填交代。

浸蚀结构：黄铜矿被黄铁矿交代呈港湾状（图 2-34h），黄铁矿被辉钼矿交代呈锯齿状等。

镶边结构：黄铜矿的边缘几乎完全被斑铜矿交代（图 2-34i）。

乳滴状结构：在极少数的斑铜矿中还可见黄铜矿呈乳滴状结构。

矿石构造主要有浸染状构造、脉状（粗脉、细脉状、网脉状）构造、细脉浸染状构造等。从岩体到围岩呈现由浸染状→细脉浸染状→稀疏细脉网脉状→稀疏网脉状→细脉状构造的特点。铜矿石以脉状和块状构造为主，其他构造次之；钼矿石多为细脉状构造，少量呈浸染状构造。

浸染状构造主要表现在矿石矿物呈星点状或分散状集合体分布在花岗闪长斑岩或矽卡岩中，斑岩中的微弱矿化主要呈浸染状（图 2-35a），矿石矿物占总矿石量的比例小于 10%。

脉状构造：黄铜矿、辉钼矿呈细脉状产出（图 2-35c～f）。

细脉浸染状构造：黄铜矿与辉钼矿通常呈细脉浸染状产于石英脉中（图 2-35）。

图 2-35 铜山口矿床主要矿石构造
a. 花岗闪长斑岩中呈浸染状黄铁矿；b. 细脉浸染状黄铜矿；c. 黄铜矿石英脉；d. 网脉状辉钼矿；e. 石英辉钼矿脉；f. 石英硫化物脉

（四）变质作用及围岩蚀变特征

蚀变类型较多，分布范围较大。岩体与围岩的接触带及附近蚀变最为强烈。以岩体为中心，由中心至边缘分别为钾化带—钾硅化带—绢英岩化带—矽卡岩带—青磐岩化带（矽卡岩化、蛇纹石化）—大理岩化带（图 2-36）。蚀变带的发育完整程度和分带对称性受岩体形态、产状，断裂构造，后期岩浆侵入活动和剥蚀程度的影响，各处表现并不一致。

钾化带处于花岗闪长斑岩体中心，宽约 100m，以钾化、黑云母化为主，矿化较弱，局部见浸染状铜钼矿化。钾硅化带与钾化带渐变接触，带宽约 150m，以钾化、硅化为主，矿化较弱，局部细脉状（网脉状）、浸染状铜（钼）矿化。绢英岩化带与钾硅化带渐变接触，宽 200～400m，以绢云母化、绿泥石化为主，次为硅化、钾化，矿化较强，多见细脉（网脉）、浸染状铜（钼）矿化，局部可达工业品位。矽卡岩带处于岩体与围岩接触部位，与绢英岩化带截然接触，宽 10～80m，为块状石榴子石透辉石矽卡岩，为Ⅰ号主矿体赋存

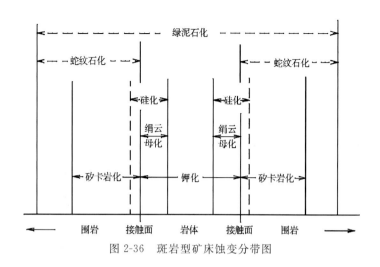

图 2-36　斑岩型矿床蚀变分带图

部位,块状、粗脉状及稠密网脉状铜矿化发育。青磐岩化带与矽卡岩带截然接触,宽 100～350m,靠近矽卡岩带以脉状石榴子石、透辉石矽卡岩化为主,矿化较强,为粗脉及稀疏网脉状铜矿化;远离矽卡岩带为蛇纹石化带,以蛇纹石化、绿泥石化为主,矿化较弱,局部见细脉(网脉)状铜(钼)矿化。大理岩化带与蛇纹石化带截然接触,带宽覆盖整个矿区,矿化弱,偶见星点状铜矿化。

1. 钾化

钾化是分布最为广泛的蚀变类型之一,几乎整个铜山口花岗闪长斑岩岩体都发生了钾化蚀变,一直延伸到地表以下 800m 处,向下逐渐变弱,至少经历了两个阶段。早期阶段钾质交代主要产于岩体核部,有两种:一是钾长石交代斜长石斑晶,交代程度不同,所形成的钾长石结构也不同,交代较弱时,钾长石沿斜长石斑晶边缘或解理"蚕蚀"斜长石,使斜长石构成镶边状、云雾状结构,交代强烈时可形成大小为 0.5～3cm,最大者可达 5cm 以上的自形—半自形钾长石变斑晶;二是钾长石以弥散状交代岩石基质,使整个岩石呈肉红色色调,多伴有黑云母交代角闪石,完全交代时,可出现黑云母呈角闪石菱形假晶。晚期阶段钾化多见于岩体边缘,核部较少见,以钾长石脉或钾长石石英脉呈不规则脉状产出为主,脉宽一般为 1～10cm。

2. 硅化

硅化十分强烈,分布范围也较广,多集中发育于岩体边缘和接触带附近。从岩体顶部向深部,硅化强度迅速减弱,钾化增强。岩体边部石英脉大量出现,石英脉中通常含有条带状辉钼矿,还常见有黄铜矿、黄铁矿与绢云母、石英共生。在岩体西南部的蚌壳山和西部的狮子山一带硅化最强,局部形成块状的次生石英岩(石英含量大于 80%)。

3. 绢云母化

绢云母化在斑岩体中最常见,并常与硅化共生,绢云母交代斜长石斑晶和钾长石变斑晶,使岩石呈暗绿色色调。早期的绢云母化主要叠加在钾化蚀变之上,蚀变较弱;晚期的绢云母化蚀变较强,在岩体边部可见发生强烈绢云母化的斑岩,已不再具有原来斑岩的斑状结构。

4. 矽卡岩化

矽卡岩化以石榴子石、透辉石化为主。按矽卡岩发育位置,可将矽卡岩化分为内矽卡岩和外矽卡岩。内矽卡岩化产于岩体边缘带局部地段,极不发育,零星分布,且多被后期硅化所破坏和取代,保留很少,宽仅为 10～30cm。外矽卡岩化带发育较好,与内矽卡岩的接触界线清晰,分布范围较广,带宽可达上百米。外矽卡岩化产出形式有两种：一是块状、稠密网脉—粗脉状矽卡岩，石榴子石、透辉石占岩石70%以上；二是石榴子石、透辉石以粗脉和稀疏网脉形式穿插于大理岩中，蚀变矿物含量占岩石含量的30%～70%。

5. 蛇纹石化

蛇纹石化多集中发育于北部和东部的白云岩中。蛇纹石化的产出形式以细脉—网脉为主，块状极少见，多与绿泥石化共生。

6. 绿泥石化

绿泥石化分布较广，从岩体边缘到外接触带均有发育。在岩体边缘带，绿泥石常以鳞片集合体交代黑云母、角闪石、斜长石等矿化。外接触带蚀变岩中，绿泥石常与少量金云母、方解石等蚀变矿物一起交代透辉石和石榴子石，其产出形式在岩体内部以浸染状或弥散状为主，在岩体外则以细脉—网脉状形式产出。

7. 大理岩化

大理岩化分布较广，区内灰岩多蚀变为大理岩或具大理岩化，表现为方解石重结晶或方解石呈脉状穿插原岩。

第三章 区域岩浆岩与成矿

鄂东南地区岩浆活动主要发生于中生代,特别是燕山期,表现出多期次活动的特点,形成的岩浆岩遍布全区,种类繁多,包括基性—中酸性侵入岩和火山岩,组成了规模不等的侵入体以及陆相火山岩体系。主要的侵入体由北至南依次有鄂城岩体、铁山岩体、金山店岩体、灵乡岩体、殷祖岩体和阳新岩体,均属于不同期次形成的复式岩体,主要由闪长岩类到花岗岩类等一系列过渡岩石组成,属于中—中浅成相。在这些大岩体的周边分布有铜山口、铜绿山、阮家湾等30多个小岩体(株)群。在灵乡岩体和金山店岩体的西部发育有大量的火山岩,主要分布于保安—太和—灵乡一带的金牛盆地中,在铁山岩体和鄂城岩体东部的黄石花马湖盆地中也有火山岩分布;在白垩纪—新近纪的断陷盆地中分布有少量新生代玄武岩。近年来大量的研究表明,鄂东南矿集区东南部隆起区与铜-金-钼多金属矿床有关的岩体年龄主要集中在144~138Ma,其中铜山口岩株和阳新岩体的年龄分别为$(141±2)$Ma和$(138.5±2.5)$Ma(Li et al.,2009,2010),成矿年龄主要集中在143~140Ma(Li et al.,2008,2014;Deng et al.,2015)。西北部凹陷区与大型矽卡岩铁矿床有关的岩体年龄主要集中在133~128Ma,鄂城岩体和金山店岩体的年龄分别为$(129±2)$Ma、$(133±1)$Ma(Xie et al.,2011),成矿年龄主要集中在133~130Ma(Xie et al.,2012)。厘清该区岩浆岩的时空分布、地球化学组成及岩浆演化的特征,对于认识鄂东南地区的大地构造环境、岩浆岩成矿专属性以及成岩成矿系列演化等都具有十分重要的意义。

鄂东南地区岩体的空间分布总体上都是受岩石圈断裂及次一级构造断裂控制的。尽管多数岩体都是复式岩体,但也存在单期次侵入体。岩体出露面积差别较大,出露面积较大的岩体一般具有清楚的相带变化。岩体地表形态多为椭圆形、圆形、纺锤形以及其他不规则形状。产状多为岩株状,以中成—中浅成侵入体为主,有少量浅成—超浅成和中深成侵入体(翟裕生等,1992)。岩体侵入的地层分属多个时代,从志留系到白垩系,以石炭系到侏罗系为主。围岩主要有灰岩、砂岩、泥岩、页岩、火山岩、白云岩、粉砂岩等。岩体侵入的构造部位多为背向斜轴部、翼部以及背斜近轴翼部,也有背斜倾没部位前缘、向斜核部或断裂交会处等(翟裕生等,1992)。岩体岩石类型主要为广义的花岗岩类,如花岗(斑)岩、花岗闪长(斑)岩、石英闪长(玢)岩、辉石闪长(玢)岩以及二长闪长岩、正长闪长岩等,多呈斑状、似斑状中细粒结构。

依据岩体侵位的空间位置、岩体间相互关系和近10年来发表的精确的同位素年龄,将该区中生代燕山期岩浆活动划分为第一期岩浆活动和第二期岩浆活动。其中第一期岩浆活动主要发生在隆起区,以岩浆侵入为主,代表性岩体有殷祖岩体、阳新岩体、灵乡岩体、铁山岩体,以及铜绿山、铜山口、白云山等小岩株,同位素年龄多分布在151~135Ma之间。第二期岩浆活动主要发生在西北部坳陷区,既有岩浆侵入也有火山喷发,代表性岩体主要有鄂城岩体、金山店岩体和王豹山小岩体以及保安—太和—灵乡一带的金牛盆地火山岩体,同位素年龄主要集中在135~125Ma之间。

第一节 岩浆岩空间分布及岩相学特征

鄂东南地区两期岩浆活动严格受印支—燕山运动形成的构造格局所控制。第一期岩浆活动主要位于隆起区,受北西西向和北东向两组构造控制,形成两个侵入岩带,即隆起区的阳新-殷祖侵入岩带和铁山侵入岩带。第二期岩浆活动主要受北西西向、北东向和北北东向3组构造控制,分布于坳陷区,包含两个侵入岩带,即鄂城侵入岩带和金山店-王豹山侵入岩带;两个火山活动带,即金牛-灵乡-大冶火山活动带和花马湖火山活动中心。

一、第一期岩浆活动

(一)殷祖岩体

殷祖岩体位于殷祖复式背斜核部,除北部与石炭系至下三叠统接触外,其余均与志留系接触。岩体受北东向断裂控制,总体呈北东向展布,向南东倾斜,东缘、西缘和南缘均向外倾斜,倾角为60°～70°,北缘向北超覆,长约17km,宽约4.8km,形态复杂,呈向西倒的"W"形,面积约85km²。岩体属中深成侵入相,中浅至中深剥蚀,主体岩性为石英闪长岩,少量闪长岩和辉长岩,主要出露于岩体西南边缘的黄龙山—刘家垄一带。在岩体内及接触带附近产有小型钨、金矿床,且见铜、钨、钼、金矿化。

石英闪长岩以中—细粒结构为主,块状构造(图3-1a),主要由斜长石(60%～65%)、角闪石(10%～15%)、石英(约10%)和少量钾长石、黑云母组成,副矿物主要有磁铁矿、磷灰石、榍石等(图3-1a～c)。斜长石呈半自形—自形板状或粒状,发育聚片双晶,可见环带结构,部分斜长石晶体内部发生轻微的泥化。角闪石呈草绿色,半自形—他形粒状结构,少数晶体呈菱形自形晶,部分他形角闪石内部或边缘发生蚀变可见少量磁铁矿(图3-1b)。黑云母呈棕褐色,他形片状结构,晶体内部可见包裹的长石、石英和磷灰石等晶体(图3-1b)。石英呈他形粒状或聚晶结构,晶体粒径大小不均匀。榍石呈深褐色,自形—半自形菱形晶,局部可见出溶钛铁矿(图3-1c)。

图3-1 殷祖岩体主要岩浆岩类型及显微图

a. 殷祖岩体主岩体石英闪长岩;b、c. 主要由角闪石、石英、斜长石和少量黑云母组成,角闪石蚀变产生磁铁矿,黑云母轻微蚀变;d. 殷祖岩体南部刘家垄闪长岩;e、f. 辉石闪长岩具有不等粒结构,主要由辉石、角闪石、斜长石和少量黑云母组成,可见少量角闪石包裹的磷灰石颗粒。Amp. 角闪石;Ap. 磷灰石;Bt. 黑云母;Mag. 磁铁矿;Pl. 斜长石;Qz. 石英;Kfs. 钾长石;Ttn. 榍石

辉石闪长岩,呈深灰色,中粒结构,块状构造(图 3-1d),主要由斜长石(75%)和角闪石(15%~20%)组成,含少量辉石(5%),副矿物包括磁铁矿、磷灰石、榍石(1%)等。斜长石呈半自形—自形长板状结构,发育聚片双晶,多数晶体表面略脏,发生一定程度的高岭土化,部分晶体内部发生轻微的绢云母化。角闪石呈草绿色、自形—半自形结构,可见简单双晶(图 3-1e、f)。晶体内部或边缘多分布有少量磁铁矿,可能为蚀变产物。辉石呈自形—半自形粒状、柱状结构,多数晶体发生一定程度的蚀变,沿晶体边缘或内部被黑云母、角闪石交代。钾长石以他形粒状为主,个别晶体发育条纹结构。磷灰石主要呈长柱状或近六边粒状晶形,表面干净。

(二)阳新岩体

阳新岩体位于殷祖复式背斜核部,西端延伸至大冶复式向斜近核部,主要受北西西向、北东向、北北东向断裂控制,呈北西—北西西向展布,长 40km,宽 4~7km,面积约 215km²。平面形态复杂,为向深部逐渐扩大的近直立的板状体岩基。岩体自南东至北西呈侵入接触,岩体侵入中心位置在岩体中段的膨大部位,即多组断裂复合部位。侵入地层依次有寒武系—下侏罗统王龙滩组的一套连续的地层。接触面形态复杂,总体是向深部扩大,四周向外陡倾,界线相对清楚,但北东缘接触面较陡,南西面接触面较缓。岩体为多期次(阶段)侵入的复式岩体,由多种岩石类型组成。主体岩性为中细粒石英闪长岩,也存在偏酸性的花岗闪长岩、石英角闪二长岩等,属中浅成相、浅剥蚀。复式岩体西北端为产状略向东倾斜的偏心蘑菇状铜绿山石英二长闪长玢岩岩株体所占据。从西北往南东有铁-铜-金、铜(金)、钨-钼矿床产出,最著名的为铜绿山铜铁矿床。

主体石英闪长岩为中—细粒结构,块状构造(图 3-2a),主要矿物有斜长石(55%~60%)、角闪石(15%~20%)、石英(5%~10%)和钾长石(5%~8%),副矿物主要有磷灰石、榍石和锆石。斜长石多呈半自形板状,发育聚片双晶,部分晶体发生有轻微的绢云母化、绿帘石化或高岭土化(图 3-2b)。角闪石多呈长柱状或晶体横切面不规则的六边形,部分晶体发生绿泥石化或绿帘石化(图 3-2b、c)。钾长石多呈他形—半自形板状或粒状,部分晶体内部发育有微裂隙并包含有少量斜长石小晶体(图 3-2e)。石英多呈半自形—他形粒状,充填在长石颗粒之间(图 3-2e、f)。

图 3-2 阳新岩体主体石英闪长岩及显微图

a.阳新岩体主岩体石英闪长岩;b.轻微蚀变环带状长石,见少量细粒状角闪石;c.他形角闪石中包裹的磷灰石,黑云母轻微蚀变为绿泥石;d.轻微蚀变的石英闪长岩;e、f.角闪石,黑云母发生绿泥石化,可见自形粒状榍石。矿物简写同图 3-1

(三) 灵乡岩体

灵乡岩体位于隆起区与盆地区过渡带上,受北东向断裂控制。岩体呈北东向不规则长条状展布。长约 26km,宽 0.4~5km,出露面积约 79km²,空间上呈偏心蘑菇状岩体。

岩体为向北西倾斜的板状体。南缘主要与三叠纪大理岩呈侵入接触,局部侵入于二叠系;北缘为侵蚀斜坡,倾向北西,其上为马架山组和灵乡组不整合沉积覆盖。岩性主要为闪长玢岩、黑云母石英正长闪长岩、石英闪长岩。岩体西部为浅成相、浅剥蚀,其内有较多的大理岩捕虏体及铁矿床产出;东部中浅成相、中浅剥蚀,产有铁、铜钼金银矿床及矿化。

新鲜的闪长岩总体呈灰色,岩石具有全晶质近等粒或不等粒结构(图 3-3)。组成矿物主要有斜长石(70%~80%)、角闪石(5%~15%)及少量钾长石和黑云母,副矿物主要有磷灰石、榍石、锆石等。斜长石多呈自形—半自形板状,聚片双晶较为发育。角闪石呈长柱状结构,受蚀变交代,可见少量磁铁矿。

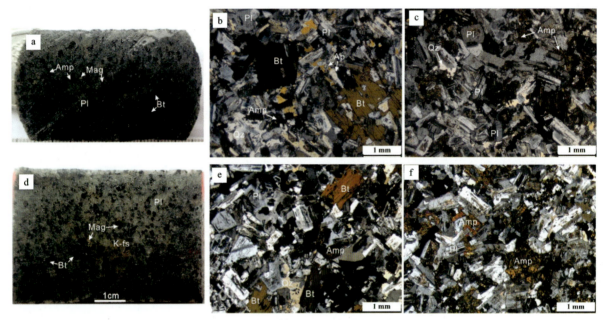

图 3-3 灵乡岩体闪长岩手标本及显微图

a、d. 灵乡主岩体闪长岩;b. 自形的斜长石和他形石英;c. 自形斜长石先于自形—半自形角闪石结晶;e. 自形角闪石和斜长石中填充有他形榍石;f. 他形黑云母蚀变产生绿泥石形式热液交代成因的磁铁矿。矿物简称同图 3-1

(四) 铁山岩体

铁山岩体是燕山期多期次岩浆侵入活动形成的复式岩体,位于保安复式背斜和碧石渡向斜公共翼上,受北西西向和北东向断裂控制,沿下三叠统嘉陵江组、大冶组和中三叠统蒲圻组界面侵入。岩体呈北西西向展布,长约 27km,宽 4~8km,出露面积约 145km²,为深部向四周扩大的岩基。岩体南缘与大冶组接触,上部向南超覆,下部转为南倾;北缘与蒲圻组接触,倾向北;西缘向西倾伏;东缘呈锯齿状沿嘉陵江组层间,大冶组与嘉陵江组、蒲圻组与九里岗组等不同岩性界面间侵入。岩性主要为斑状二长闪长玢岩,次为闪长岩、透辉石二长闪长岩、花岗闪长斑岩等。主要为中浅成侵入相,浅中剥蚀。岩体内分布有较多的大理岩捕虏体,沿接触带及捕虏体有大量铁-铜-硫矿床分布,最著名的为铁山铁铜矿床。

岩体内部相主要为闪长岩类,边缘相主要为石英闪长岩(图 3-4a、d),在石英闪长岩中发育有铁镁质暗色包体(图 3-4b、g),同时有基性岩脉侵入(图 3-4a),在石英闪长岩表面存在部分的辉钼矿化和孔雀石化(图 3-4c)。石英闪长岩主要矿物有斜长石(40%~55%)、石英(10%~15%)、角闪石(10%~15%)、黑云母(5%),副矿物主要有磷灰石、榍石、磁铁矿和锆石等(图 3-4e、f)。

图 3-4 铁山岩体宏观照片和显微图

a.辉长岩脉切穿于早期主岩体石英闪长岩中;b.石英闪长岩中的暗色包裹体;c.石英闪长岩表面的辉钼矿化和少量的孔雀石化;d.铁山岩体石英闪长岩;e.自形—半自形斜长石;f.半自形斜长石与他形石英共生;g.石英闪长岩中包裹的暗色包体,可见细小浅色的长石颗粒;h.颗粒粗大的角闪石颗粒包裹黑云母(磷灰石?);
i.短柱状磷灰石和针状磷灰石共存。矿物简写同图 3-1

镁铁质暗色包体:主要见于石英闪长岩中,多呈椭圆状,与石英闪长岩呈截然的接触,主要呈深灰黑色,不等粒结构,块状构造(图 3-4b、g)。主要由斜长石(50%~60%)、角闪石(15%~20%)、石英(5%~10%)和黑云母(10%)组成(图 3-4h、i),副矿物与石英闪长岩相似,主要有磷灰石、榍石、锆石和磁铁矿等。可见针状和短柱状两种不同产状的磷灰石。

(五)花岗闪长岩类小岩体

第一期岩浆活动形成的小岩体分布广泛,呈群状或带状产出,多呈岩株、岩筒、岩脉状,单个岩体出露面积一般不超过 1.5km²。岩石类型单一,以花岗闪长岩类为主,岩相学特征相对简单。主要有铜绿山岩体、铜山口岩体、龙角山小岩体群、丰山小岩体群和白云山-银山小岩体群等,与区内铜钨钼矿化关系密切,形成了众多的矿床。

1. 铜绿山岩体

铜绿山岩体位于阳新岩体的西北缘,大冶向斜南翼和北北东向下陆-姜桥断裂交会处,呈不规则短轴状,岩体侵入三叠系大冶组碳酸盐岩中,岩体平面上东西长4 km,南北宽约3.5 km,出露面积约为11km²(余元昌等,1985)。岩体自东南深部向西北浅部发生有规律的岩相变化,从粗粒石英闪长岩、中粗粒石英闪长岩到中细粒石英二长闪长岩过渡(张世涛等,2018)。石英闪长岩主要呈灰色—灰白色,块状构造(图3-5a、d),主要由斜长石(40%~50%)、角闪石(15%~20%)、钾长石(10%~20%)、石英(5%~10%)和少量的黑云母(<5%)组成(图3-5b、c、d、e、f)。副矿物主要由磁铁矿、榍石、磷灰石和锆石组成(图3-5b、f)。

图3-5 铜绿山岩体手标本及显微图

a.粗粒石英闪长岩;b.半自形—他形角闪石颗粒和长柱状磷灰石;c.自形简单双晶钾长石和板状斜长石;d.中细粒石英闪长岩;e.自形—半自形角闪石和他形黑云母;f.自形角闪石包裹自形榍石。矿物简写同图3-1

2. 铜山口岩体

铜山口岩体平面上呈北西向椭圆形,中心直径500~600m,出露面积约0.33km²。岩体侵入到二叠系—三叠系灰岩中,主要岩石类型为花岗闪长斑岩,具斑状结构(图3-6a),斑晶主要有斜长石、角闪石、钾长石和石英等(图3-6b、c),基质具微粒—细粒结构,由斜长石、钾长石、石英等组成(图3-6b、c、e、f),副矿物主要有磷灰石、榍石、磁铁矿和锆石等,可见岩浆硬石膏(图3-6b、f)。

3. 白云山岩体

白云山岩体位于阳新岩体南缘3km,分布在白云山一带,呈东西向不规则脉状出露,东西延伸900m,宽30~100m,出露面积小于0.1km²。岩体主体为花岗闪长斑岩,沿北西西方向侵入到志留系新滩组砂页岩中。岩石斑晶主要有斜长石、石英以及少量的角闪石、黑云母。斜长石多呈自形—半自形板状,部分蚀变形成伊利石和高岭土等黏土矿物;角闪石呈半自形—他形结构,部分蚀变形成绿泥石。基质主要由石英、斜长石和钾长石等组成。常见的副矿物有磁铁矿、磷灰石、锆石和榍石。

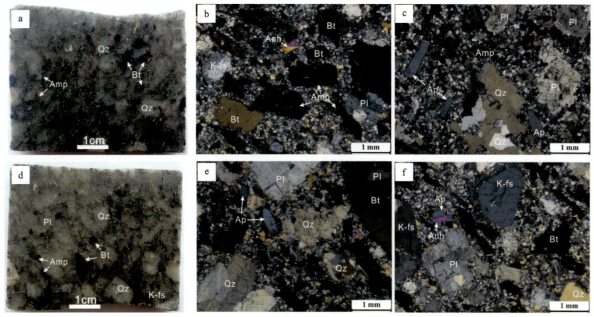

图 3-6　铜山口岩体手标本及显微图

a. 花岗斑岩；b. 他形角闪石颗粒和长柱状磷灰石；c. 自形环带状斜长石；d. 铜山口岩株中偏基性的闪长斑岩；
e. 轻微蚀变的角闪石和斜长石；f. 半自形角闪石包裹自形磷灰石。Anh. 硬石膏；其他矿物简写同图 3-1

二、第二期岩浆活动

(一) 鄂城岩体

鄂城岩体位于花家湖复式向斜北翼,整体呈北西西向椭圆形,长约 15km,宽约 7km,出露面积约 100km²,为上小下大的钟状岩基。岩体总体向南倾斜,北缘向北超覆,沿着三叠系嘉陵江组和蒲圻组层间界面侵入,围岩主要为含膏盐白云岩和粉砂岩,岩体由程潮闪长岩、大鹰山正长闪长岩、凤山石英二长岩、沙塘花岗岩、杨家湾花岗斑岩组成,岩性以花岗岩类为主,闪长岩主要分布于岩体的边缘。浅成—中深成相,浅剥蚀。南缘形成大型程潮铁矿床。

花岗岩主要由斜长石(50%~55%)、钾长石(15%~20%)、石英(25%~30%)组成,有少量黑云母和角闪石(图 3-7a~c),副矿物主要有榍石、锆石、磷灰石以及磁铁矿等。斜长石主要呈自形—半自形板状结构,发育有聚片双晶,表面有轻微泥化特征。石英主要为不规则粒状。闪长岩中主要由黑云母(15%~20%)、斜长石(25%~30%)、角闪石(5%~10%)和石英(≤5%)组成,另有少量辉石(图 3-7d~f),副矿物主要有榍石、锆石和磷灰石等。

(二) 金山店岩体

金山店岩体位于保安背斜南翼嘉陵江组与蒲圻组界面上,呈北西西向展布。长约 14km,宽 1.5~2km,出露面积约 25km²,为一总体向南倾斜的板状岩株体,倾角 60°左右。东西两端分别向两侧倾伏,倾伏角西端相对较陡。岩性主要为石英二长闪长岩,次为斑状闪长岩,属中浅成侵入相,浅中剥蚀。周缘有铁矿床产出,最著名的为位于南缘的金山店铁矿。

图 3-7 鄂城岩体手标本及显微图

a.鄂城岩体花岗岩;b.他形石英和轻微蚀变的钾长石;c.轻微蚀变的自形斜长石;d.鄂城岩体闪长岩
e.自形—半自形黑云母;f.自形蚀变的斜长石与黑云母。矿物简写同图 3-1

闪长岩呈块状构造(图 3-8a、d),主要由角闪石(15%~20%)、斜长石(45%~50%)、钾长石(10%~15%)和黑云母(10%)组成,副矿物主要有磁铁矿、锆石、磷灰石等。黑云母呈黄褐色或暗褐色,多沿晶体边缘或解理发生一定程度的绿泥石化(图 3-8b)。斜长石主要呈半自形—自形宽板状,偶见聚片双晶,晶体多发生一定程度的高岭石化和绢云母化。角闪石主要呈绿色、半自形—他形,发生部分绿泥石化(图 3-8c、e)。

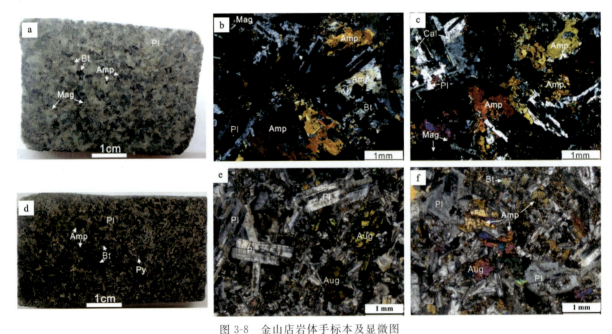

图 3-8 金山店岩体手标本及显微图

a、d.金山店岩体闪长岩;b.他形黑云母和轻微蚀变的斜长石;c.轻微蚀变的他形辉石;e.自形—半自形辉石
与蚀变黑云母;f.自形斜长石与角闪石。矿物简写同图 3-1

（三）火山岩

火山岩主要分布于金牛-太和和花马湖两个次级火山盆地中，自下而上分为马架山组、灵乡组、大寺组，主要构成两个火山活动旋回：一是由马架山组组成的正常沉积—酸性火山碎屑岩—酸性熔岩—正常沉积火山活动旋回；二是由灵乡组、大寺组组成的砂砾岩层正常沉积—中基性火山岩—酸性火山岩—中基性火山岩—正常沉积火山活动旋回。火山岩总体表现出酸性火山岩—中基性岩—酸性火山岩—基性火山岩的演化特征。金牛盆地主体由大寺组构成，面积约180km^2，具有双峰式火山岩的特征（Xie et al.，2011）。

英安流纹岩呈粉红和红色（图3-9a～c），具有斑状结构，斑晶通常为斜长石、钾长石等。流纹岩具有石英和钾长石斑晶，基质主要为火山玻璃。玄武岩和玄武质安山岩主要呈暗灰红色，具有斑状结构，斑晶主要为斜长石和少量的黑云母、辉石，基质具有极细粒结构，成分以斜长石为主（图3-9d～f）。

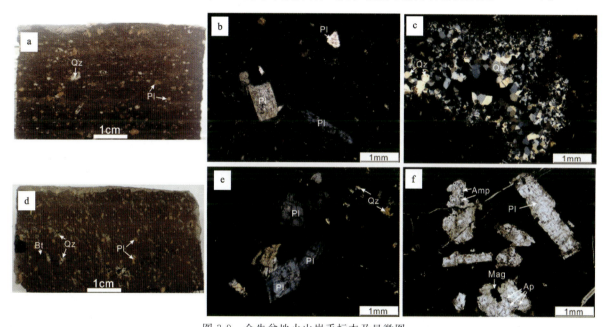

图3-9　金牛盆地火山岩手标本及显微图

a.英安流纹岩；b、c.结晶细小的磷灰石颗粒和自形的磁铁矿；d.玄武质安山岩；e.蚀变的黑云母斑晶；f.自形斜长石斑晶中包裹的磷灰石。矿物简称同图3-1

第二节　岩浆岩与成矿的空间关系

本区的铁、铜及与之共生的金、钼、钨等内生金属矿床（点）的空间产出与燕山期中酸性岩浆岩紧密相伴，主要有如下两个特征。

（1）与大岩体有成因关系的矿床（点）以矽卡岩型矿床为主，主要围绕大岩体与围岩的接触带分布。矿体多位于岩体的顶缘部位，包括侵入前缘带、瘤状突起部位、接触凹凸面以及岩体"超覆"围岩的部位等；少数产于岩体内的地层岩石捕虏体及其接触带；也有少数矿体分布于岩体裂隙及岩体附近围岩破碎带及岩性界面之间。其中矿床（点）以分布于岩体与围岩接触带为主的有鄂城岩体和金山店岩体，少数分布于岩体内部地层捕房体及其与岩体接触带的有铁山岩体、阳新灵乡岩体和殷祖岩体。

鄂城岩体的边缘接触带分布有程潮铁矿、广山铁矿等10余个铁矿床（点）（表3-1）。

表 3-1 鄂东南地区不同矿床的成矿岩体及矿体赋存部位

序号	成矿岩体	典型矿床	矿床类型	岩体与岩体接触带	岩体内部裂隙、破碎带	岩体内捕房体及其接触带	岩体与围岩接触带	近接触带围岩层间破碎带
1	鄂城	程潮铁矿、广山铁矿	矽卡岩型				●	●
3	金山店	张福山铁矿、余华寺铁矿、李万隆铁矿	矽卡岩型(岩浆热液型)				●	◇
4	王豹山	王豹山铁矿	矽卡岩型-岩浆热液型		◇		●	◇
2	铁山	铁山铁铜矿、马石立铁矿、矿山庙铁矿	矽卡岩型				●	
		陈家湾铜钼矿	矽卡岩型			◇	●	◇
		黄土咀铁矿、铜坑铜矿、铜灶铁铜矿、大洪山铜铁矿	矽卡岩型		◇	●	●	
		小铜坑铁铜矿、陈盛铁矿、集宝庙铜铁矿	矽卡岩型		●	◇	●	●
		狮子立山钴锌锡矿	岩浆热液型		◇		●	◇
		狮子立山钴锌矿	沉积-热液叠加改造型		●			
		肖家铺铁矿	浅成成中低温热液型		◇	◇	●	
5	灵乡	大广山含钴铁矿、灵乡矿田广山铁矿、刘家畈铁矿	矽卡岩型		◇	●	●	
		大石山铁矿	矽卡岩型-岩浆热液型		●	●		
		陈子山铁矿、摇篮山金矿、陈效泗-草坪银多金属矿	(矽卡岩型)中低温热液型		●	●		●
6	殷祖	马岭户钨矿、岩山庙钨矿	矽卡岩型		●	●	●	
		上刘实铜钨矿	中低温热液型		◇			
7	阳新	美人尖金矿、上郑金矿、马对子金矿	矽卡岩型			●	●	◇
		叶花香铜矿、老屋铜矿、赤马山铁矿	矽卡岩型			●	●	
		冯家山铜铁矿、牛头山铜铁矿、欧阳山铜矿	矽卡岩型		◇	●	●	
		下四房铜铁矿、对面湾铜矿	矽卡岩型		◇	●	●	
8	铜绿山	鲤泥湖铜铁矿、许家咀铜铁矿、石头嘴铜铁矿	矽卡岩型			●	●	
		桃花嘴铜矿	矽卡岩型		◇		●	
		铜绿山铜铁矿、鸡冠咀铜铁矿	矽卡岩型					●
		猴头山铜矿	岩浆热液型	●				
9	小岩体	付家山钨铜矿、鸡笼山铜矿	矽卡岩型		●		◇	
		白云山钼铜矿	斑岩型		●			●
		铜山口铜钼矿、丰山铜矿、龙角山钨铜矿	斑岩-矽卡岩复合型		●		●	

金山店岩体的边缘接触带分布有张福山、余华寺、李万隆等近 10 个矽卡岩型（岩浆热液型）铁矿床。王豹山小岩体的边缘接触带分布有王豹山等矽卡岩型-岩浆热液型铁矿。

与铁山岩体有关的矿床达 30 余个，其中矿体主要位于岩体与围岩接触带的有铁山、马石立、矿山庙等矽卡岩型铁（铜）矿、铜铁矿床，以及陈家湾等矽卡岩型铜钼矿；矿体主要位于岩体内部的地层捕房体及其接触带的有黄土咀铁矿，铜坑、铜灶或大洪山等铁铜矿或铜铁矿；矿体在岩体与围岩接触带及岩体内部的地层捕房体及其接触带均分布有小铜坑、陈盛、集宝庙等铜铁矿或铁铜矿；在岩体内部裂隙、破碎带及近接触带围岩的层间破碎带中也有部分矿床的次要矿体分布。此外，铁山岩体周边还分布有以肖家铺铁矿为代表的岩浆热液型铁矿、以狮子立山铅锌锶矿为代表的沉积-热液叠加改造型矿床等，其矿体主要分布在岩体与围岩接触带以及近接触带围岩层间破碎带中，以及浅成中低温热液（破碎带蚀变岩型）肖家铺金矿，其矿体分布于岩体内部破碎带中。

与灵乡岩体有关的矿床达 20 余个，其中矿体主要位于岩体与围岩接触带的有大广山含钴、广山、刘家畈等矽卡岩型铁矿，少量矿床的次要矿体在岩体内捕房体及其接触带、岩体内部裂隙破碎带、围岩破碎带中也有分布；矿体主要位于岩体内部的地层捕房体及其接触带的有大小垴窖、向家庄等矽卡岩型铁矿，部分矿床的次要矿体赋存于岩体内部裂隙破碎带；矿体主要分布于岩体内部裂隙、破碎带的有大石山、铁子山等矽卡岩型-岩浆热液型铁矿。此外，灵乡岩体周缘还分布有陈子山、摇篮山等浅成中低温热液型金矿、陈效泗-草坪矽卡岩-中低温热液复合型银铜多金属矿，矿体分布于岩体与围岩接触带及岩体内部破碎带中。

殷祖岩体周缘接触带矽卡岩型矿床规模均较小，主要有马岭卢钨矿、岩山庙钨矿，矿体分布于岩体与围岩接触带，上刘实铜钨矿的矿体分布于岩体内捕房体及其接触带和岩体内部破碎带。此外，殷祖岩体周缘还分布有美人尖、上郑、马对于等浅成中低温热液型金矿，主要位于岩体内部裂隙破碎带以及围岩层间破碎带中。

阳新岩体周缘产于岩体与围岩接触带的有叶花香、老屋、赤马山等矽卡岩型铜（铁）矿，两剑桥、李家山等矽卡岩型（铜）钼矿近 20 个矿床；在其内部的地层捕房体及其接触带的有冯家山、牛头山、欧阳山等铜（铁）矿床；在岩体与围岩接触带和内部的地层捕房体及其接触带均分布的有下四房铜铁矿、对面湾铜金矿等。

铜绿山岩体是一个中型岩株体，成矿特征与上述 3 个大岩体类似。在岩体与围岩接触带已发现鲤泥湖、许家咀、石头咀等铜铁矿（点）；在岩体内部的地层捕房体及其接触带发现有桃花嘴铜铁矿；在岩体与围岩接触带和岩体内部捕房体及其接触带发现有铜绿山铜铁矿、鸡冠咀金铜矿、铜山铜铁矿；在与岩体接触带发现有猴头山钼铜矿。

（2）与小岩体有成因关系的矿床，与岩体的空间位置关系主要取决于矿床的成因类型。这类矿床在矿种和成因类型上跟与大岩体有关的矿床有较大差别：矿种主要是铜、金、钼、钨的共生矿，成因类型主要有矽卡岩型、斑岩-矽卡岩复合型、斑岩型，也有少量矽卡岩-中低温热液复合型及浅成中低温热液型。而且一个岩体往往只形成一个矿床。

矽卡岩型矿床，矿体产于岩体与碳酸盐岩的接触带，或外接触带及其邻近。如产于付家山、鸡笼山小岩体与围岩接触带的付家山钨钼矿、鸡笼山铜金矿，产于阮家湾小岩体与围岩接触带及近接触带地层层间破碎带的阮家湾铜钼钨矿等。

斑岩型矿床，以白云山铜矿为代表，矿体产于岩体内部，往往整个岩体都产生了矿化，其中部分区段金属元素含量达到工业品位而成为矿体。矿体的边界不明显，呈渐变过渡，需通过样品分析结果来圈定。

斑岩-矽卡岩复合型矿床，或称为广义的斑岩型矿床，以铜山口铜钼矿、丰山铜矿、龙角山钨铜矿为代表，一般在斑岩体内靠近边部或角砾岩筒中形成斑岩型矿体，在与碳酸盐岩接触带形成的矽卡岩型矿体内、在接触带外侧附近还可形成少量热液充填型矿脉，这些矿体大多围绕岩体边部呈环形产出。

矿床与岩体在空间上的密切共生关系，表明了两者之间有成生关系。

第三节 岩浆岩地球化学特征

对于鄂东南地区的岩浆岩地球化学特征,前人进行了大量的工作,主要集中于两个方面:一类是对于岩体的成因进行分析,与成矿联系不大;另一类是基于成矿问题的分析,选取与成矿有关的岩浆岩进行分析,探讨岩浆岩与成矿的关系。本次研究在收集前人研究资料的基础上,对数据进行了一定的分类和筛选,重点关注不同成矿类型岩浆岩的地球化学组分特征,收集此类岩石地球化学数据进行综合分析。

对于以往岩浆岩地球化学数据的筛选和利用,主要做法如下:①样品应该相对新鲜,全岩主量元素的总含量应在 98%~102% 之间,同时满足烧失量 LOI 值小于 3% 的条件,否则该样品点予以剔除。②全岩主量元素总量和烧失量符合要求,同时在特定的微量元素值与同类型的样品中该元素未出现大的异常波动(误差小于同类样品的 3δ 值)。③全岩样品 Sr-Nd 同位素,如果样品进行了主微量分析,主要依据其主微量值进行筛选;如果样品未进行主微量分析,则依据同类样品的分析结果是否存在异常波动(误差小于同类样品的 3δ)进行筛选。④对于选用的样品 $(^{87}Sr/^{86}Sr)_t$ 及 $\varepsilon_{Nd}(t)$ 比值,根据已发表数据中给出的 $^{87}Rb/^{86}Sr$、$^{87}Sr/^{86}Sr$ 和 $^{147}Sm/^{144}Nd$、$^{143}Nd/^{144}Nd$ 值,选用相同的 λRb、λSm 等重新计算获取。⑤对于锆石微量元素和 Hf 同位素,在锆石 U-Pb 年龄基础上根据收集的数据进行微量元素和 Hf 同位素的分析,同时根据相关文献中给出的 $^{176}Hf/^{177}Hf$ 值重新计算各个样品的 $\varepsilon_{Hf}(t)$ 值,以确定选取的成矿年龄相近的样品锆石微量元素值和 Hf 同位素值是否有明显的偏差。

鄂东南地区岩浆岩的主微量元素及微量元素成分平均值汇总见表 3-2 和表 3-3。第一期岩浆活动所形成的岩浆岩大致可分为 3 类:偏基性的闪长岩(以灵乡岩体为代表)、偏酸性的石英闪长岩(以阳新岩体、殷祖岩体为代表)以及花岗闪长斑岩(以铜山口岩株为代表),其中偏酸性岩浆岩的 SiO_2 含量介于 60%~70% 之间,全碱含量(Na_2O+K_2O)含量在 5%~9%;第二期岩浆活动形成的岩浆岩表现出从基性到酸性演化的特征,SiO_2 变化范围较大,主要介于 50%~75% 之间,全碱含量比第一期岩浆岩偏高,(Na_2O+K_2O)含量在 8%~11% 之间(图 3-10a,b)。第一期岩浆岩的岩石样品在 SiO_2 与 K_2O 图解中主要在高钾钙碱系列范围内(图 3-10b),K_2O 含量变化较大,主要分布于钙碱系列至高钾钙碱系列之中(图 3-10b)。两期岩浆岩样品大部分都落入了准铝质范围之内(图 3-10c),与大部分样品出现标准矿物透辉石相一致。第一期岩浆岩 Na_2O/K_2O 主要集中于 0.8~1.5 之间,第二期岩浆岩 Na_2O/K_2O 主要集中在 1.5~3 之间,相较于第一期岩浆岩更偏钠质。

主量元素和微量元素的 Harker 图解中(图 3-11),大多数样品都具有线性或者曲线趋势,表明两期岩浆活动所形成的岩石在成因上具有紧密联系。主要的氧化物(如 Al_2O_3、MgO、TFeO、CaO、TiO_2、P_2O_5)以及微量元素(如 V、Y)等随着 SiO_2 含量的增加而逐渐降低,表明在岩浆演化过程中有角闪石、斜长石、磷灰石以及 Fe-Ti 氧化物发生了分离结晶作用。第一期岩浆岩相对偏酸性的岩石样品具有低 Y(2×10^{-6}~10×10^{-6})、Yb(0.5×10^{-6}~2×10^{-6})、Sc(5×10^{-6}~15×10^{-6}),以及高的 Sr/Y 值(40~120)和 $(La/Yb)_N$ 值(10~50)(图 3-12),地球化学特征与埃达克岩非常相似。

表 3-2 鄂东南地区岩浆岩的主微量元素成分平均值汇总表

岩体	样品数/个	SiO$_2$/%	TiO$_2$/%	Al$_2$O$_3$/%	TFeO/%	MnO/%	MgO/%	CaO/%	Na$_2$O/%	K$_2$O/%	P$_2$O$_5$/%	LOI/%	Tol/%
铜山口	27	64.44	0.56	14.82	3.71	0.05	1.78	3.93	3.44	3.88	0.27	2.55	99.09
铜绿山	26	63.95	0.53	16.50	3.51	0.09	1.35	4.78	4.51	3.22	0.25	0.98	99.74
阮家湾	15	64.35	0.53	16.48	3.16	0.09	1.57	5.12	3.35	2.77	0.29	1.59	99.62
殷祖石英闪长岩	21	64.74	0.53	15.91	4.16	0.10	1.67	4.76	3.76	2.58	0.22	0.93	99.63
殷祖闪长岩	3	53.89	1.09	16.33	8.10	0.17	4.05	7.76	3.11	2.60	0.46	1.36	99.27
灵乡闪长岩	12	57.82	0.80	17.09	6.48	0.13	2.65	6.42	3.58	2.50	0.33	1.26	99.29
阳新石英闪长岩	15	64.86	0.52	15.79	3.52	0.08	1.55	4.18	4.23	2.78	0.25	1.77	99.52
阳新闪长岩	22	60.19	0.75	16.37	5.37	0.10	2.26	5.54	4.20	3.06	0.33	1.14	99.31
铁山石英闪长岩	13	64.03	0.58	16.53	3.36	0.06	1.28	3.93	4.71	3.02	0.29	1.50	99.42
铁山闪长岩	7	58.93	0.71	16.83	4.89	0.08	2.57	5.45	4.93	2.90	0.48	1.47	99.47
程潮花岗岩	24	70.05	0.41	14.43	1.50	0.04	0.63	1.84	4.19	4.78	0.19	1.80	99.99
程潮闪长岩	12	56.79	1.02	16.28	8.07	0.10	3.28	4.10	5.39	2.94	0.51	2.52	101.62
金山店花岗岩	17	68.20	0.65	14.86	1.63	0.03	0.75	2.33	6.04	2.86	0.18	1.69	98.69
金山店闪长岩	8	54.08	1.07	16.85	5.96	0.10	4.00	7.50	4.45	2.40	0.36	1.90	99.00
金牛盆地流纹岩	24	70.03	0.53	15.12	2.17	0.06	0.20	1.05	4.14	4.71	0.23	1.47	99.92
金牛盆地安山岩	5	56.80	1.16	16.96	5.63	0.12	1.22	7.03	3.98	2.44	0.54	1.68	100.50
金牛盆地玄武岩	3	47.17	1.60	17.50	8.14	0.18	4.65	9.91	3.14	1.14	0.55	2.99	99.67

注:将原始数据中的 Fe 含量都转换为 TFeO 含量。数据来源:王强等,2004;谢桂青等,2008;Li et al.,2008;Xie et al.,2008;Li et al.,2009;Li et al.,2010;赵海杰等 2010;Xie et al.,2011;Li et al.,2013;颜代蓉等,2013;丁丽雪等,2014;Xie et al.,2015;张世涛等,2018;Wen et al.,2020。

表 3-3 鄂东南地区岩浆岩的微量元素成分平均值汇总表

岩体	样品数/个	Ba	Rb	Sr	Y	Ni	Zr	Nb	Th	Hf	Ta	U	La
铜山口	27	893.35	111.24	884.88	12.37	24.74	163.17	10.53	12.89	4.43	0.70	3.55	43.95
铜绿山	26	868.67	87.43	933.11	15.13	6.63	183.11	15.53	11.34	4.63	0.98	2.66	46.77
阮家湾	15	859.83	88.20	733.50	13.14	10.37	104.58	15.50	10.71	3.34	1.07	2.59	46.87
殷祖石英闪长岩	21	872.81	74.41	765.68	14.59	8.85	115.41	12.51	7.73	3.62	0.84	1.95	31.90
殷祖闪长岩	3	868.67	77.67	626.67	22.63	12.85	133.67	10.70	6.48	4.45	0.84	1.62	31.17
灵乡闪长岩	12	920.74	79.18	650.87	18.91	17.71	130.47	9.84	6.72	3.58	0.70	1.86	31.85
阳新石英闪长岩	15	905.81	92.54	941.63	13.99	6.59	160.13	13.95	13.06	4.82	0.94	3.15	44.02
阳新闪长岩	22	803.18	105.17	962.62	18.46	10.07	132.88	18.10	14.81	3.66	1.12	3.49	49.64
铁山石英闪长岩	13	1 183.54	67.15	1 334.31	14.63	19.35	132.42	13.92	8.20	2.69	0.88	1.78	62.90
铁山闪长岩	7	1 294.71	63.24	1 567.14	13.91	36.83	137.37	10.68	8.21	1.99	0.75	1.69	59.84
程潮花岗岩	24	831.10	122.61	240.62	19.10	11.82	197.17	19.88	19.64	5.86	1.60	4.26	42.53
程潮闪长岩	12	826.67	89.46	584.33	27.94	19.30	285.21	12.75	8.62	6.92	0.80	2.01	47.88
金山店花岗岩	17	769.88	82.19	226.74	27.24	7.72	325.41	26.83	18.80	6.87	2.29	4.44	50.38
金山店闪长岩	8	667.13	74.21	866.25	26.54	23.75	157.88	18.29	8.33	3.88	0.99	1.56	46.37
金牛盆地流纹岩	24	840.13	155.29	214.38	23.60	7.34	288.72	29.84	18.06	8.65	3.04	3.22	58.80
金牛盆地安山岩	5	658.40	71.34	553.00	28.56	15.01	226.80	21.08	9.97	6.49	1.28	1.80	51.26
金牛盆地玄武岩	3	449.33	20.49	798.67	27.37	44.33	208.33	14.37	4.49	4.64	0.82	0.79	41.67

续表 3-3

岩体	Ce	Pr	Nd	Sm	Eu	Gd	Tb	Dy	Ho	Er	Tm	Yb	Lu
铜山口	84.65	9.81	35.75	5.67	1.43	3.89	0.49	2.42	0.44	1.21	0.17	1.11	0.17
铜绿山	87.04	9.51	34.15	5.61	1.49	4.17	0.54	2.85	0.52	1.43	0.21	1.35	0.21
阮家湾	82.31	8.92	33.09	5.15	1.45	4.01	0.49	2.26	0.42	1.15	0.16	0.97	0.14
殷祖石英闪长岩	62.17	7.40	27.38	4.74	1.30	3.89	0.52	2.72	0.51	1.41	0.21	1.32	0.20
殷祖闪长岩	62.87	7.90	31.83	6.16	1.81	5.70	0.84	4.66	0.85	2.42	0.34	2.23	0.33
灵乡闪长岩	61.37	7.19	27.62	5.32	1.48	4.58	0.67	3.56	0.70	1.96	0.28	1.78	0.27
阳新石英闪长岩	83.97	9.41	33.35	5.42	1.46	4.08	0.51	2.49	0.47	1.27	0.18	1.19	0.18
阳新闪长岩	97.71	11.54	41.89	7.12	1.79	5.59	0.67	3.38	0.64	1.72	0.25	1.56	0.23
铁山石英闪长岩	119.10	12.47	47.07	7.35	1.77	5.16	0.60	2.99	0.56	1.43	0.21	1.16	0.17
铁山闪长岩	115.30	12.71	47.31	8.08	2.05	5.47	0.62	2.99	0.57	1.38	0.20	1.17	0.17
程潮花岗岩	77.03	8.00	27.45	4.31	1.11	3.67	0.58	3.21	0.63	1.99	0.31	2.15	0.33
程潮闪长岩	92.50	10.66	42.15	7.57	2.07	6.18	0.98	5.10	0.98	2.84	0.42	2.65	0.42
金山店花岗岩	102.39	12.38	38.84	6.75	1.32	5.38	0.86	4.93	1.00	2.87	0.46	2.93	0.46
金山店闪长岩	90.51	11.02	41.74	7.74	2.05	6.70	0.86	4.61	0.94	2.57	0.37	2.27	0.35
金牛盆地流纹岩	99.91	10.82	37.11	5.87	1.33	4.63	0.77	4.20	0.87	2.57	0.37	2.52	0.36
金牛盆地安山岩	95.50	10.58	39.87	6.95	1.89	5.65	0.96	5.05	1.05	2.85	0.41	2.61	0.37
金牛盆地玄武岩	88.90	10.91	40.43	7.13	2.17	7.03	1.06	5.73	1.13	3.23	0.42	2.54	0.40

注：微量元素单位为 10^{-6}。数据来源：王强等，2004；Li et al.，2008；Xie et al.，2008；谢桂青等，2008；Li et al.，2009；Li et al.，2010；赵海杰等，2010；Xie et al.，2011；Li et al.，2013；颜代蓉等，2013；丁丽雪等，2014；Xie et al.，2015；张世涛等，2018；Wen et al.，2020。

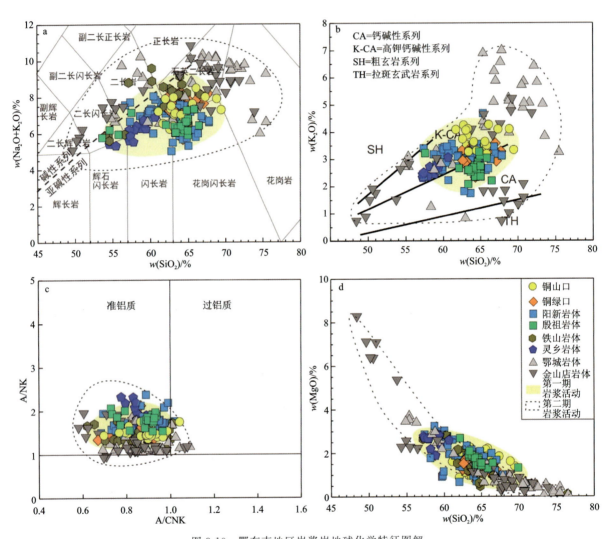

图 3-10 鄂东南地区岩浆岩地球化学特征图解

a. 全碱与二氧化硅含量的 TAS 图解；b. 氧化钾与二氧化硅图解；c. A/CNK-A/NK 图解；d. 氧化镁与二氧化硅图解。图例同 d 图，数据来源见表 3-2

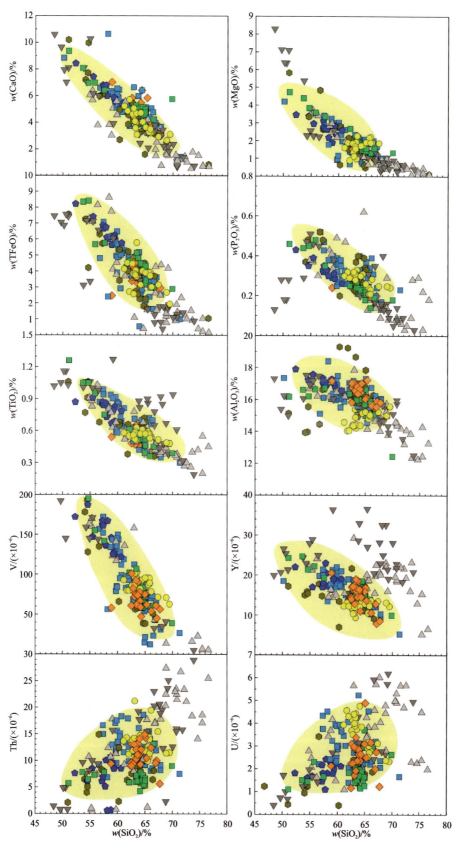

图 3-11 鄂东南地区岩浆岩氧化物和微量元素 Harker 图解

其中黄色阴影部分为第一期岩浆活动。图例与图 3-10d 一致,数据来源见表 3-2

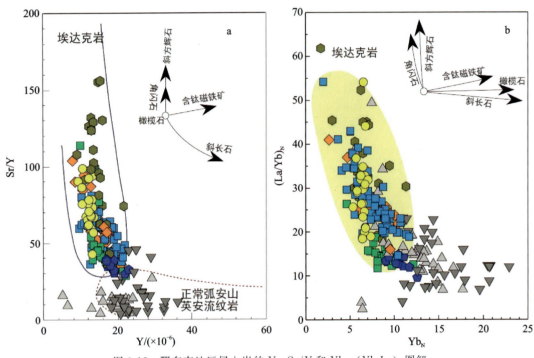

图 3-12 鄂东南地区侵入岩的 Y - Sr/Y 和 Yb_N-$(Yb-La)_N$ 图解
图例同图 3-10d 一致，数据来源见表 3-2

在稀土元素球粒陨石标准化图解上，第一期岩浆活动和第二期岩浆活动所形成的岩浆岩具有相似的近于平行的曲线，轻重稀土分异强烈，没有明显的 Eu 异常（图 3-13）。第一期岩浆活动形成的偏酸性的岩石具有更加亏损的 HREE 的特征。在原始地幔标准化蛛网图中（图 3-14），两期不同的岩浆岩都具有富集不相容元素（例如 LREE 以及大离子亲石元素等）、亏损高场强元素（HFSE）等特点，第一期岩浆岩样品相较于第二期岩浆岩样品更加具有强烈的 Nb-Ta 负异常。

依据收集的鄂东南地区已发表的不同岩体 Rb-Sr 及 Sm-Nd 同位素数据，按前文所述计算和筛选标准，重新计算获得 $^{87}Sr/^{86}Sr(t)$ 及 $\varepsilon_{Nd}(t)$ 值并做出 Sr - Nd 图解（表 3-4，图 3-15）。在 $\varepsilon_{Nd}(t)$-$(^{87}Sr/^{86}Sr)_t$ 图中（图 3-15a），第一期岩浆岩比第二期岩浆岩具有相对高的 $\varepsilon_{Nd}(t)$ 值和低的 $(^{87}Sr/^{86}Sr)_t$ 值，表明第二期岩浆岩样品可能比第一期岩浆岩样品混染更多的地壳物质组分。除金牛盆地火山岩之外，不同岩体收集的样品都具有相对相似的、相对均一的 Sr - Nd 同位素组成。第一期岩浆岩样品 $(^{87}Sr/^{86}Sr)_t$ 为 0.705 8~0.707 5，$\varepsilon_{Nd}(t)$ 为 -3~-8；第二期岩浆岩样品 $(^{87}Sr/^{86}Sr)_t$ 为 0.706 5~0.708 5，$\varepsilon_{Nd}(t)$ 为 -7~-13。这些数据与华北和扬子克拉通的下地壳（Ames et al.，1996；Jahn et al.，1999）及年轻的大陆上地壳（Taylor and Mclennan，1985）的值都有明显的区别，并且与扬子板块太古宙崆岭正片麻岩的值也有明显不同。然而它们的 Sr - Nd 同位素值与长江中下游庐枞（Wang et al.，2006）、宁芜（Wang et al.，2001）及铜陵（Yan et al.，2008）地区的早白垩世玄武岩及同成分侵入岩构成的富集地幔区域的 Sr - Nd 同位素数据重叠。以上表明鄂东南地区的岩浆岩主要是由富集地幔源区部分熔融形成的。

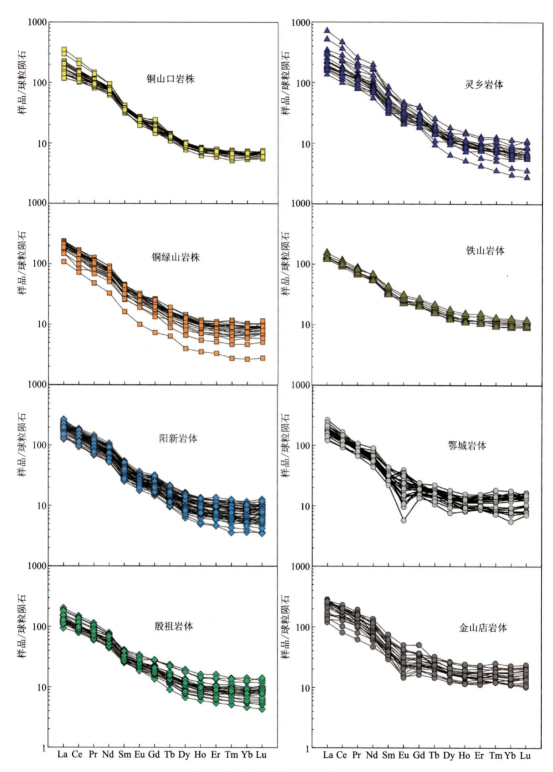

图 3-13 鄂东南地区两期岩浆岩全岩稀土元素配分图解
球粒陨石标准化数据引自 Boynton(1984),数据来源见表 3-3

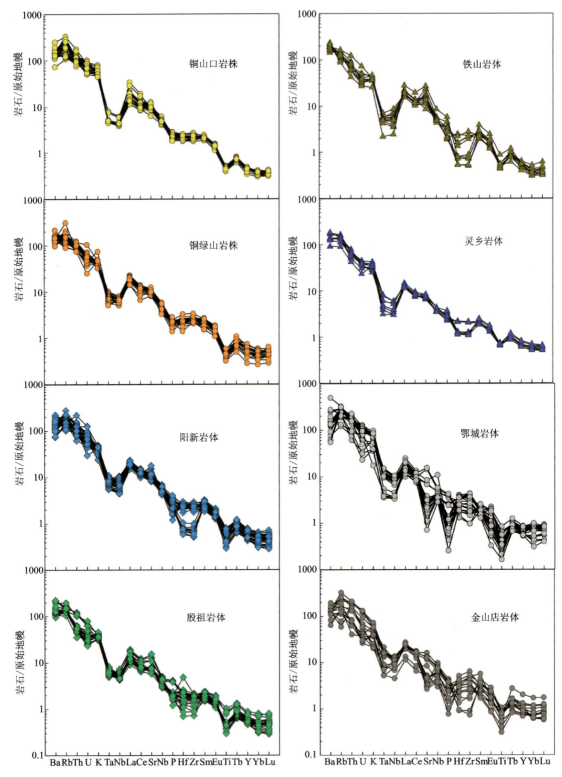

图 3-14 鄂东南地区两期岩浆岩的微量元素蛛网图
原始地幔值引自 McDougall 和 Sun(1995),数据来源见表 3-3

第三章 区域岩浆岩与成矿

表 3-4 鄂东南地区岩浆岩的 Sr-Nd 同位素组成

岩体	样品数/个	年龄平均值/Ma	Rb 平均值/$\times 10^{-6}$	Sr 平均值/$\times 10^{-6}$	$^{87}Rb/^{86}Sr$ 变化范围	$^{87}Rb/^{86}Sr$ 平均值	$^{87}Sr/^{86}Sr$ 变化范围	$^{87}Sr/^{86}Sr$ 平均值	$(^{87}Sr/^{86}Sr)_t$ 变化范围	$(^{87}Sr/^{86}Sr)_t$ 平均值
铜山口岩体	7	143	127	775	0.357~0.681	0.463	0.706 95~0.708 04	0.707 25	0.706 02~0.706 6	0.706 27
铜绿山岩体	13	140	91	888	0.171~0.695	0.305	0.706 02~0.707 61	0.706 46	0.705 48~0.706 85	0.705 83
阮家湾岩体	5	144	90	701	0.192~0.469	0.381	0.706 60~0.707 50	0.707 20	0.706 19~0.706 52	0.706 39
阳新岩体	15	139	127	775	0.009~0.567	0.463	0.706 03~0.708 65	0.706 05	0.705 30~0.706 9	0.706 05
殷祖岩体	11	148	70	995	0.017~0.411	0.284	0.706 91~0.708 19	0.707 47	0.706 35~0.707 41	0.706 85
铁山岩体	10	138	48	1728	0.224~0.348	0.109	0.706 07~0.707 64	0.706 94	0.705 38~0.707 59	0.706 72
灵乡岩体	5	143	78	652	0.305~0.450	0.347	0.708 50~0.709 75	0.708 91	0.707 84~0.709 04	0.708 17
鄂城岩体	27	130	118	341	0.040~8.068	1.803	0.705 44~0.721 73	0.710 83	0.706 09~0.708 49	0.707 34
金牛盆地	32	128	130	364	0.029~12.30	2.337	0.705 94~0.718 67	0.710 54	0.705 75~0.712 67	0.706 98

岩体	Sm 平均值/$\times 10^{-6}$	Nd 平均值/$\times 10^{-6}$	$^{147}Sm/^{144}Nd$ 变化范围	$^{147}Sm/^{144}Nd$ 平均值	$^{143}Nd/^{144}Nd$ 变化范围	$^{143}Nd/^{144}Nd$ 平均值	$\varepsilon_{Nd}(0)$ 变化范围	$\varepsilon_{Nd}(0)$ 平均值	$\varepsilon_{Nd}(t)$ 变化范围	$\varepsilon_{Nd}(t)$ 平均值	TDM 变化范围/Ga	TDM 平均值/Ga
铜山口岩体	5.49	33.51	0.094~0.107	0.099	0.512 27~0.512 32	0.512 31	-7.16~-6.18	-6.49	-5.38~-4.38	-4.72	1.06~1.19	1.13
铜绿山岩体	5.52	33.42	0.096~0.109	0.100	0.512 26~0.512 37	0.512 25	-9.42~-5.15	-7.50	-7.73~-3.42	-5.78	1.04~1.38	1.20
阮家湾岩体	5.68	36.80	0.095~1.101	0.098	0.512 21~0.512 26	0.512 23	-8.35~-7.37	-7.96	-6.41~-5.52	-6.06	1.15~1.21	1.17
阳新岩体	5.54	33.54	0.079~0.110	0.099	0.512 10~0.512 39	0.512 25	-1.59~-4.88	-7.62	-8.49~-3.35	-5.89	1.12~1.34	1.20
殷祖岩体	4.23	23.20	0.089~0.120	0.108	0.512 14~0.512 34	0.512 21	-9.79~-5.81	-8.43	-8.84~-3.73	-6.75	0.99~1.64	1.38
铁山岩体	5.74	35.52	0.082~0.114	0.098	0.512 02~0.512 35	0.512 15	-11.98~-5.52	-9.50	-9.93~-3.98	-7.76	1.15~1.49	1.32
灵乡岩体	5.07	26.33	0.110~0.120	0.117	0.512 20~0.512 26	0.512 23	-8.51~-7.39	-7.92	-9.93~-3.98	-6.46	1.39~1.47	1.44
鄂城岩体	5.29	31.63	0.076~0.133	0.101	0.511 84~0.512 15	0.512 01	-15.54~-9.46	-12.53	-14.14~-8.56	-10.96	1.22~2.46	1.60
金牛盆地	6.16	37.85	0.073~0.139	0.101	0.513 03~0.512 42	0.512 17	-11.82~-4.17	-9.10	-10.19~-2.43	-7.54	0.89~1.87	1.34

数据来源:王强等,2004;Xie et al.,2006;Li et al.,2008;Xie et al.,2008;Li at al.,2009;Xie et al.,2009;赵海杰等,2010;Xie et al.,2011;Li et al.,2013;李伟等,2014。

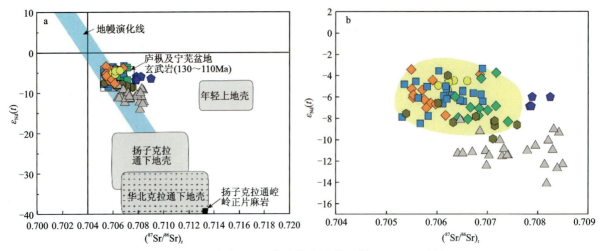

图 3-15 鄂东南地区两期岩浆岩的$(^{87}Sr/^{86}Sr)_t$-$\varepsilon_{Nd}(t)$图解

图例与图 3-10d 一致,太古宙崆岭群数据引自 Chen 等(2001),扬子地台元古宙基底数据引自 Jahn 等(1999)。数据来源见表 3-4

第四节 岩浆岩的形成时代

鄂东南矿集区岩浆岩的活动持续了 25Ma 左右,从晚侏罗纪一直持续到早白垩纪(151～125Ma)(表3-5)。岩浆活动在早白垩纪达到了高峰期(140Ma 左右),其中大部分的岩体及岩株形成在 144～138Ma 和 133～128Ma 相对集中的时间内,是燕山期岩浆活动的产物。区内岩浆活动划分为两个期次。第一期岩浆活动(151～135Ma)形成的岩浆岩主要为石英闪长岩、花岗闪长岩、花岗闪长斑岩和闪长岩,主要分布在隆起带。第二期岩浆活动(125～135Ma)主要发生在坳陷带,先形成金山店岩体和鄂城岩体,随后发生强烈的火山喷发形成一系列火山岩系。

晚侏罗世的殷祖石英闪长岩、殷祖杂岩体(约151Ma)以及可能与之同时的辉长岩-闪长岩记录了鄂东南地区中生代最早的岩浆活动。在经历了一段时间的岩浆活动间隙之后,灵乡闪长岩(141.1±0.7 Ma)开始侵位,随后又形成了阳新岩体(138.5±2.5Ma)及铁山岩体(135.81±2.4Ma),伴随着这期大的岩浆活动,同时形成有铜山口岩体(143.4±1Ma)和铜绿山岩体(139.8±1.0Ma)。第二期岩浆活动主要形成了金山店岩体、鄂城岩体以及西缘的火山岩。LA-ICP-MS 锆石的 U-Pb 定年结果表明金山店闪长岩的年龄为130.3±0.3Ma,与鄂城岩体中花岗岩和闪长岩中锆石的 U-Pb 年龄(131±1Ma)一致,说明鄂城岩体与金山店岩体的形成时代一致,二者可能代表了区域内大规模侵入岩浆活动的结束。在这些侵入岩浆活动结束后很短的时间内该区又爆发有大规模的火山活动,如金牛盆地火山岩中 SHRIMP 锆石的 U-Pb 年龄为(128±1)Ma,与本区中基性岩脉的侵位时代一致。总体来说,鄂东南地区第一期岩浆活动从晚侏罗世(151Ma)开始持续到早白垩世(135Ma),第二期岩浆活动主要集中于早白垩世中晚期,并伴随有火山喷发作用及少量中基性岩脉的形成(表3-5)。

表 3-5 鄂东南地区两期岩浆活动岩浆岩的同位素年龄简表

岩体名称	岩石类型	样品名称	年龄/Ma	分析方法	数据来源
阳新岩体	石英闪长岩	YX2	142±2	LA-ICP MS 锆石 U-Pb	Xie et al., 2011
	花岗斑岩	YX1	141±2	LA-ICP MS 锆石 U-Pb	Xie et al., 2011
	石英闪长岩	FJS2	138.5±2.5	SHRIMP 锆石 U-Pb	Li et al., 2009
	石英二长闪长岩	08YZ15.1	138.5±2.5	Cameca SIMS 锆石 U-Pb	Li et al., 2010
	闪长岩	08YZ16.1	138.5±2.5	Cameca SIMS 锆石 U-Pb	Li et al., 2010
	石英闪长岩	DY115	141±1	LA-ICP MS 锆石 U-Pb	丁丽雪等,2016
	黑云石英闪长岩	DY116	140±2	LA-ICP MS 锆石 U-Pb	丁丽雪等,2016
	石英闪长岩	DY317	143±1	LA-ICP MS 锆石 U-Pb	丁丽雪等,2016
	黑云石英闪长岩	DY369	139±2	LA-ICP MS 锆石 U-Pb	丁丽雪等,2016
	石英闪长岩	Fuzishan	138.6±2.9	LA-ICP MS 锆石 U-Pb	Duan et al., 2018
	石英二长闪长岩	Niutoushan	137.8±1.8	LA-ICP MS 锆石 U-Pb	Duan et al., 2018
	石英闪长岩	Ouyangshan	138.4±1.2	LA-ICP MS 锆石 U-Pb	Duan et al., 2018
	石英二长闪长岩	Liujiawan	135.0±2.4	LA-ICP MS 锆石 U-Pb	Duan et al., 2018
	石英二长闪长岩	Bengqiaodi	138.7±1.1	LA-ICP MS 锆石 U-Pb	Duan et al., 2018
	石英闪长岩	Dajishan	140.4±0.7	LA-ICP MS 锆石 U-Pb	本书
殷祖岩体	石英闪长岩	YZ3	152±3	SHRIMP 锆石 U-Pb	Li et al., 2009
	闪长岩	08YZ38.1	146.5±1.0	Cameca SIMS 锆石 U-Pb	Li et al., 2010
	石英闪长岩	DY352	148±1	LA-ICP MS 锆石 U-Pb	丁丽雪等,2017
	黑云角闪辉长岩	DY319	151±1	LA-ICP MS 锆石 U-Pb	丁丽雪等,2017
铁山岩体	辉长岩	TsFe4	137±2	SHRIMP 锆石 U-Pb	Xie et al., 2011
	石英闪长岩	TS3	142±3	LA-ICP MS 锆石 U-Pb	Xie et al., 2011
	石英闪长岩	TS7	143±2	LA-ICP MS 锆石 U-Pb	Xie et al., 2011
	石英闪长岩	TS2	135.8±2.4	SHRIMP 锆石 U-Pb	Li et al., 2009
灵乡岩体	闪长岩	LX3	141.1±0.7	LA-ICP MS 锆石 U-Pb	Li et al., 2009
	闪长岩	08YZ35.3	145.5±1.1	Cameca SIMS 锆石 U-Pb	Li et al., 2010
	闪长岩	18LX02	146.1±1.2	LA-ICP MS 锆石 U-Pb	Wen et al., 2020
	闪长岩	18DGS-2A	146.5±1.3	LA-ICP MS 锆石 U-Pb	Wen et al., 2020
铜山口岩株	花岗闪长斑岩	TSK	141±2	SHRIMP 锆石 U-Pb	Li et al., 2008
	花岗闪长斑岩	08YZ36.3	144.0±1.3	Cameca SIMS 锆石 U-Pb	Li et al., 2010
	花岗闪长斑岩	18TK-1	140.53±0.56	LA-ICP MS 锆石 U-Pb	Wen et al., 2020
	花岗闪长斑岩	18TK-2	141.49±0.56	LA-ICP MS 锆石 U-Pb	Wen et al., 2020
铜绿山岩株	石英闪长岩	TLS2	140±2	SHRIMP 锆石 U-Pb	Xie et al., 2011
	二长闪长斑岩	08YZ33.4	139.8±1.0	Cameca SIMS 锆石 U-Pb	Li et al., 2010
	石英闪长岩	TLS01	136.0±1.5	Titanite U-Pb	Li et al., 2010
	石英闪长岩	18TLS05	138.8±1.9	LA-ICP MS 锆石 U-Pb	Wen et al., 2020

续表 3-5

岩体名称	岩石类型	样品名称	年龄/Ma	分析方法	数据来源
鄂城岩体	花岗岩	12C-1	130±1	LA-ICP MS 锆石 U-Pb	Hu et al.，2017
	石英闪长岩	12CZ-16	131±1	LA-ICP MS 锆石 U-Pb	Hu et al.，2017
	花岗岩	CKYK1511	131±0.3	Titanite U-Pb	Hu et al.，2017
	中粒花岗岩	QC2	130±1	LA-ICP MS 锆石 U-Pb	Xie et al.，2011
	粗粒花岗岩	QC9	127±1	LA-ICP MS 锆石 U-Pb	Xie et al.，2011
	粗粒花岗岩	QC10	127±2	LA-ICP MS 锆石 U-Pb	Xie et al.，2009
	石英闪长岩	CC375-16	129±2	SHRIMP 锆石 U-Pb	Xie et al.，2009
	闪长岩	CC455	133±1	LA-ICP MS 锆石 U-Pb	Li et al.，2019
	石英二长岩	18EC30	128.1±1.2	LA-ICP MS 锆石 U-Pb	Wen et al.，2020
	闪长岩	18EC18	131.31±6.8	LA-ICP MS 锆石 U-Pb	Wen et al.，2020
金山店岩体	石英闪长岩	JSD3	127±2	LA-ICP MS 锆石 U-Pb	Xie et al.，2009
	细粒花岗岩	JSD270	133±1	LA-ICP MS 锆石 U-Pb	Xie et al.，2009
	石英二长岩	JS502	130.3±0.3	LA-ICP MS 锆石 U-Pb	Zhu et al.，2017
	石英闪长岩	JS218	127.3±0.6	LA-ICP MS 锆石 U-Pb	Zhu et al.，2017
	石英闪长岩	JS328	127.5±0.3	LA-ICP MS 锆石 U-Pb	Zhu et al.，2017
	石英闪长斑岩	JS239	124.5±0.4	LA-ICP MS 锆石 U-Pb	Zhu et al.，2017
	闪长岩	18JD03	127.5±0.66	LA-ICP MS 锆石 U-Pb	本书
王豹山	闪长岩	WBS3	132.4±1.3	LA-ICP MS 锆石 U-Pb	Li et al.，2009
金牛盆地火山岩	马架山组火山岩	MJS11	130±2	SHRIMP 锆石 U-Pb	Xie et al.，2011
	灵乡组	LXZ1	128±1	SHRIMP 锆石 U-Pb	Xie et al.，2011
	大寺组	DSZ20	127±2	SHRIMP 锆石 U-Pb	Xie et al.，2011
	大寺组	DSZ32	127±1	SHRIMP 锆石 U-Pb	Xie et al.，2011
	大寺组	DSZ23	127±2	SHRIMP 锆石 U-Pb	Xie et al.，2011
	大寺组	DSZ12	125±2	SHRIMP 锆石 U-Pb	Xie et al.，2011

与整个长江中下游成矿带进行对比，成矿带东部地区的地球化学年代学数据结果表明它们与鄂东南地区岩浆活动具有相似性。铜陵地区沙滩角石英二长岩 SHRIMP 锆石 U-Pb 年龄为(151.8±2.6)Ma，代表了该区晚中生代最早的岩浆侵位时代，而岩浆活动的集中爆发期为(142±2.2)~(135.8±1.1)Ma(Mao et al.，2011)。在安庆及九瑞地区，通过对岩浆岩及相关矿床的研究获得了较为相似的年龄(142.3±1.6)~(134.7±2.3)Ma (Li et al.，2010)。在庐枞及宁芜盆地，岩浆岩主要以广泛发育的钾玄系列及高钾钙碱性系列的火山岩为主，它们在成分上从玄武岩到流纹岩都有出现，并且与少量的辉长岩、闪长岩、石英闪长岩、正长岩及 A 型花岗岩共存(常印佛等，1991)。综上所述，长江中下游地区大规模岩浆作用的时间大体一致，第一期岩浆活动的时间主要在 151~135Ma，第二期岩浆活动时间主要集中于 135~125Ma。

第五节　锆石地球化学特征

对于大多数的花岗岩类岩石,众多研究主要集中于全岩的地球化学和同位素特征,进而讨论岩体的演化过程。这些研究不能直接控制反映在深部岩浆演化的过程以及岩浆形成时的温压条件(Tiepolo and Tribuzio,2008;Tiepolo et al.,2011)。通常岩浆岩中结晶的矿物多是在深部岩浆房中先结晶之后被带到浅地表侵位,因此研究这些早期结晶的矿物相,可以更好地揭示岩浆的成岩过程和演化过程(Tiepolo et al.,2011)。

岩浆岩中除了硅酸盐矿物对岩浆演化过程的反映之外,岩浆岩中的一些副矿物物理化学性质相对稳定,同时这些副矿物中的某些元素组合可以反映岩浆形成过程中的物理化学性质,从而也受到越来越广泛的关注。鄂东南地区中生代岩浆热液活动强烈,大部分岩石均受到不同程度的蚀变影响,全岩的地球化学性质并不能完整地记录岩浆的形成与演化过程。但该地区中酸性岩浆岩中广泛发育的锆石可以很好地抵抗后期的热液蚀变以及风化作用,因此选取锆石作为研究对象,同时依据锆石所在岩石的全岩地球化学数据,共同反映两期岩浆活动在温度、氧逸度和水含量等方面的特征,从而对两期不同岩浆岩的成因演化具有更加清晰的认识。

一、锆石微量元素组成及同位素特征

锆石的理想分子式是 $ZrSiO_4$,是岩浆岩中最常见的副矿物之一。稀土元素离子半径大、电荷高,在多数硅酸盐矿物中为不相容元素,但稀土元素在岩浆结晶的一些副矿物中是高度相容的。例如三价的稀土元素常替代锆石中的 Zr^{4+},为了补偿电荷,P^{5+} 会替代 Si^{4+},即 $Zr^{4+} + Si^{4+} = REE^{3+} + P^{5+}$(Hanchar et al.,2001;Hoskin and Schaltegger,2003)。高场强元素 Ti、Nb、Ta 也会替代 Zr(Hoskin and Schaltegger,2003),少量的 Th、U、Y、Fe、H_2O 也可以进入到锆石晶格中。这些组分会随温度(T)、压力(p)、氧逸度及共存熔体/流体相的组分的变化而变化。另外,由于锆石较为稳定,很少会受到后期蚀变或风化的影响(Hanchar and Van Westrenen,2007),因此,锆石中微量元素可被用于评价岩浆的结晶年龄、结晶温度、氧逸度、岩浆源区性质及岩浆演化历史等。

以铜山口斑岩-矽卡岩铜钼矿床、铜绿山铜铁矿床、灵乡铁矿和程潮铁矿成矿岩浆岩中锆石为研究对象,通过 LA-ICP-MS 原位分析对不同岩体的锆石微量元素含量进行原位分析(表 3-6)(Wen et al.,2020)。不同成矿岩体中的锆石具有相似的稀土元素球粒陨石标准化模式图,富集重稀土元素和亏损轻稀土元素,同时具有明显的 Ce 的正异常和 Eu 的负异常,表现出明显左倾的趋势(图 3-16)。锆石的 Ce 异常(Ce/Ce*)运用 Zhong 等(2019)的计算方法获取。与成铜矿相关的铜山口花岗闪长斑岩和铜绿山石英闪长岩具有相对高的 Ce/Ce* 值,其 Ce/Ce* 值分别为 800~4300(平均值为 2200)和 330~2400(平均值为 1200)。与铁矿相关岩浆岩中的锆石具有低的 Ce/Ce* 值,灵乡闪长岩中锆石 Ce/Ce* 值为 68~810(平均值 400),程潮石英二长岩为 130~1300(平均值为 680),程潮闪长岩为 45~350(平均值为 130)(图 3-17a)。

表 3-6 鄂东南地区岩浆岩中锆石微量元素组成统计表（据 Wen et al., 2020）

单位: $\times 10^{-6}$

岩体名称	变化范围	Hf	Y	Ti	Th	U	Nb	Ta	La	Ce	Pr	Nd	Sm	Eu
铜山口花岗闪长斑岩 (n=67)	最小值	9758	411	1	134	457	1.19	0.28	0.00	13.53	0.02	0.34	0.97	0.65
	最大值	12 023	1030	4	703	1378	3.88	0.82	0.21	40.08	0.08	1.56	2.40	1.44
	平均值	10 816	730	2	311	822	2.57	0.57	0.02	24.34	0.04	0.71	1.59	0.97
铜绿山石英闪长岩 (n=36)	最小值	8659	209	2	84	105	1.32	0.49	0.00	18.57	0.01	0.31	0.63	0.30
	最大值	10 973	1015	16	525	418	6.03	1.69	0.30	62.06	0.15	2.55	5.02	1.70
	平均值	10 149	563	5	232	250	2.77	0.99	0.05	33.87	0.07	1.16	2.29	0.86
灵乡闪长岩	最小值	8253	485	6	49	50	0.73	0.33	0.00	10.18	0.02	0.54	1.32	0.40
	最大值	12 554	4342	26	815	912	7.29	1.48	0.10	75.43	0.59	10.49	17.48	5.94
长岩 (n=43)	平均值	9497	1341	13	208	231	1.85	0.68	0.02	23.45	0.16	2.57	4.96	1.47
程潮石英二长岩 (n=22)	最小值	8452	814	6	110	120	1.01	0.58	0.00	26.08	0.03	1.00	2.24	0.67
	最大值	9975	2461	17	439	444	4.76	1.41	0.75	68.97	0.65	9.09	13.10	3.06
	平均值	9150	1246	10	207	261	3.07	1.11	0.07	39.31	0.16	2.56	4.42	1.27
程潮闪长岩 (n=27)	最小值	7328	1087	5	307	251	1.77	0.83	0.00	25.33	0.14	2.31	3.53	0.97
	最大值	9751	4857	17	1837	970	10.88	3.23	0.18	113.20	1.10	16.93	30.85	7.43
	平均值	8641	2916	10	795	516	4.32	1.52	0.09	47.70	0.72	10.45	17.81	4.19

岩体名称	变化范围	Gd	Tb	Dy	Ho	Er	Tm	Yb	Lu	Yb/Dy	δCe	δEu	Ce/Nd	Ce^{4+}/Ce^{3+}	$T(℃)$-Ti
铜山口花岗闪长斑岩 (n=67)	最小值	7.34	2.26	28.89	11.35	65.21	15.84	165.37	42.77	5.48	79.95	0.64	21.78	204.25	567.33
	最大值	13.88	4.54	64.03	26.65	149.11	37.34	488.15	102.70	8.61	641.65	0.87	59.42	728.47	701.77
	平均值	10.17	3.39	46.50	19.28	109.60	26.70	325.67	73.77	6.97	205.28	0.74	35.94	442.37	652.70
铜绿山石英闪长岩 (n=36)	最小值	3.72	1.24	14.92	6.22	31.44	7.95	90.93	19.02	3.45	56.10	0.29	16.95	62.90	634.39
	最大值	23.72	7.42	82.03	31.66	150.33	34.85	339.94	70.30	6.69	653.42	0.68	69.57	391.53	828.59
	平均值	11.79	3.63	43.82	16.82	83.32	19.66	208.02	43.69	4.89	165.94	0.52	32.97	180.34	714.66
灵乡闪长岩	最小值	7.93	2.51	38.27	14.06	70.75	14.75	170.41	30.55	2.63	15.35	0.31	4.22	13.98	737.29
长岩 (n=43)	最大值	116.00	37.41	424.07	142.85	652.65	130.11	1 113.47	212.13	5.61	189.95	0.44	23.35	123.44	884.56
	平均值	28.33	9.08	113.09	40.97	199.88	41.60	422.05	78.40	4.07	69.24	0.38	12.85	67.78	805.13
程潮石英二长岩 (n=22)	最小值	12.61	4.46	59.90	23.90	119.85	26.80	267.45	55.06	3.06	24.06	0.21	6.88	21.92	736.29
	最大值	64.28	19.26	219.12	75.74	365.90	75.35	669.43	129.82	5.62	172.73	0.48	33.16	163.89	834.64
	平均值	23.85	7.83	98.23	37.22	189.57	41.44	418.21	81.08	4.48	86.38	0.38	19.34	91.77	780.97
程潮闪长岩 (n=27)	最小值	21.65	6.67	86.39	32.92	154.36	33.06	354.63	64.19	2.69	10.70	0.27	3.07	9.09	715.05
	最大值	140.92	40.41	449.06	150.62	666.83	131.39	1 326.21	227.82	4.10	56.76	0.41	13.19	63.19	839.60
	平均值	81.51	23.93	267.76	93.04	427.96	85.47	815.78	151.57	3.10	21.91	0.34	5.44	20.22	780.84

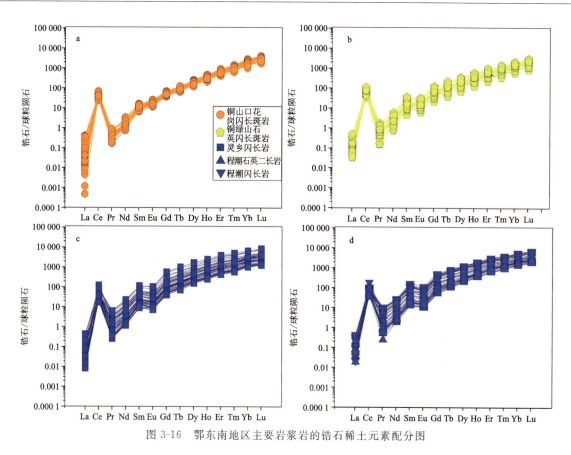

图 3-16 鄂东南地区主要岩浆岩的锆石稀土元素配分图

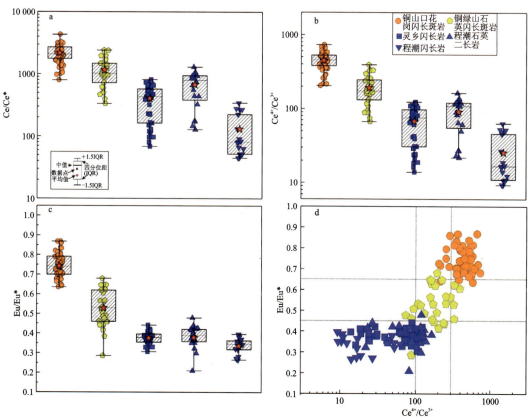

图 3-17 鄂东南地区成矿岩浆岩的锆石的 Ce/Ce^*、Ce^{4+}/Ce^{3+} 和 Eu/Eu^* 异常值

锆石的 Ce^{4+}/Ce^{3+} 值计算运用 Ballard 等(2002)中的方法。全岩的微量元素含量假定为锆石结晶时的熔体组分。铜山口花岗闪长斑岩中锆石计算的 Ce^{4+}/Ce^{3+} 值为 200～730,平均值为 450;铜绿山石英闪长岩中锆石具有相对低的 Ce^{4+}/Ce^{3+} 值为 67～400,平均值为 190。与铁矿相关的岩浆岩具有最低的 Ce^{4+}/Ce^{3+} 值。灵乡闪长岩、程潮石英二长岩和程潮闪长岩中锆石 Ce^{4+}/Ce^{3+} 值为 9～160,平均值分别为 68、91 和 26(图 3-17b)。锆石的 Eu 异常运用公式 $Eu/Eu^* = Eu_N/\sqrt{Sm_N * Gd_N}$,其中"N"为球粒陨石标准化值。铜山口花岗闪长斑岩的锆石具有最高的 Eu/Eu^* 值,为 0.64～0.87,平均值为 0.74。铜绿山石英闪长岩中锆石具有中等的 Eu/Eu^* 异常值,为 0.29～0.68,平均值为 0.53。灵乡闪长岩锆石的 Eu/Eu^* 值为 0.31～0.44,平均值为 0.38。程潮石英二长岩和程潮闪长岩具有更低的 Eu/Eu^* 值,分别为 0.21～0.48(平均 0.38)和 0.27～0.40(平均 0.34,图 3-17c、d)。

由于微量元素在矿物及其存在的熔体/流体相之间的分配系数遵循能斯特定律,随着矿物原位微区分析技术的发展,矿物的微量元素温压计得以实现,锆石的 Ti 温度就是其中应用最广泛的温度计之一。对与铜有关的侵入岩,Ti 温度计计算得到的锆石结晶温度铜山口花岗闪长斑岩为 570～700℃(平均值为 650℃),铜绿山石英闪长岩为 630～810℃(平均值为 710℃)。与成铁有关的侵入岩比与成铜有关的岩浆岩具有更高的锆石结晶温度,灵乡闪长岩为 740～890℃(平均值为 810℃),程潮闪长岩为 720～840℃(平均值为 780℃),程潮石英二长岩为 740～840℃(平均值为 780℃)。这些岩浆岩中锆石的 Ti 温度与锆石中 Hf 含量存在一个明显的负相关关系(图 3-18a)。

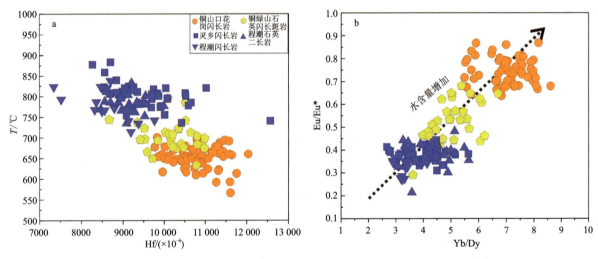

图 3-18　鄂东南地区成矿岩浆岩的锆石 Hf-T 和 Yb/Dy-Eu/Eu* 二元图

锆石具有高的 Hf 含量和低的 Lu/Hf 值,同时锆石极强的稳定性,使得锆石 Hf 同位素成为目前探讨地壳演化和示踪岩石源区的重要工具(吴福元等,2007)。鄂东南地区锆石 Hf 同位素值,第一期岩浆活动中殷祖岩体为 -10.2～0.4,平均值为 -6.9;阳新岩体为 -15.13～-0.51,平均值为 -7.88;铁山岩体为 -21.04～-2.59,平均值为 -14.9;灵乡岩体为 -9.87～-1.35,平均值为 -5.7;铜绿山岩体为 -14.17～5.04,平均值为 -9.1;铜山口岩体为 -7.8～1.4,平均值为 -4.3。第二期岩浆活动中鄂城岩体为 -26.5～0.9,平均值为 -12.3;金山店岩体为 -28.2～-5.9,平均值为 -14.2;金牛盆地火山岩为 -12.73～-1.79,平均值为 -7.4(表 3-7,图 3-19)。

表 3-7 鄂东南地区岩浆岩中锆石 Hf 同位素组成统计表

岩体名称	样品数/个	$\varepsilon_{Hf}(t)$变化范围	$\varepsilon_{Hf}(t)$平均值	2σ平均值	T_1DM/Ma变化范围	T_1DM/Ma平均值	T_2DM/Ma变化范围	T_2DM/Ma平均值	$f_{Lu/Hf}$平均值	$^{176}Hf/^{177}Hf$平均值	$^{176}Lu/^{177}Hf$平均值
铜山口岩体	60	−7.83～−1.42	−4.32	0.70	863～1107	972	1284～1675	1469	−0.971 324	0.282 565	0.000 952
铜绿山岩体	80	−14.17～−5.04	−9.11	0.75	988～1347	1151	1515～2086	1762	−0.977 825	0.282 433	0.000 736
阳新岩体	110	−15.13～−0.51	−7.88	0.72	819～1814	1081	1227～2284	1669	−0.980 141	0.282 482	0.000 659
殷祖岩体	30	−10.21～0.37	−6.85	0.58	791～1209	1073	1174～1844	1632	−0.975 725	0.282 490	0.000 806
铁山岩体	90	−21.04～−2.59	−14.98	0.84	1116～2301	1337	1791～2639	2072	−0.960 601	0.282 314	0.001 308
灵乡岩体	30	−9.87～−1.35	−5.65	0.97	863～1078	975	1285～1707	1505	−0.970 287	0.282 563	0.000 986
鄂城岩体	160	−26.51～−0.92	−12.33	1.07	863～1078	1328	1124～2840	1969	−0.932 262	0.282 343	0.002 249
金山店岩体	60	−28.20～−5.88	−14.21	0.98	924～1932	1331	1475～2952	2039	−0.952 214	0.282 324	0.001 587
金牛盆地	70	−12.73～−1.79	−7.40	1.08	880～1338	1122	1299～1980	1651	−0.926 491	0.282 490	0.002 441

数据来源:Li et al.,2008;Xie et al.,2009;Xie et al.,2011a;Xie et al.,2011b;瞿泓滢等,2012;Li et al.,2013;Wen et al.,2020。

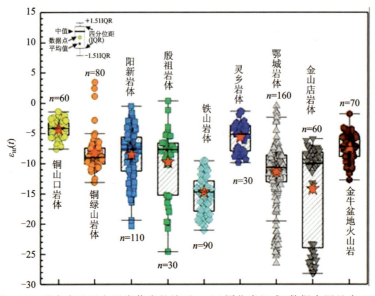

图 3-19 鄂东南地区主要岩浆岩的锆石 $\varepsilon_{Hf}(t)$ 同位素组成（数据来源见表 3-7）

二、锆石 Hf 同位素组成岩浆源区的指示

在原始地幔分异形成地壳和亏损地幔时，地壳具有比亏损地幔更低的 Lu/Hf 值，随着时间的演化，陆壳中 $^{176}Hf/^{177}Hf$ 值增长相对较慢，$\varepsilon_{Hf}(t)$ 值也会越来越负，而亏损地幔 $\varepsilon_{Hf}(t)$ 值则会越来越正（吴福元等，2007）。因此，当锆石的初始 $\varepsilon_{Hf}(t)$ 值为正值时，表明岩体在形成时具有较多的幔源物质或新生代地壳的加入，如果初始的 $\varepsilon_{Hf}(t)$ 值偏负，则表明岩石形成时地壳物质占了主导地位。如图 3-19 所示，鄂东南地区岩浆岩具有不均一的 Hf 同位素组成（$\varepsilon_{Hf}(t)=-28\sim5$）。除少数样品点外，其余样品点 $\varepsilon_{Hf}(t)$ 值均为负值，与大洋玄武岩的 Hf 同位素组成（$\varepsilon_{Hf}(t)>0$）具有明显的差别，表明该区岩浆岩不是直接来源于部分熔融的俯冲板片。同时与扬子克拉通下地壳中均一的 Hf 同位素组成 $[\varepsilon_{Hf}(t)=-70.8\sim-61.8]$（张达等，2006）也具有很大的差别，表明其源区也不太可能直接来源于古老下地壳的部分熔融。第一期岩浆岩与成铜矿的岩浆岩样品大部分 $\varepsilon_{Hf}(t)$ 值位于 $-10\sim0$ 之间，第二期岩浆活动中形成铁矿的鄂城岩体和金山店岩体具有更偏负的 $\varepsilon_{Hf}(t)$ 值（图 3-19）。两期不同的岩浆岩具有不同的 $\varepsilon_{Hf}(t)$ 值，可能是由源区岩浆中混染不同比例的地壳物质所造成的（Xie et al.，2015）。

三、锆石微量元素组成对铁铜成矿岩浆属性的指示

锆石中的变价元素 Ce 和 Eu 的异常值可以很好地指示岩浆的氧化还原状态（Ballard et al.，2002；Trail et al.，2012；Dilles et al.，2015）。从铜山口花岗闪长斑岩、铜绿山石英闪长岩到灵乡闪长岩，再到程潮闪长岩和程潮石英二长岩中，它们锆石的 Ce/Ce^*、Ce^{4+}/Ce^{3+} 和 Eu/Eu^* 值存在一个明显的降低趋势（图 3-17）。这种趋势反映了岩浆的氧化程度逐渐降低。对于与成铜矿相关的铜山口和铜绿山岩浆岩而言，它们的锆石具有明显高的 Ce/Ce^*、Ce^{4+}/Ce^{3+} 和 Eu/Eu^* 比值，与中亚造山带、智利北区和我国西藏冈底斯斑岩成矿带中的锆石比值相近（Ballard et al.，2002；Wang et al.，2014；Zhang et al.，2017；Zhong et al.，2019）。而与铁矿相关的灵乡闪长岩、程潮闪长岩和石英二长岩则具有明显低的 Ce/Ce^*、Ce^{4+}/Ce^{3+} 和 Eu/Eu^* 比值，这反映了相对低的氧逸度特征。鄂东南地区成铜和成铁矿岩浆岩

对比鲜明的氧逸度特征,与前人研究岩体中 $Fe_2O_3/(Fe_2O_3+FeO)$ 推断岩浆的氧逸度特征一致(Meinert,1995;Meinert et al.,2005),都表明成铜的岩浆比成铁的岩浆具有更高的氧逸度。

斑岩型/矽卡岩型铜矿床具有氧化特征的岩浆(Sillitoe,2010;Richards,2015),其氧逸度值通常约高于 $\Delta FMQ+1$。在这样的条件下,硫通常以硫酸盐相的形式存在于熔体中(Carroll and Rutherford,1985;Nilsson and Peach,1993;Jugo,2009),因此硫化物相不会饱和,从而使 Cu 元素在岩浆演化过程中保存在熔体中。与铜随着氧逸度的增加其在熔体中的溶解度增加不同,金在硅酸盐中的溶解度在 $\Delta FMQ+1$ 附近达到最大值(Botcharnikov et al.,2011)。硅酸盐熔体的氧逸度高于 $\Delta FMQ+1$,金络合的硫化物相会转变成硫酸盐相,从而会使金在熔体中的浓度急剧降低(Botcharnikov et al.,2011;Richards,2015)。这解释了铜山口花岗闪长斑岩形成的是富铜但贫金的矿床,而相对氧化程度低的铜绿山石英闪长岩其氧逸度值可能在 $\Delta FMQ+1$ 附近,有利于形成铜(金)矿床。

在地壳深部,岩浆水含量高于 4% 会促进角闪石的分离结晶,抑制斜长石的分离结晶(Moore and Carmichael,1998;Müntener et al.,2001;Richards,2011)。相对重稀土元素,角闪石更加富集中稀土元素,因此角闪石的分离结晶会使残余熔体中 Yb/Dy 值增加(Davidson et al.,2007)。同时早期斜长石的分离结晶受到抑制会使 Eu 异常显著降低(Richards,2011)。因此,锆石的 Yb/Dy 和 Eu/Eu^* 值可以用来指示岩浆的含水性状态(Lu et al.,2016)。如图3-18b所示,锆石的 Yb/Dy 和 Eu/Eu^* 值从灵乡、程潮到铜绿山和铜山口存在一个水含量增高的趋势,这个趋势与全岩的 Sr/Y 值一致,而后者也通常表明角闪石分离结晶和斜长石分离结晶受到抑制的趋势,反映了岩浆水含量呈增高的趋势(Richards,2011)。

因为 Hf 元素与 Zr 元素的离子半径十分接近,锆石通常是一个 Zr-Hf 固溶体系列(Claiborne et al.,2010)。锆石中的 Hf 含量通常随着岩浆结晶分异作用增加而升高(Claiborne et al.,2006,2010;Deering et al.,2016;Wu et al.,2017)。灵乡和程潮铁矿相关的岩浆岩到铜绿山铜-金-铁相关的岩浆岩,再到铜山口铜-钼相关的岩浆岩,它们锆石中的 Hf 元素含量逐渐升高,可能反映了不同程度的结晶分异作用(图3-18a)。在氧化的熔体中,Mo 作为一个不相容元素,它在岩浆中的含量随着分异程度的增加而增加(Lowenstern et al.,1993)。铜山口花岗闪长斑岩中存在一定规模的钼矿化,尽管其他原因(例如热液过程中钼选择性沉淀)不能完全排除,但岩浆高分异程度可能是一个重要的因素。

第六节 岩浆岩的成因与演化

一、第一期与第二期岩浆岩的成因及相互关系

本区中酸性岩浆岩的 Sr-Nd 同位素组成与扬子克拉通和华北克拉通太古宙基底及下地壳的组成具有明显的差别(图3-15a),与长江中下游其他地区同时代的幔源玄武岩(130~120Ma)及基性侵入岩(143~125Ma)非常类似,暗示中酸性岩浆起源于富集地幔。结合全岩主微量数据和锆石 Hf 同位素组成,初步认为鄂东南地区中生代岩浆岩是由富集地幔源区部分熔融后经历不同程度的分离结晶作用形成的。部分样品锆石的 CL 图像及年龄中有少量反映时代古老的继承核,说明在岩浆形成的过程中可能也存在部分下地壳物质的混染(Li et al.,2009)。

两期岩浆岩都具有明显的负 Nb-Ta 异常,具有典型的与俯冲相关的岩浆岩特征(Sajina et al.,1993)。与大洋斜长花岗岩(Pearce et al.,1993)相比,两期岩浆岩都具有与岛弧花岗岩相类似的特征,

明显区别于板内花岗岩。鄂东南地区缺乏弧岩浆作用,这些 Nb-Ta 负异常可能与先前俯冲有关的熔体或流体交代地幔形成的岩石圈富集地幔有关,同时放射性 Sr-Nd 同位素数据与同时代起源于地幔的钾质—超钾质玄武岩及基性岩的 Sr-Nd 同位素数据类似,也证实了这种观点。而在长江中下游其他地区早白垩世的玄武岩及基性侵入体都显示出了富集地幔的特征,反映了在整个长江中下游地区岩石圈遭受了普遍的改造。

二、第一期岩浆活动岩浆岩的形成与演化

研究区第一期岩浆活动的岩石类型主要有闪长(玢)岩、石英二长闪长(玢)岩、石英闪长(玢)岩、花岗闪长(玢)岩和花岗斑岩等,以闪长(玢)岩和石英闪长岩为主,局部地区有少量的辉长岩和辉长闪长岩。岩石类型相似或相近的岩体,在空间上分布密切共生,成群出现,构成了两个各具特色的共生组合:一种为石英闪长岩类组合,岩石类型主要有石英闪长(玢)岩、花岗闪长(玢)岩和花岗斑岩,主要分布在鄂东南地区的东南缘,如阳新岩体、殷祖岩体、铜山口岩株等;另一种为闪长岩类岩石组合,主要岩体为灵乡岩体。两类不同的岩石组合在形成与演化过程中存在一定的差异。

石英闪长岩类组合的显著特征就是它具有与埃达克质岩石相似的地球化学性质,例如具有高 Sr、Al_2O_3、Na_2O/K_2O,低的 Y、Yb、Sc 以及高的 Sr/Y、$(La/Yb)_N$ 值(图 3-12)。埃达克质岩石是指一类具有高 $Sr(>400\times10^{-6})$、$Sr/Y(>40)$、$(La/Yb)_N(>20)$ 以及低的 $Y(<18\times10^{-6})$ 和 $Yb(<1.9\times10^{-6})$ 特征的中性—酸性火山岩或侵入岩体(Defant and Drummond,1990),被认为是由年轻的俯冲洋壳部分熔融形成的板片熔体在上升的过程中与地幔橄榄岩混染所形成(Kay,1987;Defant and Drummond,1990;Sajona et al.,1993;Peacok et al.,1994)。对于鄂东南地区埃达克质岩石的成因在近十年来有大量的学者进行研究,他们认为起源于地幔的玄武质岩浆发生分离结晶作用是鄂东南地区埃达克质岩石的主要成因(Li et al.,2008,2009;Li et al.,2013;Xie et al.,2015)。Richards 和 Kerrich(2007)强调埃达克质岩石的主要地球化学标志为低的 Y、Yb 含量以及高的 Sr/Y 和 La/Yb,这些在图 3-12 中表现的非常明显。通过 Harker 图解(图 3-11)可以看到分离结晶在岩浆演化过程中具有重要的作用,富 Al、Fe、Mg、Ca、Ti、P、Y、Yb 及 V 的矿物(如角闪石、斜长石、磁铁矿、磷灰石)的分离结晶作用造成了这些元素的亏损。SiO_2-Sr/Y 及 Yb 的图解反映随着 SiO_2 的增加,Yb 逐渐减小,而 Sr/Y 逐渐增大,这与产生埃达克质岩石的石英闪长岩的机制相符。通过不相容元素 Ba 与 Rb 含量与相容元素 Ni 的含量对比也可以看出,鄂东南地区的埃达克质岩石具有明显的分离结晶趋势(表 3-3)。

鄂东地区闪长岩类岩石可能起源于富集地幔,但富集地幔部分熔融形成的初始岩浆应该是玄武质的而不是安山质的。尽管实验岩石学数据表明富硅的熔体可以由地幔橄榄岩小比例的部分熔融所形成,但要与地幔的橄榄石保持平衡,其 $Mg^\#$ 的范围应该在 70~80(Falloon et al.,1997)。灵乡岩体主微量元素分析结果显示,岩石的成分不具有与橄榄岩矿物组合平衡的初始熔体的特征,样品中低的 Cr、Ni 含量也证明了这一点。Li 等(2009)对鄂东南地区的闪长岩进行了地球化学模拟研究,认为第一期岩浆活动中的灵乡闪长岩主要由富集地幔部分熔融后形成的玄武质岩浆发生橄榄石的分离结晶作用所致。

三、第二期岩浆岩的形成与演化

本区第二期岩浆活动所形成的岩浆岩种类相对复杂,包括基性—中性岩类:辉长岩、辉石闪长(玢)岩、闪长(玢)岩;中酸性岩类:石英二长闪长(玢)岩、花岗闪长(玢)岩、石英二长闪长(玢)岩;酸性岩类:

二长花岗岩、花岗岩。其中金山店岩体主要以基性—中基性岩类为主，鄂城岩体主体岩性分为两种：一种为中基性的闪长岩类；另一种为酸性的花岗岩类。火山岩呈现出明显的双峰式特征，主要岩石类型有玄武质安山岩和英安质流纹岩两种。

鄂东南地区第二期岩浆活动形成的岩浆岩与第一期岩浆活动形成的岩浆岩可能同属于一套岩浆房系统，这些岩浆岩大部分来源于富集地幔。Li 等（2009）采用 Störmer 及 Nicholls 经典的质量平衡体系运算法则进行模拟，认为偏中酸性的石英闪长岩和花岗岩可能是偏基性闪长质的岩浆经过不同程度的分离结晶作用形成的。

鄂东地区中酸性岩体的形成主要有 4 个阶段：①早阶段亏损地幔遭受板片熔体的交代；②交代地幔发生部分熔融；③部分熔融形成的基性岩浆在地幔深度经历了 40%～70% 的橄榄石分离结晶作用，形成了鄂东南地区的闪长岩；④经历了不同程度的角闪石、斜长石、钾长石、磁铁矿、磷灰石、锆石的分离结晶作用形成了鄂东南地区的石英闪长岩（Li et al.，2009，图 3-20）。鄂东南地区大规模的岩浆作用开始于晚侏罗世（152Ma），第一期岩浆作用的峰期在 142～137Ma 间，形成了殷祖、阳新、灵乡等岩体。第二期岩浆作用峰期在 132～127Ma，形成了鄂城、金山店岩体以及大量的火山岩和铁山岩体中的一些脉岩。但鄂东南地区第一期与第二期岩浆岩在空间和成因上都具有紧密的联系，野外地质、地球化学数据及 Sr－Nd 同位素表明，第一期岩浆活动闪长岩是由经板片交代富集的岩石圈地幔通过部分熔融，然后在地幔深度发生橄榄石分离，最后经历不同程度的分离结晶作用形成。而石英闪长岩地球化学特征与埃达克质岩石相似，它是由于经历了角闪石、斜长石、磁铁矿、钛铁矿及磷灰石的分离结晶作用形成的。第二期岩浆活动形成的闪长岩与花岗岩的母岩浆与第一期岩浆活动形成的岩浆岩相似，都是由岩浆系统深部提供的交代地幔供给，但第二期岩浆活动在浅部地壳中熔融了更多地壳组分（图 3-20）。一系列地质、年代学及地球化学数据表明大规模的岩浆作用是由岩石圈的伸展所驱动的，反映了晚中生代鄂东南地区岩石圈大伸展的地球动力学背景（Li et al.，2009）。

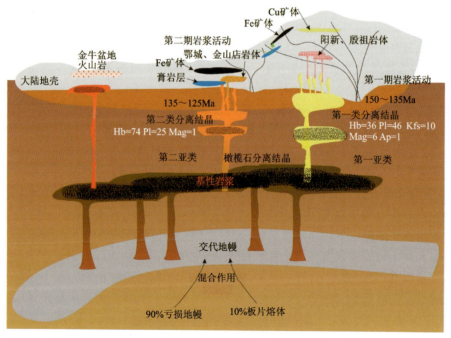

图 3-20 鄂东南地区两期岩浆岩的岩石成因示意图（分离结晶类型引自 Li et al.，2009）

Ap. 磷灰石；Hb. 普通角闪石；Kfs. 钾长石；Mag. 磁铁矿；Pl. 斜长石

第七节 岩浆岩化学组成与成矿的关系

鄂东南矿集区已查明的矿产以铁、铜为主,共生伴生有金、银、钨、铅、钼等。该地区晚侏罗世—早白垩世的中酸性侵入岩非常发育,主要岩性为闪长岩-石英闪长岩-花岗岩系列,它们的成分大体相似,但却形成了以矽卡岩型铁矿床、矽卡岩型铜矿床为端元的不同矿床类型。Xie等(2015a,b)对鄂东南矿集区进行了大量的研究,发现矽卡岩铁矿相关的侵入岩与矽卡岩铜铁矿有关的侵入岩在微量元素组成以及Sr-Nd同位素方面具有一定的差别。与矽卡岩铁矿有关的侵入岩具有变化大的$(La/Yb)_N$(3.84~24.6),以及明显的Eu异常,同时具有相对低的Sr/Y值(4.2~44.0)和高的Yb含量(1.20×10^{-6}~11.8×10^{-6})的特点。另外,其Sr-Nd同位素值表现为低的$\varepsilon_{Nd}(t)$值(-12.5~-9.2)和高的$(^{87}Sr/^{86}Sr)_t$值(0.7067~0.7086)。而与铜铁矿有关的岩浆岩具有相对高的Sr/Y值(35.0~81.3)和$(La/Yb)_N$值(15.0~31.6),低的Yb含量(1.00×10^{-6}~1.62×10^{-6}),具有弱的Eu异常(0.67~0.97),比成铁岩浆岩具有高的$\varepsilon_{Nd}(t)$值(-7.9~-3.4)和低的$(^{87}Sr/^{86}Sr)_t$值(0.7055~0.7068)。这些证据表明相对于铜铁矿相关的侵入岩,成铁有关的侵入岩具有更多的地壳物质的加入(Xie et al.,2015a,b)。

Wen等(2020)通过对鄂东南地区铜山口铜钼矿床,铜绿山铜铁矿床,灵乡和程潮铁矿床成矿相关的岩浆岩中锆石微量元素和Hf同位素分析,发现这些成矿岩体主要来源于富集的岩石圈地幔;锆石中变价元素Ce、Eu异常值显示,与成铜有关的铜山口花岗闪长斑岩和铜绿山石英闪长岩具有比成铁相关的灵乡闪长岩、程潮闪长岩和石英二长岩具有更高的氧逸度特征(图3-17)。铜山口花岗闪长斑岩和铜绿山石英闪长岩中的锆石具有更高的Yb/Dy值和相对弱的Eu/Eu*异常值,可能反映了早期角闪石的分离结晶,同时斜长石的分离结晶作用受到了抑制,表明这些成铜的岩浆岩具有更加富水的特征(图3-18b)。另外,铜山口花岗闪长斑岩中的锆石具有最高的Hf含量,表明岩浆具有相对高的分异程度,而成铁矿的岩浆岩则具有相对低的锆石Hf含量和分异程度(图3-18a)。因此,岩浆的属性特征,例如氧逸度、水含量和分异程度等都与成矿类型具有明显的联系(Wen et al.,2020)。

鄂东南地区第一期岩浆活动中富钾花岗闪长岩类主要表现为埃达克质岩石的特征,埃达克质岩石的成矿机制在前十几年中已被广泛的研究。通常认为埃达克质岩石在岩浆演化初期具有高的硫和水含量,同时这些岩浆具有偏氧化的特征,从而使岩浆可以高效的富集金属元素且不会在岩浆深部丢失,在逐渐演化到浅部的岩浆流体过程中,释放大量的金属元素在有利的构造空间位置沉淀从而形成大型或超大型的铜金矿床。鄂东南地区第一期岩浆活动中形成的偏酸性岩浆岩大多具有埃达克质岩石的特征,这些埃达克质岩浆在上升过程中将地幔中的铜、金等成矿物质带入到浅部岩浆房中,并通过岩浆-热液作用在浅地表有利的空间位置沉淀成矿(图3-20)。

第二期岩浆活动形成的主要为中基性闪长岩类,主要产于北西部的坳陷区。侵位深度为中—深成,在深部岩浆分异和向上侵位的构造环境中比较稳定;同时深部岩浆分异过程中含铁热液流体与富钠闪长质岩浆分异比较完全(常印佛等,1991)。在岩浆演化中,特别是中晚期阶段,部分岩浆可能同化混染了早三叠世含膏盐层的碳酸盐岩地层,从而使形成的第二期岩浆岩相比于早期形成的岩浆岩具有更高的$^{87}Sr/^{86}Sr$组成(见图3-15),同时根据所形成的硫化物中S同位素值,也发现与第二期岩浆活动近同时形成的矽卡岩铁矿床具有更高的^{34}S特征,证明成岩/成矿过程中有膏盐层物质加入。膏盐层富含石盐等氯盐,混染膏盐层的岩浆出溶的初始流体具有相对高的盐度,为铁的大规模迁移和富集提供了有利条件。

第四章 矿床成因

第一节 成矿年代

矿床成矿时代的精确测定对研究热液矿床的成因及形成的动力学背景等具有重要的作用。对矽卡岩矿床成矿年代学研究多采用金云母 Ar-Ar 定年、辉钼矿 Re-Os 同位素以及副矿物(如榍石和磷灰石)等定年。近年来,大量高精度的成矿年代学数据被发表,这些多元同位素年代学数据基本建立了鄂东南矿集区的成矿年代学格架。研究数据显示鄂东南地区成矿时代主要在 157~130Ma,具有多期次成矿的特征,成矿作用持续时间长达到 27Ma(表 4-1)。

表 4-1 鄂东南地区主要金属矿床成矿年龄

金属类型	矿床名称	岩性	年龄/Ma	方法	测试矿物	数据来源
Cu-Mo-W	铜山口	辉钼矿矿石	142.3±1.8	Re-Os	辉钼矿	谢桂青等,2006
		辉钼矿矿石	143.5±1.7	Re-Os	辉钼矿	谢桂青等,2006
		辉钼矿矿石	143.8±2.6	Re-Os	辉钼矿	Li et al.,2008
		金云母矽卡岩	143.0±0.3	$^{40}Ar/^{39}Ar$	金云母	Li et al.,2008
	白云山	辉钼矿矿石	140.2±1.6	Re-Os	辉钼矿	Li et al.,2014
		辉钼矿矿石	140.0±1.6	Re-Os	辉钼矿	Li et al.,2014
		辉钼矿矿石	140.4±1.6	Re-Os	辉钼矿	Li et al.,2014
		辉钼矿矿石	140.7±1.7	Re-Os	辉钼矿	Li et al.,2014
	石头咀	辉钼矿矿石	136.8±1.7	Re-Os	辉钼矿	Li et al.,2014
	阮家湾	辉钼矿矿石	143.6±1.7	Re-Os	辉钼矿	谢桂青等,2006
		含矿矽卡岩	142.0±2.0	U-Pb	榍石	Deng et al.,2015
	丰山洞	辉钼矿矿石	149.4±2.1	Re-Os	辉钼矿	Xie et al.,2019
		辉钼矿矿石	148.9±2.2	Re-Os	辉钼矿	Xie et al.,2019
		辉钼矿矿石	150.1±2.1	Re-Os	辉钼矿	Xie et al.,2019
		辉钼矿矿石	146.7±2.1	Re-Os	辉钼矿	Xie et al.,2019
		辉钼矿矿石	144±2.1	Re-Os	辉钼矿	谢桂青等,2006
		辉钼矿矿石	145.4±2.9	Re-Os	辉钼矿	Xie et al.,2019
	千家湾	辉钼矿矿石	137.7±1.7	Re-Os	辉钼矿	谢桂青等,2006
	龙角山-付家山	辉钼矿矿石	145.5±2.1	Re-Os	辉钼矿	Ding et al.,2014
		辉钼矿矿石	143.9±3.1	Re-Os	辉钼矿	Ding et al.,2015

续表 4-1

金属类型	矿床名称	岩性	年龄/Ma	方法	测试矿物	数据来源
Cu-Fe±Au	鸡冠咀	辉钼矿矿石	138.8±1.9	Re-Os	辉钼矿	谢桂青等, 2009
		辉钼矿矿石	137.1±1.9	Re-Os	辉钼矿	谢桂青等, 2009
		辉钼矿矿石	138.6±2.1	Re-Os	辉钼矿	谢桂青等, 2009
		辉钼矿矿石	138.0±2.0	Re-Os	辉钼矿	谢桂青等, 2009
		辉钼矿矿石	138.1±1.9	Re-Os	辉钼矿	谢桂青等, 2009
	铜绿山	金云母矽卡岩	147.9±0.9	$^{40}Ar/^{39}Ar$	金云母	Li et al., 2014
		金云母矽卡岩	140.8±1.1	$^{40}Ar/^{39}Ar$	金云母	Li et al., 2014
		金云母矽卡岩	140.9±1.1	$^{40}Ar/^{39}Ar$	金云母	Li et al., 2014
		金云母矽卡岩	141.3±1.0	$^{40}Ar/^{39}Ar$	金云母	Li et al., 2014
		金云母矽卡岩	140.5±1.0	$^{40}Ar/^{39}Ar$	金云母	Li et al., 2014
		金云母矽卡岩	140.6±0.9	$^{40}Ar/^{39}Ar$	金云母	Li et al., 2014
		金云母矽卡岩	140.7±1.0	$^{40}Ar/^{39}Ar$	金云母	Li et al., 2014
		金云母矽卡岩	141.3±1.1	$^{40}Ar/^{39}Ar$	金云母	Li et al., 2014
		金云母矽卡岩	136.5±0.7	$^{40}Ar/^{39}Ar$	金云母	Li et al., 2014
		金云母矽卡岩	136.1±0.7	$^{40}Ar/^{39}Ar$	金云母	Li et al., 2014
		辉钼矿矿石	137.8±1.7	Re-Os	辉钼矿	谢桂青等, 2006
		辉钼矿矿石	138.1±1.8	Re-Os	辉钼矿	谢桂青等, 2006
		辉钼矿矿石	137.8±2.0	Re-Os	辉钼矿	谢桂青等, 2009
		辉钼矿矿石	136.3±1.9	Re-Os	辉钼矿	谢桂青等, 2009
		含矿矽卡岩	135.9±1.3	U-Pb	榍石	Li et al., 2010
		含矿方解石脉	121.5±1.3	U-Pb	榍石	Li et al., 2010
	铁山	金云母矽卡岩	144.7±0.9	$^{40}Ar/^{39}Ar$	金云母	Li et al., 2014
		金云母矽卡岩	147.5±1.1	$^{40}Ar/^{39}Ar$	金云母	Li et al., 2014
		金云母矽卡岩	148.1±1.0	$^{40}Ar/^{39}Ar$	金云母	Li et al., 2014
		金云母矽卡岩	140.9±1.2	$^{40}Ar/^{39}Ar$	金云母	Xie et al., 2007
Fe	程潮	金云母矽卡岩	132.6±1.4	$^{40}Ar/^{39}Ar$	金云母	Xie et al., 2012
		含矿矽卡岩	131.2±0.2	U-Pb	榍石	Hu et al., 2017
	金山店	金云母矽卡岩	131.6±1.2	$^{40}Ar/^{39}Ar$	金云母	Xie et al., 2012
	蜡烛山	金云母矽卡岩	157.3±1.2	$^{40}Ar/^{39}Ar$	金云母	Li et al., 2014
		金云母矽卡岩	157.4±1.3	$^{40}Ar/^{39}Ar$	金云母	Li et al., 2014
		金云母矽卡岩	148.1±1.2	$^{40}Ar/^{39}Ar$	金云母	Li et al., 2014
		金云母矽卡岩	148.9±1.0	$^{40}Ar/^{39}Ar$	金云母	Li et al., 2014
	王豹山	矽卡岩矿石	132.5±1.5	U-Pb	榍石	Hu et al., 2020
		玢岩型矿石	132.5±2.3	U-Pb	榍石	Hu et al., 2020
	王母尖	玢岩型矿石	129.5±3.0	U-Pb	磷灰石	胡浩未发表数据
	梅山	玢岩型矿石	131.1±3.0	U-Pb	磷灰石	胡浩未发表数据

鄂东南地区成矿与岩浆作用有关,是岩浆特定阶段的产物,成矿年龄与对应的岩体年龄吻合度较高,在测年方法误差内基本一致(表3-5、表4-1)。鄂东南地区存在多期次成矿事件,且矿床类型(铜钼钨矿床;铜铁金矿床;铁矿床)和成矿年龄之间具有较为明显的对应关系:早期形成的铜钼钨矿床年龄区间为150~137Ma,平均年龄为143Ma,代表矿床主要有铜山口铜钼矿床、阮家湾钨钼(铜)矿床和丰山洞铜钼矿床。稍晚形成的铜铁金矿床与早期形成铜钼钨矿床在时间上呈连续过渡的关系,铜铁金成矿年龄主要集中148~136Ma之间,平均年龄约为139Ma,代表矿床主要包括铜绿山铜铁矿床、铁山铁铜矿床、鸡冠咀金铜矿床。铁矿成矿年龄可分为早晚两期,早期形成的规模小,其中的蜡烛山铁矿(157~148Ma)是整个大冶地区目前测得的成矿年龄最老的矿床;晚期具爆发式成矿特点,成矿年龄集中为133~130Ma,成矿规模大,形成了程潮铁矿和金山店等大型富铁矿床,早晚两期铁成矿时间间距较大(>10Ma)。

第二节 成矿流体特征

成矿流体研究是矿床学研究的主要内容,也是查明矿床成因的重要途径。流体包裹体是成矿流体研究的主要对象,其记录了成矿流体成分、性质和演化方面的重要信息,也是判别矿床类型,揭示成矿流体来源和演化的关键依据(Roedder,1984;卢焕章等,2004)。

前人曾对鄂东南成矿区的包裹体进行了系统的研究,揭示出熔融包裹体、气相流体包裹体、液相流体包裹体、含子矿物多相包裹体、含CO_2多相包裹体等多种类型包裹体的存在。在一些熔融包裹体和与成矿有关的多相流体包裹体内发现了丰富的子矿物,如石盐、石膏、硬石膏、钾盐等(舒全安等,1992)。但针对单个矿床流体包裹体的系统研究较少,本次研究以程潮铁矿为代表,查明成矿流体的性质和组成,探讨成矿流体演化规律。流体包裹体的显微岩相学观察在中国地质大学(武汉)资源学院矿相学实验室完成,流体包裹体显微测温和激光拉曼分析在中国地质大学(武汉)流体包裹体实验室完成。

(一)流体包裹体岩相学特征

矿床的石榴子石、透辉石、绿帘石、褐帘石、榍石、硬石膏、方解石以及花岗岩的石英中均观察到包裹体,其中石榴子石、透辉石、硬石膏、方解石中的流体包裹体最为发育,最大可达36μm,其他矿物中的包裹体较少,且一般不超过10μm。

1.成因类型

根据流体包裹体与主矿物之间的关系,可将其分为次生包裹体、假次生包裹体和原生包裹体3类。

(1)次生包裹体:较为发育,通常呈线状切割寄主矿物颗粒,反映寄主矿物形成之后的热液活动。包裹体的体积往往很小,形态较为一致。在硬石膏、方解石、榍石等矿物中均存在大量的次生包裹体,它们主要呈线状分布并切穿寄主矿物边界(图4-1a、b)。

(2)假次生包裹体:由流体充填矿物生长过程中出现的微小裂隙而形成,形态与次生包裹体相似,但其成分往往与原生包裹体一致。包裹体通常呈线条集合体状分布于矿物的晶体内。在石英、硬石膏、方解石等矿物中常见假次生包裹体发育(图4-1c)。

(3)原生包裹体:与主矿物同时形成,是在矿物结晶过程中被捕获的包裹体,一般情况下体积较大,呈孤立状随机分布于矿物内或者呈线状分布于矿物的生长环带内。在岩体与矽卡岩矿物中存在大量的原生包裹体,主要呈孤立状随机分布(图4-1c~q)。

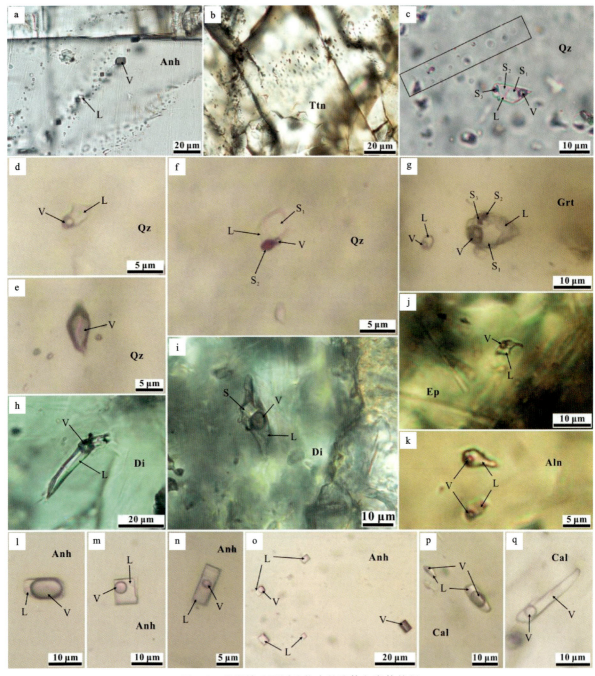

图 4-1 程潮铁矿不同矿物内的流体包裹体特征

a. 硬石膏中的次生包裹体与原生包裹体共生;b. 榍石中的次生包裹体;c. 花岗岩石英中线性分布的假次生包裹体与原生包裹体共存;d. 花岗岩石英中的富液两相包裹体;e. 花岗岩石英中的纯气体包裹体;f. 花岗岩石英中含子矿物多相包裹体;g. 石榴子石中的富液两相包裹体和含子矿物多相包裹体;h. 透辉石中的富液两相包裹体;i. 透辉石中的含子矿物多相包裹体;j. 绿帘石中的富液两相包裹体;k. 褐帘石中的富液两相包裹体;l. 硬石膏中的富气两相包裹体;m、n. 硬石膏中的富液两相包裹体;o. 硬石膏中气体包裹体、液体包裹体和气液两相包裹体共生;p、q. 方解石中的富液两相包裹体。V. 气相;L. 液相;S(S_1、S_2、S_3). 子矿物;Qz. 石英;Grt. 石榴子石;Di. 透辉石;Ep. 绿帘石;Aln. 褐帘石;Ttn. 榍石;Anh. 硬石膏;Cal. 方解石

不同成因类型的包裹体在不同矿物中的分布情况也不同。花岗岩中的石英,成矿晚期的方解石、硬石膏等矿物不仅含有大量的原生包裹体,而且次生包裹体也非常发育。石榴子石、透辉石等矽卡岩矿物主要发育原生包裹体,而次生包裹体则较少。

2. 相态类型

相态类型主要为气相、液相和子矿物相。根据包裹体内的相态和成分,可将其分为5种相态类型。

(1)纯气相包裹体。在室温下为单相气体充填,主要呈负晶形或不规则状,整体呈灰黑色,仅在气泡的中心微透亮光(图4-1a、e、o)。在矿床中不太发育,仅在石膏和花岗岩的石英中少量产出。

(2)纯液相包裹体。在室温下为单相液体包裹体,内部充满水溶液,整体呈无色透明,仅可见黑色边界(图4-1a、o)。在矿床中较为发育,常见于硬石膏、方解石等透明矿物中。

(3)富气两相包裹体。由气相和液相组成,液相充填度小于50%。包裹体大部分为气相,气泡常呈椭圆形或不规则状,灰黑色,中心微透亮光,气泡周围可见少量无色透明的液相(图4-1l、o)。在矿床中不太发育,常见于硬石膏中,方解石以及花岗岩的石英中也可见少量产出。

(4)富液两相包裹体。由气相和液相组成,液相充填度一般大于60%,气相一般呈球形包裹于液相内(图4-1d、h、j、k、m、n、p、q),在长条形包裹体中也可见气泡呈椭圆形(图4-1q)。在矿床中最为发育,普遍产出于各个成矿阶段的矿物内,占所观察的包裹体90%以上,尤其是在硬石膏和方解石中,最大可达32μm。

(5)含子矿物多相包裹体。由气相、液相和子矿物组成。在矿床中十分发育,普遍产出于花岗岩的石英颗粒以及早期矽卡岩矿物中,大致可分为两种:一种为不含暗色子矿物,只含有石盐或钾盐等盐类矿物(图4-1i),主要产出于石榴子石和透辉石中,方解石中也有极少量分布;另一种往往含有不透明子矿物,有的呈黑色(图4-1a、g),有的呈深红色(图4-1f),主要产出于石榴子石、透辉石以及花岗岩的石英颗粒中。其中石榴子石、透辉石中的包裹体较大,最大可达36μm;石英中的包裹体较小,一般不超过10μm。

3. 不同成矿阶段的流体包裹体特征

(1)第Ⅰ阶段的流体包裹体非常发育,以含子矿物多相包裹体和富液两相包裹体为主。含子矿物多相包裹体内往往含有多个子晶,部分包裹体内含有不透明矿物子晶,有些包裹体的子晶占整个包裹体体积的80%以上,液相所占比例非常小。富液两相包裹体含量相对较少,充填度一般在80%~95%之间。

(2)第Ⅱ阶段至第Ⅳ阶段的流体包裹体总体发育较少,以富液两相包裹体为主,个体大小一般不超过8μm,充填度一般在80%~95%之间。

(3)第Ⅴ阶段的流体包裹体非常发育,以富液两相包裹体为主,富气两相包裹体、纯气体包裹体以及纯液体包裹体也有发育,常存在多种包裹体类型共存的现象(图4-1o)。

(二)流体包裹体显微测温

选取了矿床中5个具有代表性的样品(表4-2),对其中的硬石膏、方解石、透辉石进行了详细的流体包裹体显微测温研究,共测试包裹体125个。退蚀变矿物流体包裹体发育较少,石榴子石以及花岗岩石英中流体包裹体均一温度过高(子矿物消失温度和均一温度均大于550℃),无法进行详细地测温。矿床内流体包裹体有多种成因类型,为了保证测温数据能够正确反映所代表成矿阶段的流体特征,本次仅对原生流体包裹体进行测试;同时,由于富液两相包裹体与含子矿物多相包裹体为本矿床最主要流体包裹体,而其他包裹体类型发育较少且观察条件不足,因此本次测温工作集中于以上两种相态类型。

根据流体包裹体的详细测温结果(表4-3),依照寄主矿物种类分述如下。

表 4-2 程潮铁矿床流体包裹体显微测温样品特征

样品编号	样品描述	测定矿物（成矿阶段）
CC02	磁铁矿矿石，含有金云母和透辉石，硬石膏脉沿裂隙分布	透辉石（Ⅰ）、硬石膏（Ⅲ～Ⅴ）
CC41	石榴子石透辉石矽卡岩，含方解石脉	方解石（Ⅳ、Ⅴ）
CC100	磁铁矿矿石，被硬石膏脉穿插	硬石膏（Ⅲ～Ⅴ）
CC107	金云母方解石脉	方解石（Ⅳ、Ⅴ）
CC144	磁铁矿矿石，含方解石脉	方解石（Ⅳ、Ⅴ）

表 4-3 程潮铁矿流体包裹体显微测温结果一览表

寄主矿物	透辉石		方解石			硬石膏	
成矿阶段	Ⅰ		Ⅳ、Ⅴ			Ⅲ～Ⅴ	
样品编号	CC02	CC02	CC41	CC107	CC144	CC02	CC100
成因类型	原生	原生	原生	原生	原生	原生	原生
相态类型	L+V	L+V+S	L+V	L+V	L+V	L+V	L+V
大小/μm	6～28	10～36	6～16	6～20	6～32	4～16	6～18
充填度/%	75～90		80～95	85～95	80～95	45～90	70～95
测温个数/个	8	13	21	22	21	20	20
冰点或子矿物消失温度/℃		344～544	−19.8～−0.3	−18.0～−4.8	−26.0～−16.8	−19.8～−0.2	−24.3～−1.0
		500	−6.5	−12.0	−21.4	−7.6	−10.5
				−13.2			−9.1
均一温度/℃	300～550	300～550	362～550	107～228	114～206	88～292	182～468	170～475
	480～500	480	513	151	141	177	291	277
			500		156			284
盐度/%		41.84～65.90	0.53～22.24	7.59～20.97	20.07～26.19	0.35～22.24	1.74～25.15
		60.0	9.0	15.6	23.3	10.2	13.4
				15.8			11.8

注：充填度指流体包裹体中液相组分的体积百分比。

1. 透辉石中的流体包裹体

测温数据来自样品 CC02，有富液两相包裹体和含子矿物多相包裹体两种类型。

富液两相包裹体主要呈长条形或不规则形，大小集中在 6～28μm 之间，液相充填度为 75%～90%。8 个测温数据显示流体包裹体的均一温度位于 300～550℃ 之间，平均为 480℃；由于没有观察到冰点，并未获得盐度数据。

含子矿物多相包裹体主要呈不规则形，大小集中在 10～36μm 之间，所测定包裹体均只含有一个 NaCl 子晶。13 个测温数据显示流体包裹体的均一温度位于 362～550℃ 之间，平均为 513℃；子矿物熔化温度为 344～544℃，平均为 500℃；成矿流体盐度范围为 41.84%～65.90%，均值为 60.0%。

显微测温结果表明：透辉石内的流体包裹体均一温度集中于 500～550℃ 之间，均值为 500℃；流体盐度多在 60% 以上，均值约 60%（图 4-2a、b）。

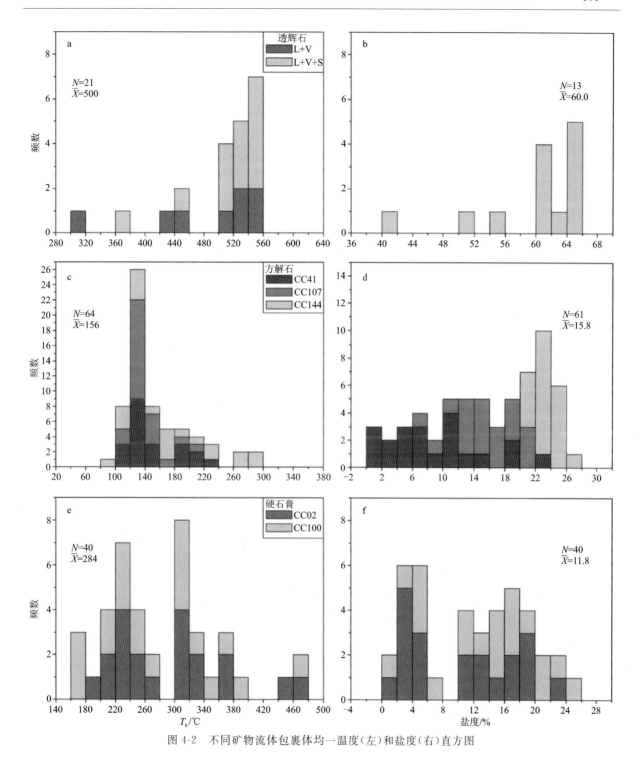

图 4-2 不同矿物流体包裹体均一温度(左)和盐度(右)直方图

2. 方解石中的流体包裹体

测温数据来自样品 CC41、CC107 和 CC144,主要为富液两相包裹体,多为负晶形和长条形,大小集中在 6~32μm 之间,液相充填度为 80%~95%。

CC41 中的流体包裹体均一温度位于 107~228℃ 之间,均值为 151℃;冰点温度位于 -19.8~-0.3℃ 之间,均值为 -6.5℃;成矿流体盐度范围为 0.53%~22.24%,均值为 9.0%。

CC107 中的流体包裹体均一温度位于 114~206℃ 之间,均值为 141℃;冰点温度位于 -18.0~-4.8℃

之间,均值为－12.0℃;成矿流体盐度范围为 7.59%～20.97%,均值为 15.6%。

CC144 中的流体包裹体均一温度位于 88～292℃ 之间,均值为 177℃;冰点温度位于－26.0～－16.8℃ 之间,均值为－21.4℃;成矿流体盐度范围为 20.07%～26.19%,均值为 23.3%。

显微测温结果表明:方解石内的流体包裹体均一温度集中于 100～200℃,均值为 156℃;流体盐度主要分布在 10%～26% 之间,均值为 15.8%(图 4-2c、d)。

3. 硬石膏中的流体包裹体

测温数据来自样品 CC02 和 CC100,主要为富液两相包裹体,可见少量富气两相包裹体,多为负晶形,大小集中于 4～18μm 之间,液相充填度在 45%～95% 之间。

CC02 中的流体包裹体均一温度位于 182～468℃ 之间,均值为 291℃;冰点温度位于－19.8～－0.2℃ 之间,均值为－7.6℃;成矿流体盐度范围为 0.35%～22.24%,均值为 10.2%。

CC100 中的流体包裹体均一温度位于 170～475℃ 之间,均值为 277℃;冰点温度位于－24.3～－1.0℃ 之间,均值为－10.5℃;成矿流体盐度范围为 1.74%～25.15%,均值为 13.4%。

显微测温结果表明:硬石膏内的流体包裹体均一温度主要集中于两个区间,分别为 160～280℃ 和 300～480℃,均值为 284℃;流体盐度主要分布在 2%～6% 和 10%～20% 两个区间,均值为 11.8%(图 4-2e、f)。说明矿床产出的硬石膏分为两个阶段,第一阶段的硬石膏(Anh1)形成温度大于 300℃,第二阶段的硬石膏(Anh2)形成温度位于 160～280℃ 之间。第一阶段的硬石膏(Anh1)早于磁铁矿,常常表现为磁铁矿呈细脉状穿过硬石膏的裂隙(图 4-3a);第二阶段的硬石膏(Anh2)在磁铁矿之后形成,往往表现为硬石膏沿磁铁矿矿石的裂隙充填交代(图 4-3b)。

图 4-3 程潮铁矿床两个阶段的硬石膏

a. 磁铁矿呈细脉状穿过硬石膏(Anh1);b. 硬石膏(Anh2)和方解石沿磁铁矿矿石的裂隙充填交代

Mag. 磁铁矿;Py. 黄铁矿;Anh. 硬石膏;Qz. 石英;Cal. 方解石

程潮铁矿床的显微测温数据表明:成矿第Ⅰ阶段、第Ⅲ阶段、第Ⅳ～Ⅴ阶段,流体包裹体均一温度分别集中在 500～550℃、300～380℃ 和 100～240℃,呈现逐渐降低的趋势(图 4-4a);第Ⅰ阶段的盐度主要集中在 60%～66%,第Ⅲ～Ⅴ阶段盐度在 0%～26% 均有分布,在第Ⅳ、第Ⅴ阶段有升高的趋势(图 4-4b)。

(三)流体包裹体成分

矿床内发育大量含子矿物多相包裹体。此类包裹体中有一些含有主要呈深红色,大小在 2μm 左右的不透明子矿物,在石榴子石以及花岗岩的石英颗粒中最为发育。为了查明这类子矿物的成分,选取花岗岩石英中含深红色子矿物的流体包裹体进行了激光拉曼光谱分析。

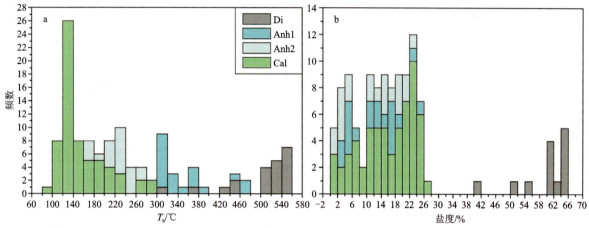

图 4-4　程潮铁矿床流体包裹体均一温度直方图(a)和盐度直方图(b)

激光拉曼探针原位成分分析工作在构造与油气资源教育部重点实验室的天然气水合物评价实验室完成,测试仪器为法国 HORIBA Jobin Yvon 公司的 LabRam HR 型号拉曼光谱仪,其激发光源为波长 532.06nm、功率为 14MW 的氩离子激光。

由于包裹体个体大小只有 5μm 左右,NaCl 子晶占据了大部分空间,因此很难测出气相和液相的成分,仅在两个包裹体中测出了包裹体内深红色子矿物的成分(图 4-5a、b)。由于子矿物太小,拉曼光谱图中主要显示的是寄主矿物石英的峰值,在 1300cm^{-1} 左右处可见一个小峰,对照赤铁矿的拉曼光谱图(图 4-5c)可以确定,这种深红色的子矿物应为赤铁矿。这类含赤铁矿子晶的流体包裹体在石榴子石中也可见到,但由于子晶太小,无法进行准确的成分分析。

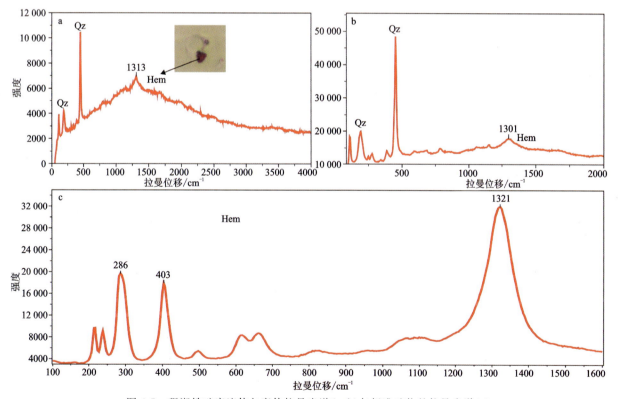

图 4-5　程潮铁矿床流体包裹体拉曼光谱(a、b)与标准矿物的拉曼光谱(c)

含赤铁矿子晶的包裹体在内蒙古的乌努格吐山斑岩型铜钼矿床早阶段的石英中也有产出,它的出现代表了一种氧化环境,说明成矿早阶段的流体是一套高温、高盐度、高氧逸度的富 Fe 岩浆流体(李诺等,2007;Li et al., 2011)。

(四)成矿流体性质及演化

矿床各成矿阶段的流体包裹体相态类型以富液两相包裹体和含子晶多相包裹体为主,另有部分纯液体和纯气体包裹体产出,其他类型的流体包裹体则较少发育。

花岗岩石英中主要发育含子矿物多相包裹体,部分含有赤铁矿子晶,均一温度大于550℃,盐度大于66.75%(NaCl子晶550℃时还未熔化)。此外,还有少量富液相和气相包裹体。

成矿Ⅰ阶段石榴子石主要发育含子矿物多相包裹体,部分含有赤铁矿子晶,透辉石中包裹体的均一温度在500~550℃之间,而石榴子石中的包裹体均一温度更高,普遍大于550℃,这说明早期含矿热液为一套高温、高盐度、高氧逸度、富Fe的成矿流体。

成矿第Ⅱ阶段的绿帘石、褐帘石中主要发育富液两相包裹体。

主成矿阶段(第Ⅲ阶段)的硬石膏中主要发育富液两相包裹体和少量富气两相包裹体,均一温度主要位于300~380℃之间,部分达到400℃以上,盐度主要在2%~26%之间,大部分在10%以上,说明磁铁矿沉淀时的含矿热液为中高温、中高盐度的成矿流体。

成矿晚阶段(第Ⅳ阶段、第Ⅴ阶段)主要发育富液两相包裹体和少量纯气体包裹体,均一温度主要在100~240℃之间,盐度在2%~26%之间,说明该阶段热液为含少量金属元素的中低温、中低盐度流体。

从矿床各成矿阶段代表矿物流体包裹体的均一温度-盐度关系(图4-6)可知,从第Ⅰ阶段的透辉石到第Ⅲ阶段的硬石膏,随着含矿热液温度的降低,其盐度也呈逐渐下降的趋势。从第Ⅲ阶段到第Ⅴ阶段,含矿热液温度继续降低,但盐度范围基本不变,部分盐度数据还有升高的趋势。矿床的成矿流体演化可能经历了以下几个阶段:①中低盐度的原始岩浆流体在一定条件下发生了不混溶作用,形成含子晶多相包裹体和富气包裹体(Pons et al., 2009),且流体中富含成矿金属元素Fe;②早期含矿热液为一套高温、高盐度、高氧逸度、富Fe的成矿流体,到主成矿阶段,流体的温度及盐度均呈逐渐下降的趋势(图4-6中的a),反映了成矿过程中有低温低盐度流体不断加入含矿热液(Wilkinson,2001);③第Ⅲ阶段和第Ⅴ阶段,成矿流体的温度持续下降,但盐度无大的变化,降温可能是流体演化的主要方式;④到成矿晚期,部分包裹体的盐度有升高的趋势(图4-6中的b),这可能是有高盐度流体注入。以往矿床硫同位素显示,$\delta^{34}S$ 的变化范围为10.3‰~15.1‰,平均为12.5‰,是由于膏盐层提供了较多的重硫所致(舒全安等,1992)。因此,在成矿晚阶段可能有热液循环萃取的膏盐层高盐度的流体加入,导致了晚阶段流体盐度较高。另一种可能的原因是晚期流体中有新的高盐度岩浆流体混入,但已是在主成矿阶段之后,对磁铁矿的成矿意义可能不大。

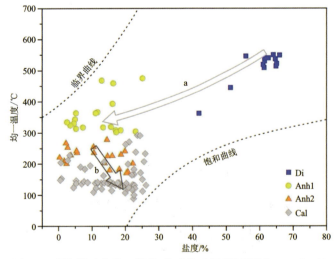

图4-6 程潮铁矿床均一温度-盐度关系图(据 Wilkinson,2001)

第三节 磁铁矿微量元素及其矿床成因意义

鄂东南地区的富铁矿床成因一直以来存在争议,一些学者根据野外地质特征与岩(矿)体界限特点提出矿浆成因观点,但一些学者认为其仍为热液交代成因。近年来,有学者利用磁铁矿微量元素特征对铁矿床成因进行探讨,发现一些被认为是矿浆成因的矿床(如 Kiruna 矿床、El Laco 矿床等)与热液矿床微量元素组成相似,认定其为热液型矿床而非岩浆型矿床。本次研究尝试利用磁铁矿微量元素特征对原部分学者认为的以王豹山铁矿和程潮铁矿为代表的"矿浆"型成因进行探讨。

一、王豹山铁矿床

王豹山铁矿床中的矿石类型主要有矽卡岩型及磁铁矿-磷灰石型两种。其中矽卡岩型矿石中磁铁矿背散射图像具有明显的振荡环带(图 4-7a、b)。而磁铁矿-磷灰石型矿石中的磁铁矿具有明显的钛铁矿的出溶物(图 4-7c~f)。

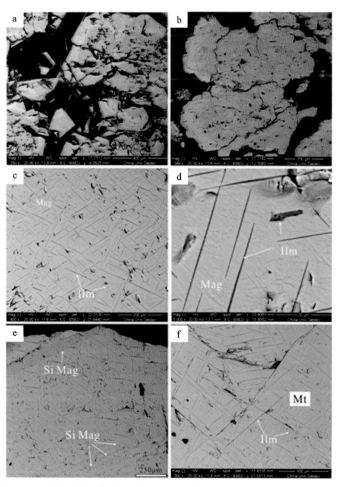

图 4-7 王豹山铁矿床中不同类型磁铁矿矿石中磁铁矿矿物结构特征

王豹山铁矿田内的矽卡岩型及磁铁矿-磷灰石型矿石磁铁矿的电子探针分析结果见图 4-8。

矽卡岩型矿石中的磁铁矿具有明显的振荡环带，而不具有钛铁矿的出熔体。电子探针分析结果显示其具有低的 TiO_2(≤0.08%)、V_2O_3(≤0.02%)、MgO(≤0.38%)、MnO(0.01%~0.1%)，以及变化较大的 Al_2O_3(0.09%~2.04%)和 SiO_2(0.01%~3.30%)，而其他元素(如 NiO 和 Cr_2O_3)都低于电子探针的检出限。磁铁矿-磷灰石矿石中的磁铁矿具有高的 TiO_2(0.30%~2.82%，平均为 1.21%)、SiO_2(0.01%~1.86%)、V_2O_3(0.29%~0.46%)及低的 CaO(≤0.26%)、MnO(≤0.35%)、NiO(绝大多数低于电子探针的检出限)、Cr_2O_3(0.01%~0.06%)。LA-ICP-MS 分析结果显示矽卡岩型铁矿床中的磁铁矿具有低的 TiO_2(≤0.04%)、V($0.45×10^{-6}$~$65.87×10^{-6}$)、Co(≤$14.88×10^{-6}$)、Ni(≤$131.09×10^{-6}$)、Ga(≤$5.12×10^{-6}$)特征。而磁铁矿-磷灰石矿石中的磁铁矿具有高的 TiO_2(0.65%~2.45%)、V($1733×10^{-6}$~$1995×10^{-6}$)、Ni($40.9×10^{-6}$~$68.0×10^{-6}$)、Cr($0.62×10^{-6}$~$16.1×10^{-6}$)和 Ga($28.9×10^{-6}$~$40.2×10^{-6}$)(Hu et al., 2020)。依据磁铁矿多元素蛛网图(图 4-9)显示，矽卡岩型矿石中的磁铁矿具有贫 Ti、V、Ni、Cr 等元素，而富集 Si、Ca 等元素，与中低温热液磁铁矿一致；而磁铁矿-磷灰石型矿石中的磁铁矿相对富集 Ti、V、Ni、Co、Ga 等元素，与高温热液矿床中磁铁矿微量元素相似。因而，王豹山铁矿床中两种不同类型的磁铁矿均为热液成因，形成于不同热液阶段。

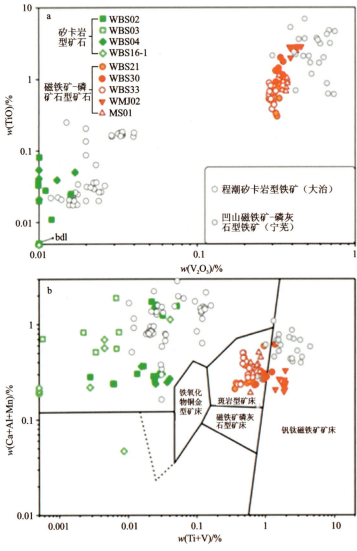

图 4-8　王豹山铁矿床不同类型磁铁矿矿石中磁铁矿 Ti+V 及 Ca+Al+Mn 判别图解

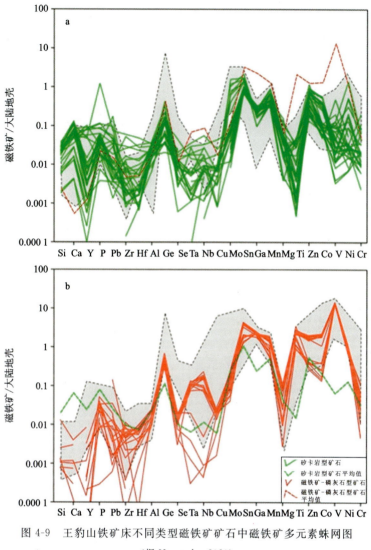

图 4-9 王豹山铁矿床不同类型磁铁矿矿石中磁铁矿多元素蛛网图
(据 Hu et al., 2020)

二、程潮铁矿床

依据磁铁矿的结构及化学成分,可将程潮铁矿床的磁铁矿分为 4 种类型:①与成矿有关的花岗岩中的岩浆磁铁矿;②内矽卡岩型及脉状铁矿石中的富 Si 原生磁铁矿,其通常具有弱的振荡环带;③外矽卡岩型铁矿石中的富 Mg 原生磁铁矿,通常相对均匀,不具环带;④内/外矽卡岩型铁矿石及脉状矿石中的次生磁铁矿(图 4-10)。

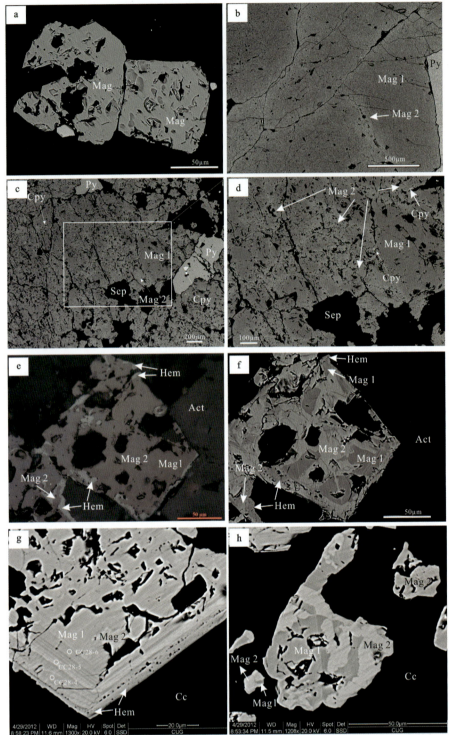

图 4-10 程潮铁矿床典型磁铁矿的背散射(BSE)图像(a、b、d、e、f)及反射光图像(c)(据 Hu et al.，2014)

其中 a 为花岗岩样品 CC01-125 中的磁铁矿 BSE 图像，显示其结构均一无明显的环带。b、d 显示外矽卡岩矿石中的原生磁铁矿被次生磁铁矿呈不规则状或者网脉状交代，次生磁铁矿和原生磁铁矿具有相对截然的关系，孔洞发育，细粒的黄铁矿及黄铜矿以矿物包裹体的形式分布在原生磁铁矿中。其中 b 为样品 CC81 中磁铁矿的 BSE 图像，c~d 为样品 CC05 中的 BSE 图像；e 显示矿化内矽卡岩样品中磁铁矿与阳起石共生，磁铁矿局部被赤铁矿交代(反射光)；f 为 e 图中相同磁铁矿颗粒的 BSE 图像，图像显示原生磁铁矿(暗色区域)被次生磁铁矿(灰色区域)所交代；g、h 显示脉状磁铁矿矿石样品中的原生磁铁矿被次生磁铁矿不同程度的交代

花岗岩样品中的磁铁矿颗粒内部结构较均匀，未见被后期流体交代的现象。而外矽卡岩和内矽卡岩型铁矿石中的原生磁铁矿都发生了广泛的溶解-再沉淀作用，即原生磁铁矿普遍被后期流体交代，形成新的次生磁铁矿区域。有些磁铁矿颗粒甚至经历了多次溶解-再沉淀，形成多世代次生磁铁矿。在背散射图像中，次生磁铁矿通常要比原生磁铁矿要亮，表明相对于原生磁铁矿，次生磁铁矿中比铁原子量小的次要和微量元素元素含量低。原生磁铁矿颗粒通常呈自形—他形，颗粒直径 $50\sim500\mu m$，而次生磁铁矿通常呈不规则状交代或细脉状穿插原生磁铁矿（图 4-10a），一些次生磁铁矿区域被晚阶段的赤铁矿交代（图 4-10e$\sim$g）。

相对于热液磁铁矿，花岗岩样品中的岩浆成因磁铁矿具有很高的 V（$2117\times10^{-6}\sim2721\times10^{-6}$）和较高的 Ti（$254\times10^{-6}\sim1150\times10^{-6}$）、Cr（$96\times10^{-6}\sim206\times10^{-6}$）、Ni（$125\times10^{-6}\sim196\times10^{-6}$）、Co（$46\times10^{-6}\sim54\times10^{-6}$）和 Ga（$31\times10^{-6}\sim42\times10^{-6}$），而其他元素的含量则相对较低，如 Mn（$218\times10^{-6}\sim251\times10^{-6}$）、Zn（$9.4\times10^{-6}\sim52\times10^{-6}$）、Sn（$<0.95\times10^{-6}$）、Sr（$0.014\times10^{-6}\sim4.1\times10^{-6}$）、Ba（$\leqslant0.06\times10^{-6}$）、Pb（$\leqslant0.25\times10^{-6}$）、Th（$\leqslant0.47\times10^{-6}$）和 U（$\leqslant0.15\times10^{-6}$）。

内矽卡岩样品中的原生磁铁矿富集 SiO_2（$1.03\%\sim1.88\%$）及 Al_2O_3（$1.04\%\sim2.83\%$）。除一个分析点外，这些元素在次生磁铁矿中的含量均明显降低，分别为 $0.14\%\sim0.80\%$ 及 $0.16\%\sim0.42\%$。另外，原生磁铁矿中 MgO、CaO 和 TiO_2 的含量分别为 $0.28\%\sim0.68\%$、$0.10\%\sim0.88\%$、$0.14\%\sim0.25\%$；它们在次生磁铁矿中的含量则要低得多，其平均含量分别为 0.11%、小于 0.08%、0.17%。与外接触带的矽卡岩型铁矿石相比，该样品的原生磁铁矿具有较高的 V（$60\times10^{-6}\sim115\times10^{-6}$）、Ti（$552\times10^{-6}\sim1248\times10^{-6}$）、Ni（$15\times10^{-6}\sim24\times10^{-6}$）、Ga（$16\times10^{-6}\sim27\times10^{-6}$）及 Sr（$57\times10^{-6}\sim106\times10^{-6}$）、Ba（$7\times10^{-6}\sim39\times10^{-6}$）和较低的 Mn（$343\times10^{-6}\sim789\times10^{-6}$）、Zn（$26\times10^{-6}\sim62\times10^{-6}$）、Sn（$1.5\times10^{-6}\sim2.2\times10^{-6}$）及 Co（$15\times10^{-6}\sim27\times10^{-6}$）。

外矽卡岩矿石样品中的原生磁铁矿常含有较高的 MgO［在样品 CC05（$n=13$）和 CC81（$n=8$）中的含量分别为 $2.76\%\sim3.07\%$ 和 $0.62\%\sim1.87\%$］及较低的 SiO_2（$\leqslant0.23\%$）。MgO 含量在次生磁铁矿中显著降低，在样品 CC05 中为 $0.07\%\sim1.26\%$，在样品 CC81 中为 $0.05\%\sim0.61\%$。另外，上述两个样品中的原生磁铁矿还含有较高的 Al_2O_3（分别为 $0.54\%\sim1.05\%$ 和 $0.21\%\sim1.42\%$）及一定量的 MnO（分别为 $0.30\%\sim0.47\%$ 和 $0.05\%\sim0.06\%$）。与内矽卡岩中的磁铁矿相比，这类磁铁矿具有低得多的 V（$6.0\times10^{-6}\sim18.9\times10^{-6}$）、Ti（$144\times10^{-6}\sim255\times10^{-6}$）和 Ga（$2.5\times10^{-6}\sim3.6\times10^{-6}$）。相反，Co（$24\times10^{-6}\sim54\times10^{-6}$）、Zn（$422\times10^{-6}\sim852\times10^{-6}$）、Mn（$1597\times10^{-6}\sim4191\times10^{-6}$）、Sn（$8.7\times10^{-6}\sim16\times10^{-6}$）及 Nb（$0.09\times10^{-6}\sim0.27\times10^{-6}$）含量却明显高于内矽卡岩中的磁铁矿。

脉状磁铁矿样品中的原生磁铁矿具有高 SiO_2（$0.92\%\sim3.21\%$）、Al_2O_3（$0.51\%\sim4.23\%$）和 CaO（$0.69\%\sim1.64\%$），以及低的 MgO（$0.15\%\sim0.54\%$）、ZnO（$\leqslant0.24\%$）和 CoO（$0.08\%\sim0.18\%$）。相反，次生磁铁矿的 MgO 含量非常低（$\leqslant0.03\%$），CaO 含量也比原生磁铁矿低得多（平均 0.72%）。原生及次生磁铁矿中 ZnO（$\leqslant0.21\%$）及 CoO（$0.09\%\sim0.19\%$）的含量没有明显差异。

由上述数据可知，程潮铁矿床中的磁铁矿具有明显低的 Ti 和 V 含量，与典型的热液矿床相似，因而具有热液成因（图 4-11），与岩浆成因磁铁矿具有明显区别，表明程潮铁矿可能并不存在矿浆型磁铁矿。而且磁铁矿中微量元素明显具有分带特征，受到围岩控制，其中内矽卡岩及脉状矿体中发育振荡环带的自形—半自形原生磁铁矿，它与岩浆磁铁矿相比具有富 Si、Sr 及 Ba 等亲石元素，与富 Mg 磁铁矿相比又具有高的 Ti、V、Ni 及 Ga。以上反映了高水-岩比条件下富 Al 和 Si 的高温岩浆热液与碳酸盐岩地层相互作用，以及铁氧化物的快速结晶。而外矽卡岩中的原生磁铁矿，是岩浆热液与碳酸盐岩之间相互作用的结果，因而磁铁矿富集 Mg 和 Mn，反映了外接触带低水-岩比条件下围岩碳酸盐对磁铁矿成分的重要影响。

图 4-12 概要性地显示了程潮铁矿床磁铁矿的溶解-再沉淀过程及在此过程中的微量元素变化规律。除岩浆磁铁矿以外，无论是内矽卡岩型矿石还是外矽卡岩型矿石，其中的原生磁铁矿均发生了显著的溶解-再沉淀作用并形成大量次生磁铁矿。随着成矿流体氧逸度和硫逸度的变化，原生磁铁矿和次生磁铁矿还可依次被赤铁矿和/或硫化物（主要是黄铁矿）交代（图 4-10e$\sim$g）。在磁铁矿的溶解-再沉淀过程中，不同的微量元素在同一产状的磁铁矿发生溶解-再沉淀过程中的变化规律不一致。

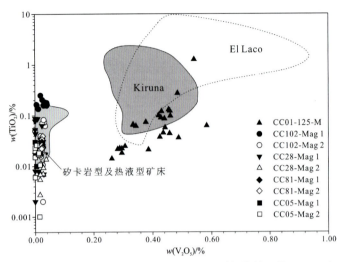

图 4-11 程潮铁矿床磁铁矿的 $w(V_2O_5)$—$w(TiO_2)$ 判别图解（据 Hu et al., 2014）

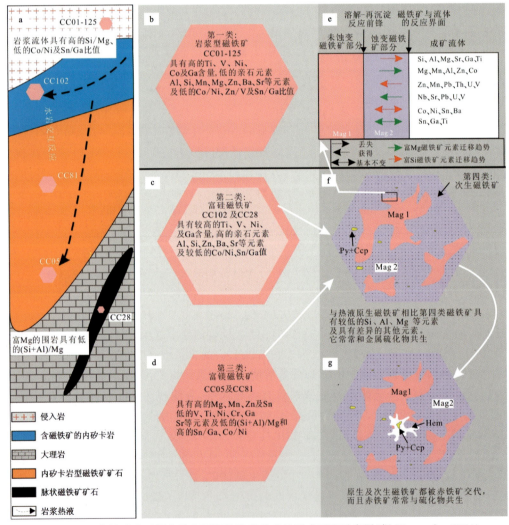

图 4-12 程潮铁矿床不同产状和不同阶段磁铁矿的形成过程示意图（据 Hu et al., 2014）

a.程潮铁矿床不同产状磁铁矿的示意图；b~d.分别为原生岩浆磁铁矿、内矽卡岩的富 Si 磁铁矿及外矽卡岩矿中富 Mg 磁铁矿的元素地球化学特征；e.磁铁矿溶解-再沉淀过程示意图及在此过程中微量元素的变化特征；f.在溶解-再沉淀过程中磁铁矿被次生磁铁矿交代及伴生的矿物包裹体；g.原生磁铁矿和次生磁铁矿都被赤铁矿所交代，而赤铁矿本身局部被硫化物交代。Mag.磁铁矿；Hem.赤铁矿；Py.黄铁矿；Ccp.黄铜矿

相对于原生磁铁矿,次生磁铁矿中有些微量元素的含量降低(如 Si、Al 及 Mg),有些基本不变(如 Co、Ni、Sn),而另外一些却升高(如 U、Pb)。另外,外矽卡岩中的富镁磁铁矿和内矽卡岩中的富硅磁铁矿在溶解-再沉淀过程中其微量元素的迁移变化也不尽相同。如内矽卡岩中的次生磁铁矿相对原生磁铁矿具有低得多的 Si、Al、Mg 及 Sr 等和略低的 Ga 和 Ti,而 Zn、Mn、Pb、Th 及 U 等元素的含量则要高得多,V 略有升高,Co、Ni、Sn 及 Ba 等元素含量基本不变。外矽卡岩中的次生磁铁矿相对原生磁铁矿具有较低的 Mg、Mn、Al、Zn 及 Co 和较高的 Pb、U、Nb 及 Sr,而 Sn、Ga 和 Ti 元素含量基本不变。总之,大部分微量元素在程潮铁矿床磁铁矿的溶解-再沉淀过程中都发生了显著变化。如前所述,程潮铁矿床矿石中的原生磁铁矿含有较高的 Si、Al、Mg 等微量或次要元素;而这些元素在次生磁铁矿中的含量则非常低。这种变化趋势表明原生磁铁矿中的微量元素(Mg、Si、Al 及 Ca 等)在溶解-再沉淀过程中得以大量释放。与此相反,次生磁铁矿中铁的平均含量(71.9%)比原生磁铁矿(平均 69.2%)高出近 3%(图 4-13)。由此可知,磁铁矿的溶解-再沉淀过程对提高铁矿石的品位(提高铁的含量)和品质(降低杂质元素含量)具有重要作用。磁铁矿的晶格中可以容纳大量的次要和微量元素,此时磁铁矿中铁的含量必然降低,铁矿石品质也很低。如菲律宾 Santo Thomas 斑岩型铜金矿床的磁铁矿中 SiO_2 的含量高达 8.9%,国外其他一些典型矽卡岩型铁矿床及铁铜矿床中磁铁矿 SiO_2 含量一般为 1.9%~6.3%(Huberty et al., 2012 及其参考文献)。可以推断,这些矿床中的磁铁矿在后期溶解-再沉淀过程中必然释放出大量的次要元素和微量元素,并伴随着铁含量的升高使铁矿石的品位和品质得以显著提高。

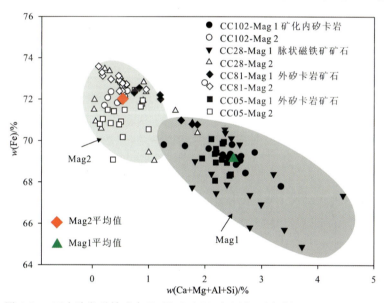

图 4-13 两个阶段磁铁矿中 Fe 及 Ca+Mg+Al+Si 图(据 Hu et al., 2014)

第四节 成矿物质来源

一、成矿元素的来源

据统计区内地层中成矿元素对内生金属矿床成矿的贡献几乎可以忽略不计,区内内生金属矿床与岩浆岩在时空分布上具有高度的一致性,成矿元素与岩浆活动有密切的关系(黄圭成等,2015)。

(1)铜。在区内南部成矿小岩体(龙角山、铜山口、白云山、阮宜湾、丰山、鸡笼山)中含量最高,平均

值可达 726.60×10^{-6}，浓集系数为 26.91；次为铜绿山岩体，平均值为 124.47×10^{-6}，浓集系数为 4.61。而鄂城岩体、金山店岩体（含王豹山岩体）含量最低，平均值分别为 4.94×10^{-6}、4.57×10^{-6}。可见，与铜矿成矿有关的岩体尤其是小岩体铜含量较高，而与铁矿有关的岩体铜含量低，说明岩浆岩是铜的主要来源。

（2）金。金明显富集于南部成矿小岩体中，平均值可达 18.50×10^{-9}，浓集系数为 14.23；次为铜绿山岩体，平均值为 12.92×10^{-9}，浓集系数为 9.94。而鄂城岩体、铁山岩体、金山店岩体及灵乡岩体、殷祖岩体含量较低，浓集系数为 0.21～0.89；与成矿关系不大的小岩体含金平均为 0.72×10^{-9}，浓集系数为 0.55，说明小岩体具有更富集金的能力。在殷祖岩体南缘和铁东地区金矿化普遍，但殷祖与铁山岩体不能提供其金的来源，说明金的成矿主要与小岩体或深部成矿热液有关。

（3）钼和钨。在成矿小岩体中含量较高，平均值分别为 10.00×10^{-6}、7.90×10^{-6}，浓集系数分别为 12.50、7.90。而在非成矿小岩体中平均值分别为 1.89×10^{-6}、1.18×10^{-6}，浓集系数分别为 2.36、1.18。这说明钼、钨的成矿与小岩体关系较为密切，岩浆后期的热液是其主要来源之一。

（4）铁。在区内各岩体中含量变化不大，各岩体全铁（FeO^T）含量平均为 1.56%～5.48%，其中与成铁有关的金山店岩体最低，FeO^T 平均为 1.56%，浓集系数 0.23；主要与成铁有关的鄂城、铁山、灵乡岩体 FeO^T 平均分别为 2.11%、3.80%、4.75%，浓集系数分别为 0.63、0.57、0.71；主要与铜铁成矿有关的铜绿山岩体和与成铜有关的阳新岩体 FeO^T 平均分别为 4.06%、4.51%，浓集系数分别为 0.61、0.67；小岩体中与成矿有关的小岩体和非成矿小岩体 FeO^T 平均含量分别为 3.99%、3.13%，浓集系数分别为 0.59、0.47；殷祖岩体 FeO^T 平均值为 5.48%，浓集系数 0.82。铁矿形成与岩浆岩（FeO^T）含量关系不大，而 Fe 为地壳尤其是地幔的主要组成元素，也是岩浆岩的主量元素，因此本区铁矿中 Fe 的来源不仅仅来源于岩浆，与下地壳及地幔有较密切联系的深源流体也应为其主要来源。

（5）铅。鄂东南地区岩体及矿石中的铅同位素组成基本一致，$^{206}Pb/^{204}Pb$ 为 17.78～18.87，$^{207}Pb/^{204}Pb$ 为 15.31～16.18，$^{208}Pb/^{204}Pb$ 为 37.49～39.83，变化范围不大，与地幔 Pb 同位素演化线一致。岩浆岩与矿床是近乎同时形成的且具有密切的成因联系，一致的 Pb 同位素组成反映了其来源于岩浆岩。

同时，对铜绿山、铜山口、鸡笼山等成矿岩体，根据其成矿元素含量，按岩体体积和质量，将勘查深度范围内岩体中的成矿元素全部折算出来，均小于已探明的、按边界品位圈定的金属量，证明接触带附近的浅部岩浆岩不能提供成矿所需的物质来源，如果成矿作用以双交代作用为主，则难以形成如此大规模的铁铜金矿体。而地层中成矿元素的含量低于丰度值，接触带附近的地层成矿元素的含量高于远离接触带的围岩，说明其也不来自地层，而是来源于含矿热液。因此区内成矿元素大部分应来源于，通过与接触带贯通的断裂到达接触带部位的深部含矿流体。

二、硫源

热液矿床中硫化物的硫同位素组成可以较好地反映成矿作用过程中成矿流体的物理化学条件和成矿物质来源，为矿床成因分析提供重要参考。

鄂东南地区 $\delta^{34}S$ 在铁矿中的值为 10.3‰～21.3‰，而铁铜矿中硫化物的 $\delta^{34}S$ 为 5‰～8‰，铜、钼、钨、金多金属矿的 $\delta^{34}S$ 为 −0.1‰～3‰（表 4-4）。说明本地区的矿床，可能由于受到膏盐层不同程度的影响而造成了硫同位素组成的差异。其中铁矿床明显具有地层硫的特征，显示有膏盐层的加入；铜、钼、钨、金多金属矿由于受膏盐层影响较小而显示具有深源陨石硫的特征。

表 4-4　鄂东南地区典型矿床硫同位素统计表

矿床类型	矿床	$\delta^{34}S$/‰	资料来源
铁矿	王豹山矽卡岩型	15.1~21.3	胡浩未发表数据
铁矿	王豹山磁铁矿-磷灰石型	13.8~15.5	胡浩未发表数据
铁矿	脑窑	16.04~19.2	本次研究及舒全安等,1992
铁矿	广山	14.8~17.4	胡浩未发表数据
铁矿	刘岱山	14.2~16.84	舒全安等,1992
铁矿	狮子山	13.3~15.44	舒全安等,1992
铁矿	玉屏山	13.8~15.44	舒全安等,1992
铁矿	程潮	10.3~15.1	翟裕生,1992
铁矿	张福山	13.0~16.88	翟裕生,1992
铜-钼-金矿	铜山口	−1.23~1.1	翟裕生,1992
铜-钼-金矿	鸡笼山	1.8~6.1	翟裕生,1992
铜-钼-金矿	丰山洞	−1.76~3.64	舒全安等,1992
铜-钼-金矿	白云山	3~3.1	舒全安等,1992
铜-钼-金矿	龙角山	−0.46~4.04	舒全安等,1992
铜-钼-金矿	叶花香	0.04~1.14	舒全安等,1992
铜-铁矿	铁山	3.8~7.6	舒全安等,1992
铜-铁矿	铜绿山	1.1~6.9	李建威未发表数据

王豹山铁矿床中矽卡岩型铁矿和磁铁矿-磷灰石型铁矿石及灵乡铁矿床中黄铁矿的 $\delta^{34}S$ 值变化范围为 13.8‰~21.3‰,明显高于本区矽卡岩型铁铜矿中硫化物(−6.2‰~8.7‰)的硫同位素值(图 4-14),而与本区三叠系膏盐层的硫同位素接近,暗示其硫很可能主要来自于含膏盐地层,这与矿床中硬石膏储量的规模和区域石膏分布范围相吻合。因此,成矿围岩的差异不仅导致了矿床中热液硬石膏规模的差异,而且也导致了矿床中硫同位素的显著差异。膏盐层的加入不仅起到了重要的铁的络合剂的作用,而且起到了氧化剂的作用,对磁铁矿的沉淀具有重要的作用。

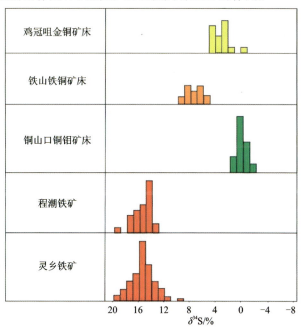

图 4-14　大冶地区不同类型铁矿石的硫同位素分布直方图

三、膏盐层的作用

（一）重要的矿化剂

蒸发岩层中除了石膏外还含有大量的富 Cl 盐类矿。在岩浆侵位过程中如果有膏盐层加入,当含膏盐地层中含有较高的碱(Na、K)时,可以促使同化混染这一层位的岩浆向富钠的方向演化,进而促进岩浆中铁质聚集形成磁铁矿。当岩浆演化至流体出溶时,出溶的流体将富含挥发分(Cl、S 和 CO_2 等),一方面这些挥发分有利于萃取已固结岩体中的铁质进入成矿流体(Kipping et al.,2015);另一方面,可以与岩浆中尚未形成磁铁矿的 Fe^{2+} 形成稳定络合物而迁移出来(氯与铁的含量呈正相关;Hemley et al., 1992;Hemley and Hunt,1992)。矽卡岩阶段大量高盐度多子晶包裹体的存在及大量富氯矽卡岩矿物的发育,表明流体中的氯含量较高,其搬运铁质的能力巨大,有利于大量铁质的沉淀富集。因此,含膏盐地层可以在矽卡岩型铁矿的形成过程中对铁质活化、迁移和富集起到重要的媒介作用。

（二）改变成矿体系的氧化还原状态

硬石膏是蒸发岩中重要的组成矿物,其具有较强的氧化性(含 SO_4^{2-}),当岩浆热液萃取含膏盐层时硬石膏会加入到流体中。当还原性的富铁热液与富 SO_4^{2-} 氧化性质的蒸发岩层或溶解蒸发岩的盆地卤水相遇时,将发生以下氧化还原反应:

$$12Fe^{2+} + SO_4^{2-} + 12H_2O = 4Fe_3O_4 + HS^- + 23H^+ \tag{1}$$

$$8Fe^{2+} + SO_4^{2-} + 8H_2O = 4Fe_2O_3 + HS^- + 15H^+ \tag{2}$$

通过上述反应,大量二价铁离子被氧化成三价铁离子,导致铁质在热液中的溶解度大幅度下降;反应产生的大量 H^+ 被碳酸盐围岩所中和,使反应可以不断向右进行,因而磁铁矿和赤铁矿可大规模沉淀形成富铁矿床,甚至形成以致密块状磁铁矿占绝大多数的铁矿体。通过电价平衡计算可知,每摩尔 SO_4^{2-} 的还原,将伴随着 8 摩尔 Fe^{+2} 被氧化成 Fe^{3+},最终形成 4 摩尔的磁铁矿,即还原的 SO_4^{2-} 量将直接影响 Fe^{3+} 形成量的多少。大量硫酸根(SO_4^{2-})的还原,将大大提高成矿体系的氧化性,导致大量 Fe^{3+} 的形成,为磁铁矿的形成提供了良好的条件。

四、流体来源

区内氢氧同位素表明,代表早期矽卡岩阶段的透辉石和石榴子石的氢氧同位素组成接近于原生岩浆水的范围,有些石榴子石的 δD_{H_2O} 值相对偏低,与张理刚(1978)定义的初始混合岩浆水的氢氧同位素组成相似,表明此阶段成矿热液可能有少量大气降水的加入。代表晚期矽卡岩阶段的金云母和绿帘石 $\delta O^{18}_{H_2O}$ 值明显变小,说明在此阶段大气降水开始参与成矿流体的形成。代表氧化物阶段的磁铁矿明显富 $\delta O^{18}_{H_2O}$,可能与碳酸盐岩脱碳反应生成的 CO_2 热液成矿体系有关。在石英硫化物阶段和碳酸盐阶段,δD_{H_2O} 值仍具有岩浆水的特征,但石英和方解石的 $\delta O^{18}_{H_2O}$ 值较低,显示出大气降水成矿热液特征,说明在此阶段,大气降水在热液中所占比例加大。上述特征说明,区内成矿流体主要来自于岩浆,但也有其他来源流体的参与。

第五章　区域成矿规律和区域成矿模式

研究区位于长江中下游成矿带(湖北段)东部,是以襄-广断裂、梁子湖断裂和高桥鸡笼山断裂围限的三角形构造岩浆岩区。区内主要成矿特点是与燕山期中酸性侵入岩有关的矽卡岩型、斑岩型矿床密集分布;与燕山期陆相火山岩有关的非金属矿产集中分布。

第一节　铜铁金成矿在时间上的分布规律

区内中生代燕山期是区内铜铁金等金属矿产最重要的成矿期,与岩浆作用关系密切,成矿作用是岩浆活动特定阶段的产物。燕山期岩浆岩侵入作用具有多期次、多阶段性特点,成矿作用也是多期次的。区内成矿作用在时间上较稳定而又有规律地交替,既呈现长期性,又有阶段性特点。根据矿床产出位置、成矿特征、成矿时代以及相关的岩浆岩形成时代、岩石特征,区内金属矿床可以划分为2个成岩成矿期,4个成岩成矿阶段。第一期岩浆活动(151~135Ma)从燕山早期到燕山晚期早阶段,主要发生在隆起带,分为2个阶段,以侵入作用为主。第二期岩浆活动为燕山晚期(135~125Ma),主要发生在坳陷带,也可以分成两个阶段,先期以侵入为主,随后发生强烈的火山喷发形成一系列火山岩系。

第一阶段岩浆活动(151~145Ma)属于晚侏罗世早期,为本区岩浆活动开始时期,主要发生在黄石-大冶-灵乡断裂以南地区的隆起带,形成殷祖岩体、灵乡岩体一部分及丰山洞、铜鼓山等小岩体,随之而来的成矿时间主要为(147~143Ma)。在丰山洞、铜鼓山等小岩体形成有与花岗闪长斑岩有关的矽卡岩-斑岩型铜(钼)矿床,在灵乡岩体形成有刘家畈铁矿。铜绿山矿床Ⅳ号矿体可能也为此阶段形成。

第二阶段岩浆活动(145~135Ma)属于晚侏罗世晚期至早白垩世早期,为本区岩浆活动高峰时期,也是区内成矿的主要时期,主要发生在黄石-大冶-灵乡断裂以南地区的隆起带和断裂附近的隆坳过渡带,形成阳新、铁山、灵乡岩体主体以及铜绿山、铜山口、何锡铺、歇担桥小岩体群,阳新岩体周缘小岩体(付家山和龙角山),殷祖岩体周缘小岩体(包括项家山、徐家山、姜桥、石担山)和东西断裂带(包括古家山、白云山、阮宜湾等)、阳新岩体以南富池地区的小岩体群。岩石类型多样,有黑云闪长岩、闪长岩、石英闪长岩、石英闪长玢岩、似斑状花岗闪长岩和花岗闪长斑岩等。在黄石-大冶-灵乡断裂带附近主要以铁铜矿为主,在黄石-大冶-灵乡断裂带以南以铜金钼钨多金属矿床为主。第二阶段岩浆活动形成的矿床,可进一步细分为4类:一是与花岗闪长斑岩类小岩体有关的矽卡岩-斑岩型铜钼、铜金、铜钨矿床;二是与铜绿山、阳新岩体闪长岩和石英闪长岩有关的矽卡岩型金铜、铜铁、铜(钼)矿床;三是与灵乡岩体有关的矽卡岩型铁矿床;四是与铁山岩体有关的矽卡岩型铁铜矿床。除与灵乡岩体和铁山岩体西段有关的矽卡岩型铁矿床外,这一阶段的矿床中均含金,可回收利用,有的形成以金为主的大型金矿床(如鸡冠咀和鸡笼山铜金矿)。

第三阶段岩浆活动(133~130Ma)属于早白垩世早期第一次,形成的岩体分布于黄石-大冶-灵乡断裂以北,包括鄂城岩体的主体、金山店以及王豹山岩体。主要岩石类型有闪长岩、石英闪长岩、闪长玢岩、石英二长岩、花岗岩和花岗斑岩等。与本阶段对应的成矿作用仅与其中的某次岩浆活动有关,且仅形成单一的矽卡岩型铁矿床,没有 Cu、Au、Mo、W 等有益元素共生,如与鄂城岩体有关的程潮、广山铁矿,与金山店岩体有关的张福山、余华寺、张敬简铁矿,与王豹山岩体有关的王豹山铁矿等。

第四阶段岩浆活动(130～125Ma)亦属于早白垩世早期第二次,实际上是第三阶段侵入活动相伴随的火山喷发活动,形成金牛和花马湖火山岩盆地的火山岩及一些超浅成岩脉。这一阶段尚未发现规模型工业矿床,仅在金牛火山岩盆地中发现一些铜多金属矿化点,如吴伯浩、叶家垅铜金矿化点等,尚未发现类似于宁芜地区火山岩盆地玢岩型铁矿或类似于内蒙古东部大兴安岭北部与中生代火山活动有关的斑岩-次火山岩型铜银铅锌矿,可能是鄂东南地区中生代大规模成矿作用的尾声,也可能与本地区工作程度低有关。

第二节 成矿在空间上的分布规律

区内铜铁金等多金属矿产与燕山期的中酸性侵入岩密切相关,岩浆岩的类型、与接触带的距离、围岩性质的不同决定了不同的矿床类型和矿化分带。一系列与成因联系的矿床(体)围绕同一成矿岩体有规律地分布。如铜绿山矿田,围绕铜绿山石英二长闪长玢岩体,自岩体(矿化中心)向外,矿化元素组合依次出现 Mo→Fe→FeCu→CuFe→CuS→PbZn,矿物组合依次出现辉钼矿、黄铁矿-磁铁矿、赤铁矿-黄铜矿、斑铜矿、磁铁矿-斑铜矿、辉铜矿、黄铜矿、磁黄铁矿-方铅矿、闪锌矿、黄铁矿,矿床类型也显现出接触交代(气化高温热液)-中低温热液型的产出规律。铜山口矿床,围绕铜山口小岩体,以岩体为中心,由内向外在矿物组合上依次出现黄铁矿、辉钼矿-辉钼矿、黄铜矿-黄铜矿、黄铁矿。

矿床的分布受印支运动和燕山运动的制约,主要受北西西向断裂影响,其次受北北东向和北东向的断裂及其断裂-接触复合带控制,具有北西西向成带、北北东向成串的总体特征。矿体均产于岩体与围岩的接触带及其附近,或产于岩体与碳酸盐岩断裂复合接触带、捕房体接触带,或产于岩体内外的断裂带及其旁侧分支裂隙,或赋存于岩体外围围岩不同岩性界面(硅钙面)或层间破碎带中。

受区内地质构造演化和构造特征差异的影响,矿化区域性分带较为明显。自南向北为铜钼、金→钨钼、铜→铜铁→铁铜→铁,自西向东则为铁→铁铜→铜硫、铅锌的分带特征。铁矿主要分布在西部鄂州-保安-金牛一带,大致呈"S"形分布;东部黄石-韦源口-广济则为铅锌矿化带;中部北为铁铜和硫矿化带;南为铜铁金及铜-金和锰矿化带;钨钼矿化带则在铜矿化带以南呈近东西向分布。

黄石-大冶-灵乡断裂以南的殷祖复式背斜核部及两翼和丰山洞向斜一带,为中生代隆起区,成矿与浅成、超浅成的石英闪长玢(斑)岩-花岗闪长斑岩类有关,形成的矿床主要为矽卡岩型、矽卡岩型-斑岩型、斑岩型及岩浆热液型。矿种多样,以铜为主,次为金、钨钼、银铅锌硫等。主要分布于东西断裂带、丰山矿田、铜山口—龙角山一带。

黄石-大冶-灵乡断裂附近,为中生代隆坳过渡区,成矿主要与中深—中浅成石英二长岩、石英二长闪长玢岩-花岗闪长岩类有关,形成的矿床主要为矽卡岩型,矿种以铜铁、铜、金铜为主。主要分布于阳新岩体西北段的铜绿山岩体周缘,阳新岩体北缘、西南缘及殷祖岩体北缘。

黄石-大冶-灵乡断裂以北,主要位于中生代坳陷区,成矿主要与中浅成闪长岩-石英闪长岩-花岗岩类有关,矿床类型以矽卡岩型为主。矿种以铁为主,伴有铜、硫、钴、石膏等,主要分布于灵乡岩体、铁山岩体、金山店岩体周缘和鄂城岩体南缘。铜硫主要分布于铁山岩体东段。

第三节 构造控矿规律

区内铜铁金等多金属矿产均随各大侵入体和一些小岩体成群成带产出,分布于岩体与围岩接触带附近,主要受岩体与围岩断裂复合接触带、捕虏体接触带、岩体内外的断裂带及其旁侧分支裂隙、岩体外围围岩不同岩性界面(硅钙面)或层间破碎带控制,少量浅成—超浅成岩体内伴有爆破角砾岩筒,控制矿体产出。

一、断裂复合接触带控矿

印支期北西西向和燕山期北北东向断裂与岩体侵入接触带复合部位构成的断裂复合接触带是本区最重要的控矿构造,控制了区内主要大中型矿床的产出。

(一)北西西向断裂复合接触带对矿床(体)的控制

北西西向断裂复合接触带是控制区内矿床(体)赋存的主要构造,以规模大、产状较陡、延深较大为特征,在平面上常呈舒缓波状或陡缓相间阶梯状,因而矿体呈透镜状或似层状,常具叠瓦状雁行斜列排列,延深也较大。常赋存于围岩凸入岩体的部位,剖面上,矿体肥大部分常位于陡缓转换处。

黄石-大冶-灵乡断裂以北,矿床主要产于岩体的南缘接触带,矿体倾向以向南为主,如程潮铁矿、张福山铁矿、大冶铁矿等;黄石-大冶-灵乡断裂以南,产于阳新岩体的北缘接触带的矿床,矿体倾向多向北,如鲤泥湖铜矿、石头咀铜铁矿、叶花香铜矿、赤马山铜矿等。与小岩体有关的产于岩体周缘接触带的矿体,倾向多向南,且多向南东方向侧伏,如丰山洞铜矿、鸡笼山铜金矿、阮家湾钨钼矿、白云山铜矿、铜山口铜矿、龙角山铜钨钼矿、付家山钨钼铜矿等。

(二)北北东向断裂复合接触带对矿床(体)的控制

北北东向断裂复合接触带主要见于阳新岩体西北端,矿体主要受断裂-接触构造破碎带控制,矿体在平面上,表现出一组出露深度不等的平行脉,呈狭长的透镜状,具尖灭再现,舒缓波状,在走向或倾向上有显著改变的地方,矿体变宽或变窄,主矿体在剖面上,单体矿脉常呈尖灭再现,后侧现、反"多"字形、反"多"字形排列。以铜绿山铜铁矿床最为典型,其他如鸡冠咀金铜矿床、下四房铜铁矿床、冯家山铜铁矿床等。

(三)接触带形态、产状对矿床的控制

陡倾斜波状接触带,接触交代作用强烈,形成矿体倾角较陡,延深大,规模大。如程潮铁矿、张福山铁矿、大冶铁矿、石头咀铜铁矿、叶花香铜矿等。

锯齿状接触带对成矿不利,或者形成较小的矿体。如阳新岩体西北段千家湾铜矿,灵乡岩体中段南缘接触带。

缓倾斜的接触带形成的矿体规模小、厚度薄,或者不成矿。

接触带由陡变缓或由缓变陡处,对成矿较为有利,常形成厚度较大的透镜状矿体。如程潮铁矿、鸡冠咀金铜矿、铜绿山XIII号矿体等。

与小岩体有关的筒状或蘑菇状接触带,矿体围绕接触带呈环形分布,在蘑菇颈部位矿体最为厚大。如铜山口铜矿、丰山洞铜钼矿。

岩体多次侵入接触带,矿体主要赋存在接触带及其附近的冷缩裂隙中。如猴头山铜钼矿。

二、捕虏体接触带控矿

捕虏体接触带控矿是指碳酸盐岩在岩体中呈半岛状（岛链状）捕虏体，岩体与碳酸盐岩发生接触交代作用而成矿。在铁山岩体和灵乡岩体中多见，大理岩捕虏体广泛分布，形成了众多中小型矽卡岩型铁（铜）矿床（体），在阳新岩体中主要见于浮屠街-四棵断裂带以西。这类矿床一般规模较小，矿体多产于捕虏体边部。

在铁山岩体北缘，矿体多产于捕虏体下部，受残留向斜控制，矿体厚大部位于核部呈"V"形锅底状，如铜坑铜铁矿；铁山岩体中东部及灵乡岩体中，矿体多受残留背斜构造控制，矿体常赋存在背斜近核部之翼部，如集宝庙铜铁矿床、磨石山铁矿床、大小脑窖铁矿、广山铁矿等；阳新岩体西北端，矿体多产于捕虏体的下盘或层间裂隙中，如鸡冠咀Ⅳ号矿体，铜绿山Ⅳ$_1$号矿体，也有整个捕虏体均为矿体占据的，如铜绿山Ⅷ号矿体。阳新岩体北缘捕虏体主要位于主接触带外侧约200m范围内，基本与主接触带平行，呈透镜状或似脉状，矿体产于接触带的边部。

三、岩体内外的断裂带及其旁侧分支裂隙控矿

控矿断裂主要发生在岩体内及其附近，受区域构造体系控制。北西向和北东向断裂多为印支期北西西向构造形成的共轭断裂，以剪切为主。受燕山期北北东向构造的影响，北北西向和北西向断裂活化引张，因此多表现为张扭性，其张性阶段控成矿。该类断裂切割深度较小，一般形成的矿床（体）规模较小、埋藏较浅，如大石山铁矿、陈子山金矿、美人尖金矿、张海金矿、阮家湾4号金矿体等。北北东向和北东向断裂一般为压扭性质，在压扭性质变化处常形成囊状或分支矿体，此类断裂在阳新岩体西北段控制矿床（体）比较明显，如大青山铁矿、黄牛山铁矿，铜绿山Ⅹ号和Ⅻ号矿体。

在北西西向断裂和北北东向断裂旁侧也常见伴生的羽状裂隙，控制矿体的产出，这类矿体一般呈透镜状，在剖面上呈雁行排列，平面投影呈似平行侧向排列，具有尖灭再现、侧列再现的分布规律。如鸡冠咀的Ⅲ号、Ⅳ号、Ⅵ号、Ⅶ号矿体，铜绿山的Ⅲ号矿体群等。

上述断裂交会处往往形成不规则囊状矿体。

四、岩体外围围岩不同岩性界面（硅钙面）或层间破碎带对矿体的控制

各时代地层的系、组、段中存在一些物理化学差异。

(1)在构造应力作用下形变效应有所不同，在刚性较强和塑性较大的岩层间普遍产生虚脱空间，具体表现为上下层之间的不协调和层间滑动破碎，控制矿体的产出。如中上奥陶统灰岩层间破碎带控制了李家山矽卡岩型钼矿，龙角山420矿体和520矿体受中石炭统内层间破碎带控制，铜山口Ⅱ号、Ⅴ号矿体受下三叠统大冶组内和大冶组与嘉陵江组的层间破碎带控制。

(2)含硅质的碎屑岩与碳酸盐岩物理化学性质差异较大，易形成地球化学障，矿液运移至此时沉淀富集成矿。如阮家湾Ⅰ号矿体，龙角山320矿体，马家山硫铁矿，胡云、宝山铅锌矿等受志留系—石炭系的硅钙面控制，下三叠系—中三叠统之间的硅钙面控制了铁山岩体北缘大多数的铁矿体。

五、爆破角砾岩筒对矿体的控制

在燕山期侵入的中酸性小斑岩体中,有由高温高压气液流体在地下快速上升并发生强烈的隐蔽爆破形成的隐爆角砾岩筒,含矿热液充填其中,形成矿体。如龙角山大面矿体,丰山洞、铜山口矿床形成的爆破角砾岩矿石。

第四节 区域成矿规律

区内铜铁金等内生金属矿床,与燕山期中酸性侵入活动有关,成矿受岩浆岩、地层和构造控制,一般铁矿受中—下三叠统嘉陵江组含膏盐的碳酸盐岩与岩浆岩的接触带控制,铁铜或铜铁矿受下三叠统大冶组、中—下三叠统嘉陵江组碳酸盐岩与岩浆岩的接触带控制,铜矿受石炭系—下三叠统碳酸盐岩与岩浆岩的接触带控制,钨钼矿多受奥陶纪—二叠纪碳酸盐岩与岩浆岩的接触带控制。成矿岩体为富碱—正常成分的闪长岩-石英闪长岩-花岗闪长岩-花岗岩类,均为壳幔同熔型中酸性岩体。

在空间分布上,以铁为主的矿床,主要分布在中生代坳陷盆地和火山岩盆地及其边缘,受富碱的中浅成闪长岩-石英闪长岩-花岗岩类控制;以铜(铁)金为主的矿床,主要分布在本区中部隆坳过渡区,受殷祖复背斜和大冶复向斜及中深—中浅成的石英二长闪长岩、石英二长闪长玢岩-花岗闪长斑岩控制;以铜钨钼为主的矿床,主要分布在本区南部中生代隆起区,受殷祖复背斜控制,其次为丰山洞复式向斜及超浅成的石英闪长玢岩-花岗闪长斑岩体(以小岩体为主)控制。一系列有成因联系的矿床(体)围绕同一成矿岩体有规律地分布,自岩体(矿化中心)向外,矿化元素组合依次出现从高温到低温的产出规律。矿床的分布具有北西西向成带、北北东向成串的总体特征。矿体均产于岩体与围岩的接触带及附近,或产于岩体与碳酸盐岩断裂复合接触带、捕房体接触带,或产于岩体内外的断裂带及其旁侧分支裂隙,或赋存于岩体外围围岩不同岩性界面(硅钙面)或层间破碎带中。

在时间分布上,南部(丰山矿田、东西断裂带)以形成铜钼钨矿为主,为第一期岩浆活动早阶段石英闪长玢岩-花岗闪长斑岩成矿;中部(阳新岩体接触带)以形成铜(铁)金为主,受第一期岩浆活动晚阶段石英二长闪长岩、石英二长闪长玢岩-花岗闪长斑岩控制;北部以形成铁矿为主,自南向北,由灵乡岩体、铁山岩体等第一期岩浆活动晚阶段的闪长岩成矿,演变为金山店岩体、鄂城岩体等第二期岩浆活动的二长闪长岩、石英二长岩-花岗岩成矿。

区内的成矿物质部分来自浅部岩浆岩,绝大部分来自深部分异的岩浆期后热液。区内燕山期壳幔混合的同熔型岩浆上侵至下地壳、基底地层后,在中间岩浆房停留,引起岩浆分异。停留在不同深度的岩浆房被深大断裂沟通后,岩浆沿断裂上侵,形成受印支期和燕山期两期断裂构造控制的侵入岩,与碳酸盐岩发生接触交代作用,形成矽卡岩,并有铜硫金矿化体形成,但规模不大,品位不高。当仍在活动的断裂-接触构造沟通深部岩浆房,在深部岩浆房中分异的含矿热液沿岩体与围岩的断裂-接触复合带不断上涌,随着含矿热液的温度、压力下降,遇断裂带内的含氧地下水、碱性热水溶液后(碳酸盐岩是强碱弱酸盐,水解后呈弱碱性),含矿热液的pH、Eh值发生变化,矿质不断沉积,在断裂-接触复合带部位不断沉淀,形成厚大的工业矿体。这种多期次成矿热液活动形成的矿石多具有角砾状构造,矿石矿物组合复杂,呈现多世代特征。因此区内简单的侵入接触构造往往只形成矽卡岩和矽卡岩型矿化体,若岩体侵入后接触带构造迅速愈合,没有深部含矿热液的不断补充,不能形成厚大的工业矿体;只有岩体侵入仍在活动的与深部含矿流体沟通的断裂-接触复合带,才能形成多期次的热液活动,从而有深部含矿热液的不断补充,最终形成工业矿体。

区内成矿属与中生代中酸性岩浆侵入作用有关的铁铜铅锌金银硫钨钼硅灰石成矿系列（李均权，2005），根据成矿环境、成矿岩体和成矿作用的差异可以划分为4个成矿亚系列。

(1) 与中浅成闪长岩-石英闪长岩-花岗岩类有关的铁、铜、硫、钴、石膏矿床成矿亚系列：主要分布于中生代盆地区或盆地边缘，成矿岩浆岩主要为燕山中晚期中浅成闪长岩-石英闪长岩-花岗岩类，围岩为中—下三叠统灰岩、白云岩、含膏白云岩等，形成矿产以铁为主，伴有铜、硫、钴、石膏等，矿床类型以矽卡岩型为主。主要代表性矿床有程潮铁矿、大冶铁矿、张福山铁矿、刘家畈铁矿、大广山铁矿和巷子口铜硫矿。

(2) 与中深—中浅成的石英二长闪长岩、石英二长闪长玢岩-花岗闪长岩类有关的铜、铁、硫、金、银、钨、钼、硅灰石成矿亚系列：主要分布于中生代隆坳过渡区，成矿主要为燕山中晚期中深—中浅成石英二长岩、石英二长闪长玢岩-花岗闪长岩类，围岩为石炭系—下三叠统含硅质结核（条带）灰岩、灰岩、白云岩等，形成矿产以铜铁、铜、金铜为主，伴有钨钼、硫、硅灰石等，矿床类型以矽卡岩型为主。主要代表性矿床有铜绿山铜铁矿、鸡冠咀金铜矿、桃花嘴铜金铁矿、石头咀铜铁矿、鲤泥湖铜钼矿、叶花香铜矿、赤马山铜矿、冯家山铜硅灰石矿、凤头金矿、赵家湾铜矿、欧阳山铜矿、胡家湾钼矿、马岭山钨矿等。

(3) 与浅成、超浅成的石英闪长玢(斑)岩-花岗闪长斑岩类有关的铜、金、钼、硫矿床成矿亚系列：主要分布于中生代隆起区，殷祖复式背斜核部及两翼和丰山洞向斜一带，成矿岩体为一系列燕山早中期浅成、超浅成的石英闪长玢(斑)岩-花岗闪长斑岩类小岩体，围岩为奥陶系至下三叠统灰岩、白云岩和砂页岩等，形成矿产以铜、金、钨为主，矿床类型多样。与碳酸盐岩接触时以矽卡岩型为主，与砂页岩接触时以斑岩型为主，尚有受硅钙面控制的层控矽卡岩型。代表性矿床自南向北有鸡笼山铜金矿、丰山洞铜钼矿、阮家湾钨钼铜矿、白云山铜矿、铜鼓山铜矿、铜山口铜矿、龙角山铜钨矿、付家山钨钼铜矿、陈子山金矿、金井咀金矿等。

(4) 与燕山期岩浆热液活动有关的金、银、铅、锌矿床成矿亚系列：主要分布于燕山期岩浆岩的外围，明显受到岩浆热液作用的影响，但矿质不仅来自于岩浆，而且尚有地层的供给，矿床或直接分布在侵入岩浆岩附近，或与岩浆侵入体呈间接关系。矿质来源常反映为岩浆与地层的混合供给，硫同位素反映为生物硫和地幔硫或硫酸盐硫的混源特征。成矿围岩有古生界和下三叠统碳酸盐岩、碎屑岩及燕山期的石英闪长(玢)岩。该类矿床主要受断裂破碎带或层间破碎带控制。代表性矿床主要有曹家山金矿、银山铅锌银锰矿、张海金矿、美人尖金矿、狮子立山铅锌锶矿等。

第五节　区域成矿模式和成矿模型

鄂东南矿集区的成矿与两期岩浆活动密不可分，第一期岩浆活动(151～135Ma)主要形成与中酸性侵入岩有关的铁铜多金属矿床；第二期岩浆活动(135～125Ma)主要形成与侵入-喷发岩有关的铁多金属矿床。

一、与第一期岩浆活动中酸性侵入岩有关的铁铜等多金属矿床成矿模式

前已述及，区内与第一期岩浆活动有关的、赋存于岩体接触带及附近的斑岩型和矽卡岩型 Fe、Cu、Mo、Au 等成矿元素主要来源于深部，与岩浆岩有密切的成因联系。成矿流体以高温、高盐度流体向低温低盐度流体演化，成矿早阶段和主成矿阶段主要为岩浆流体，而晚期阶段有大量大气降水的加入。铜、钼、钨、金多金属矿 $\delta^{34}S$ 为 $-0.1‰\sim3‰$，显示深源陨石硫的特征；铁矿、铁铜矿 $\delta^{34}S$ 主要为 $5‰\sim21.3‰$，受区内膏盐层的影响，显示有地层硫的加入。

除了赋存于岩体接触带及附近典型的斑岩及矽卡岩矿床外,在接触带外围的围岩中,还有主要赋存在碳酸盐岩地层(如鸡冠咀铜金矿床)中呈现层状的(Manto型)矿体,矽卡岩不发育,往往受地层中某一层位的构造薄弱带控制,如层间滑脱带、层间破碎带等。

近年来,本区在地层中已经陆续发现了十几个类卡林型金矿床或矿点,主要集中分布在两个成矿区,丰山矿田和美人尖矿田。丰山矿田包括斑岩-矽卡岩型金铜钼矿床(产于接触带附近)、热液脉型多金属(金)矿床(产于外接触带大理岩中)及卡林型金矿床(产于斑岩体远端的碳酸盐岩地层中)(图5-1)。成矿与燕山期斑岩体(脉)时空关系密切,金矿分布于斑岩体周围,产于斑岩体远端的大理岩化不发育的碳酸盐岩地层中,成矿时代为燕山期,是斑岩成矿系统远端的产物。

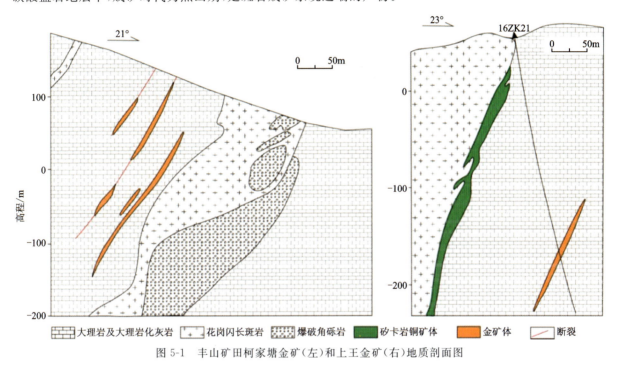

图 5-1 丰山矿田柯家塘金矿(左)和上王金矿(右)地质剖面图

美人尖矿田位于殷祖岩体外围,矿田内张海、西山、美人尖、陈家寨等金矿床(点)成群成带展布,矿化体一般严格受断裂构造控制,赋矿地层为志留系细碎屑岩(图5-2),现有的研究也表明,其成矿时代为燕山期,与岩浆作用有一定的关系,也应是斑岩成矿系统远端的产物。

综上所述,鄂东南地区与第一期岩浆活动有关的矿床以(斑)岩体为中心向外扩散在岩体内形成斑岩型(隐爆角砾岩)、捕房体矽卡岩型,在接触带形成矽卡岩型,在接触带外侧围岩地层内层间滑脱带、层间破碎带、硅钙不整合面形成 Manto 型,在外围受断裂及裂隙控制的中低温热液型或类卡林型矿床(体)"四位一体"成矿样式(图5-3)。因而在今后找矿工作中除围绕岩体接触带寻找斑岩-矽卡岩型矿体外,还要注意侵入岩体(如阳新岩体及铁山岩体)周围的层状矿体、外围类卡林型金矿。

二、与第二期岩浆活动侵入-喷发岩有关的铁多金属矿床成矿模式

长江中下游地区的火山岩盆地中发现了众多的铁矿床,主要包括产于次火山岩体顶部或内部及火山岩内部的具有阳起石-磷灰石-磁铁矿组合的玢岩型(Kiruna型)铁矿床;产于碳酸盐岩或火山岩接触带,具有典型矽卡岩矿物组合的矽卡岩型矿床;产于岩体或次火山岩中的脉状或角砾状热液矿床。三者之间具有成因联系,如宁芜盆地中最典型的 Kiruna 型矿床是凹山式及陶村式铁矿床,其矿石中的流体包裹体具有高温(600~800℃)、高盐度(最高可达约80%)、高铁含量(含铁的氧化物子矿物)的特征(马

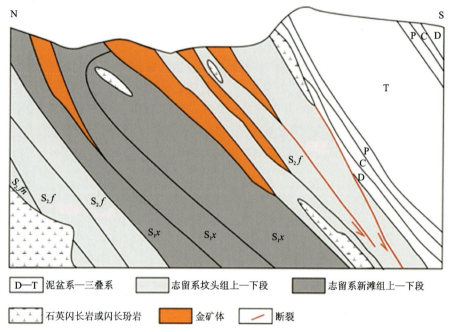

图 5-2　张海微细浸染型金矿地质剖面图

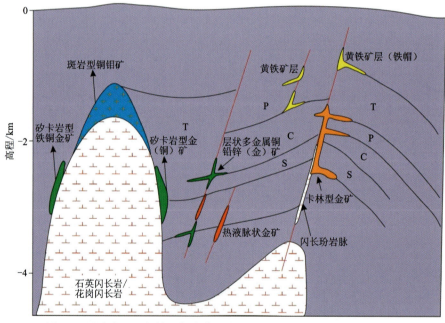

图 5-3　鄂东南地区与第一期岩浆活动成矿模式示意简图（据张伟，2015）

芳等，2009）。而矽卡岩及脉状磁铁矿矿床的矿物共生组合与典型的矽卡岩型铁矿床类似，成矿温度也偏低（宁芜研究项目编写小组，1978；Zhou et al.，2011）。由于这些矿床的形成时代一致，空间关系也非常密切，因而宁芜盆地中的 Kiruna 型铁矿床与矽卡岩型铁矿床组成一个完整的成矿系列。

鄂东南矿集区第二期岩浆活动形成的程潮铁矿、金山店矽卡岩型铁矿等，以及与金牛火山岩盆地新发现的 Kiruna 型铁矿床在形成时代上一致，空间上关系密切，具有成因上的联系，二者同样也可组成一个完整的成矿系列。

(一)矽卡岩型铁矿成矿过程

区内第二期岩浆活动形成的富钠闪长岩类主要为中基性闪长岩类,产于本区北西部坳陷区,与铁矿成矿关系密切。第二期岩浆活动形成的闪长岩和花岗岩的母岩浆与第一期岩浆活动形成的岩浆岩相似,都是由岩浆系统深部提供的交代地幔供给。深部岩浆分异过程中含铁热液流体与富钠闪长质岩浆分异比较完全,在岩浆演化的中晚期阶段,部分岩浆同化混染早三叠世碳酸盐岩地层,从而使形成的第二期岩浆岩相比于早期形成的岩浆岩具有更高的 $^{87}Sr/^{86}Sr$ 和更负的 $\varepsilon_{Nd}(t)$ 值,形成的硫化物具有更高的 $\delta^{34}S$ 值。岩浆在中深侵位条件下,成岩时围岩及地温较高,岩浆温度下降较缓慢,当深部分异产生的岩浆热液成矿流体到达压力较高、较封闭的成矿环境时,不会发生强烈的气化分离,使得岩浆结晶到气液交代形成一个统一连续的矽卡岩铁矿成矿过程。

(二)金牛火山盆地早白垩世岩浆活动及铁矿床

金牛火山盆地是长江中下游地区火山盆地的重要组成部分(周涛发等,2011)。由于火山岩出露区内仅发现若干热液脉状铁矿化点,尚未见有经济价值的矿床,因而大多数人认为本区没有典型的玢岩型矿床(周涛发等,2011)。但在盆地周围还发现有与火山岩同时代(约130Ma)的侵入岩及各类矿床,如与鄂城岩体有关的程潮铁矿床和与金山店岩体有关的王豹山、金山店铁矿床(Li et al.,2009;Xie et al.,2012)。除此之外,盆地周围还出露了大量与上述岩体和铁矿床同时代的基性岩脉,主要出露在王豹山以及灵乡式铁矿床区附近(Li et al.,2009)。

从宁芜及庐枞火山盆地来看,两个盆地不仅火山岩十分发育,而且出露与火山岩近于同时的浅成侵入体(周涛发等,2011)。庐枞盆地中侵入岩的出露总面积达数百平方千米,单个岩体出露面积从0.1~50km² 不等,黄梅尖岩体出露面积约57km²(毛建仁等,1990;张乐骏,2011),它们主要分布在盆地边缘。宁芜盆地中侵入岩出露总面积大于100km²,单个岩体面积从小于3km²至15km²(毛建仁等,1990),主要侵位于盆地中心的大王山组火山岩中。火山盆地中的火山岩及其周围的侵入岩构成了一个完整的火山-侵入杂岩系统。与此相对应,我们认为鄂东南地区与金牛盆地中火山岩近于同时代的侵入岩也是金牛盆地岩浆活动的重要组成部分,与盆地中的火山岩组成一个完整的火山-侵入杂岩系统。由于鄂东南西部地区大部分被古近纪至第四系地层所覆盖,因而金牛盆地所涉及的范围可能比出露的范围大很多。金牛盆地、宁芜盆地和庐枞盆地均沿北东方向展布,表明受北东向构造所控制。从新划分的金牛盆地范围来看,与侵入岩密切相关,形成于约130Ma的矽卡岩型及热液脉状铁矿床应归属于新划分的盆地范围。这些铁矿床包括鄂东地区最大的程潮矽卡岩型铁矿床、金山店大型铁矿床以及王豹山等一些小型热液脉状铁矿床,其储量已占本区探明铁矿储量的一半以上。程潮铁矿床及金山店铁矿床的成矿时间与火山岩近于同时,空间上离火山岩不远或位于侵入体的接触带上,为典型的接触交代型铁矿床。王豹山及广山等热液矿床发育硅化、绿泥石化及碳酸盐化等中低温蚀变,但矽卡岩化不发育,表明这些矿床的形成可能与赋矿围岩没有直接联系,而可能是深部岩浆热液沿构造裂隙上升在浅部充填成矿的结果。

小包山矿区内切割磁铁矿矿体的辉绿岩岩脉的锆石U-Pb定年结果表明其侵位时间约为130Ma,可能近似代表了小包山及广山等灵乡式热液矿床的成矿时代。综上所述,上述矽卡岩型铁矿床及热液脉状矿床均形成于早白垩世130Ma左右。

这些矿床中黄铁矿等硫化物显著富集重硫同位素(表5-1),明显不同于与第一期岩浆活动有关的铁铜矿床(一般小于5‰)。相对区域上其他矿床,这些铁矿床的形成深度及成矿岩体的侵位深度较浅,一般在大冶组之上。这些侵位较浅的岩浆岩更容易混染膏盐层,从而表现出明显富集重硫的特征(Pan et al.,1999),其Sr-Nd同位素也具有比铁铜及铜钼矿床更加富集的同位素特征(Xie et al.,2011)。显示约130Ma含矿岩浆在形成过程中就已经混染了含膏盐层,膏盐层的加入使岩浆及从岩浆中出溶的热液富集氯和钠等组分,其中氯与熔体中的铁形成络合物并大量进入岩浆热液,最终形成富铁流体,而钠的富集则可以解释与铁矿床有关的广泛的钠化(如方柱石化、钠长石等)。

表5-1 鄂东南金牛盆地内典型铁矿床地质特征(据胡浩,2014)

典型矿床	矿床类型	近矿地层		矿床赋存部位	主要矿石矿物	主要蚀变类型	硫同位素/‰	成岩成矿时代	相似矿床
		层位	岩性						
王豹山	赋存在火山岩中的热液型	K_1	砾岩、火山岩	层间断裂带	赤铁矿、磁铁矿、黄铁矿	硅化、绿泥石化、碳酸盐化、石榴子石化	14.64~18.64	王豹山岩体SHRIMP锆石U-Pb(132~127Ma)	梅山、王母尖
程潮	接触交代型	T_2	含石膏碳酸盐岩、砂页岩夹碳酸盐岩	接触带、断裂叠加接触带	磁铁矿、黄铁矿、菱铁矿	钠长石化、钠柱石化、金云母化、蛇纹石化、碳酸盐化、石膏化	10.3~15.1	与矿体关系密切的石英闪长岩及花岗岩的LA-ICP-MS锆石U-Pb年龄约为130Ma	张福山、广山、余华寺、李万隆
脑窖	赋存在侵入岩中的热液型	T_1	碳酸盐岩	接触带、断裂	赤铁矿、磁铁矿、黄铁矿	硅化、碳酸盐化、绿泥石化	18.0~20.3	LA-ICP-MS锆石U-Pb年龄成矿前玄武质安山岩为(129.0±1.5)Ma,成矿后辉绿岩年龄为(126.6±1.5)Ma	广山、刘岱山

综上所述,金牛盆地及周围出露的铁矿床与宁芜及庐枞盆地的铁矿床类似,它们均与早白垩世130Ma左右的火山岩或次火山岩有关,具磁铁矿-磷灰石阳起石矿物组合的Kiruna型铁矿床与矽卡岩型铁矿床及脉状或角砾状磁铁矿床具有成因上的联系,从而组成一个完整的成矿系列。

(三)金牛火山岩盆地及周边铁矿床与宁芜及庐枞盆地铁矿床的联系

大量的同位素年代学结果,以及王豹山地区和灵乡铁矿床磁铁矿结构和成分的精细研究表明磁铁矿的微量元素明显受到围岩成分和水-岩比的控制,而且与岩体中岩浆磁铁矿微量元素明显不同。结合流体包裹体的证据我们认为磁铁矿是高温、高盐度富铁流体因物理化学条件的急剧变化而发生沉淀所形成的,为典型的矽卡岩型铁矿,而非矿浆型铁矿。矿体中热液榍石和磷灰石的U-Pb定年结果表明,王豹山、梅山及王母尖铁矿床形成时代均为130Ma,与金牛盆地火山岩的形成时代基本一致。

庐枞和宁芜火山岩盆地中发育有近60个磁铁矿-磷灰石型矿床,最近的U-Pb及Ar-Ar同位素年代学结果显示赋矿的闪长玢岩与磁铁矿-磷灰石矿石的年龄分别为(131.2±3.1)~(129.2±1.7)Ma和(131.1±1.9)~(129.1±0.9)Ma。说明鄂东南地区和宁芜及庐枞火山岩盆地中出现的磁铁矿-磷灰石矿石都形成约130Ma的同一成矿事件。金牛火山岩盆地边缘发现的磁铁矿-磷灰石矿具有与宁芜盆地典型的玢岩型铁矿(Kiruna型)一致的矿物组合。成岩成矿年代学研究显示成矿与闪长玢岩密切相关,都形成于早白垩世。鄂东南地区可能存在与庐枞及宁芜盆地类似的玢岩型(Kiruna型)铁矿床,具有很好地寻找玢岩型铁矿床的潜力。磁铁矿-磷灰石矿石在时间和空间上与矽卡岩型铁矿床具有密切的联系,暗示两类矿床之间存在密切的成因联系。

另外,在矽卡岩矿床内发现同时代的磁铁矿-磷灰石型矿体,显示这两类矿体是在同一岩浆热液体系中形成的,即在超高温(约800℃)形成玢岩型铁矿床,而在晚阶段(约400℃)形成矽卡岩型铁矿床(图5-4)。

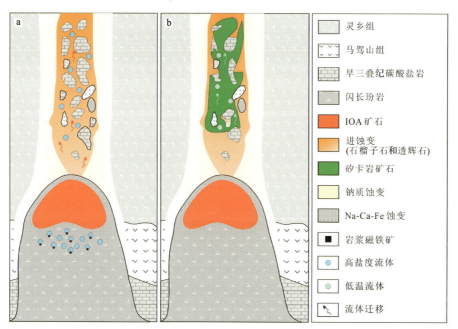

图5-4 王豹山铁矿床成矿模式示意图(据Hu et al.,2020)
(a.早阶段形成玢岩型铁矿床;b.晚阶段形成矽卡岩型铁矿床)

(四)金牛火山岩盆地玢岩型铁矿成矿潜力

王豹山、灵乡及附近的程潮和金山店铁矿床的形成时间集中在(132±2)~(127.5±1.6)Ma(Li et al.,2009;Xie et al.,2012),而金牛火山盆地内的形成时间为(127±2)~(125±2)Ma,灵乡组的形成时间为(128±1)Ma,马架山组的形成时代为(130±2)Ma(Xie et al.,2011)。庐枞盆地和宁芜盆地的玢岩型铁矿成矿岩体与火山岩呈侵入接触关系,形成时间应略晚于火山岩(宁芜研究项目编写小组等,1978)。金牛火山岩盆地出露最广泛的大寺组火山岩喷发时代明显晚于本区铁矿床的形成时代(约130Ma),因而不太可能成为铁矿床的赋矿层位。位于大寺组之下的灵乡组及马架山组才是玢岩铁矿的有利赋矿层位(图5-5)。

宁芜及庐枞盆地玢岩型铁矿床最有利的赋矿层位为早旋回火山岩,形成时间略早于玢岩体。其中庐枞盆地最有利的赋矿层位为早旋回砖桥组,是罗河铁矿及泥河铁矿的赋存层位(张乐骏,2011)。宁芜盆地玢岩型矿床最有利的赋矿层位也为早期火山喷发旋回大王山组,盆地中心的凹山、陶村、东山等矿床都赋存在这个层位(宁芜研究项目编写小组等,1978)。鄂东地区金牛盆地的早期火山旋回为马架山组和灵乡组。有限的资料显示,本区产于火山岩中的铁矿床如王豹山铁矿的赋矿层位即为灵乡组。由于灵乡组出露面积有限且被上覆大寺组火山岩覆盖,因而迄今为止本区发现的直接赋存在火山岩中的铁矿床较少(图5-5)。

宁芜盆地中早旋回火山岩娘娘山组和姑山组占盆地内火山岩出露面积的5%左右,但是火山岩区的侵入岩体数目最多,显示宁芜盆地剥蚀程度比庐枞盆地和金牛盆地要高。巧合的是,宁芜盆地探明的铁矿储量在3个火山盆地中规模最大,达$27×10^8$t,是长江中下游最大的铁矿床聚集区(周涛发等,

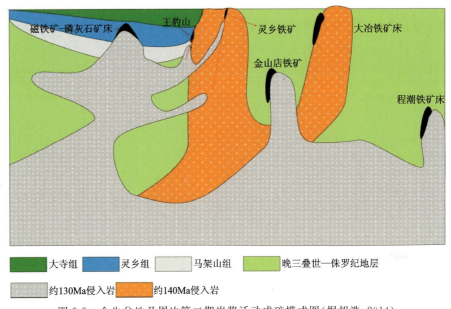

图 5-5　金牛盆地及周边第二期岩浆活动成矿模式图（据胡浩，2014）

2009）。可以认为，宁芜盆地由于剥蚀程度高导致与玢岩体有关的铁矿床大多数剥露地表或者接近地表，因而探明储量最大。而金牛盆地出露的火山岩主要以晚旋回的大寺组为主，占全区出露火山岩面积的95%以上。早旋回的灵乡组及马架山组只有零星出露，且火山岩中极少有侵入岩的出露（图5-5），表明金牛盆地剥蚀程度较低，早期火山岩保存相当完整。

金牛盆地的遥感资料解译显示，盆地深部可能存在侵入体，主要分布在火山岩区和西南部覆盖区（翟裕生，1992），具有形成如宁芜盆地磁铁矿-磷灰石矿床的可能和潜力（图5-5）。今后在鄂东南地区需注意在金牛盆地内部寻找玢岩铁矿床的上部矿体，即赋存在盆地次火山岩顶部与火山岩接触带的富矿体。由于本区火山岩剥蚀程度相对较低，向"上"找磁铁矿-磷灰石型（Kiruna型）铁矿床还有很大的潜力。随着区域浅部矿的发现殆尽，面向深部开辟第二找矿空间应成为未来找矿的主攻方向。众多学者通过研究表明宁芜盆地及庐枞盆地的矿床组合和矿床地质特征，提出这些火山盆地深部的三叠系中很可能存在大冶式铁矿（林刚等，2010）。金牛盆地外围程潮及金山店大型铁矿床的发育无疑对宁芜盆地寻找第二空间大冶式铁矿具有非常重要的启示。

三、区域成矿模型

鄂东南地区成矿主要与两期岩浆活动有关，第一期岩浆活动主要发育在隆起区，以（斑）岩体为中心向外扩散，在岩体内形成斑岩型，在接触带处形成矽卡岩型，在接触带外侧围岩地层内层间滑脱带，层间破碎带、硅钙不整合面形成Manto型，在外围是受断裂及裂隙控制的中低温热液型或类卡林型矿床（体）"四位一体"成矿样式。第二期岩浆活动主要分布于坳陷区，在火山岩盆地边缘或深部形成矽卡岩型铁矿，在火山岩盆地内形成与次火山岩有关的玢岩型（Kiruna型）铁矿或次火山型（斑岩型）铜多金属矿。在今后找矿工作中要注意侵入岩体（如阳新岩体及铁山岩体）周围的层状矿体、外围卡林型金矿。同时除了关注与侵入岩有关的矿化以外，还要注意与火山岩-次火山岩有关的玢岩型（Kiruna型）铁矿或次火山型（斑岩型）铜多金属矿（含火山岩内脉状铜金矿体），区域"三位一体"成矿模式与找矿预测地质模型见图5-6。

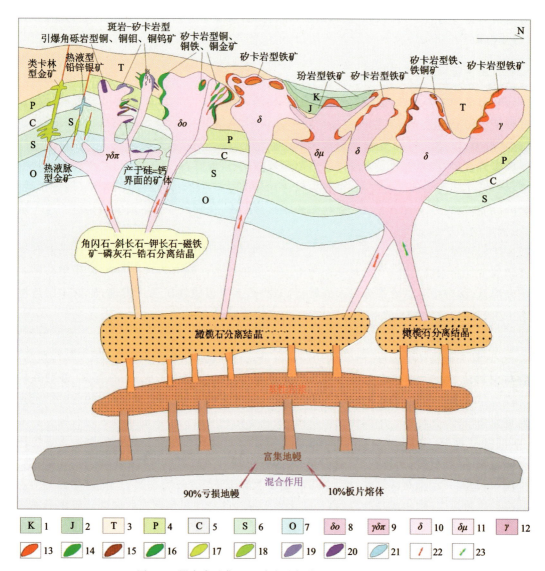

图 5-6　鄂东南矿集区区域成矿与找矿预测地质模型图

1.白垩系；2.侏罗系；3.三叠系；4.二叠系；5.石炭系；6.志留系；7.奥陶系；8.石英闪长岩；9.花岗闪长斑岩；10.闪长岩；11.闪长玢岩；12.花岗岩；13.铁矿；14.铜矿；15.铁铜矿；16.铜铁矿；17.金矿；18.铜金矿/金铜矿；19.铜钼矿/钼矿；20.铜钨矿/钨矿；21.铅锌银矿；22.第一期岩浆活动；23.第二期岩浆活动

（一）第一期岩浆活动"三位一体"成矿模式找矿预测要素

1. 成矿地质体

成矿地质体主要有殷祖岩体，阳新岩体，铜绿山、铜山口、阮家湾等小岩体，灵乡岩体，铁山岩体。成铜、金等多金属矿的岩体岩性以中酸性的石英闪长岩、花岗闪长斑岩等为主，成铁铜、铜铁矿的岩体岩性以中基性的闪长岩为主，它们的同位素年龄多在 150～135Ma 之间。

2. 成矿构造与成矿结构面

成矿构造主要为断裂-接触复合构造、捕虏体接触带构造、岩体内外断裂带及其旁侧分支裂隙、岩体外围岩不同岩性界面（硅钙界面）、围岩层间破碎带、爆破角砾岩筒。

成矿结构面主要为岩体与围岩的接触面、岩体及围岩内裂隙面、不同岩性界面（硅钙界面）、断裂面、断裂-接触复合面等。

3. 成矿作用特征标志（成矿阶段）

成矿活动具多期多阶段性，成矿作用多是以一到两个期次为主的多期次叠加的成矿过程。单期次的成矿过程大致可分为2个成矿期5个成矿阶段，即矽卡岩期及其包含的早期矽卡岩阶段、晚期矽卡岩阶段、氧化物阶段，以及石英-硫化物期包含的早期硫化物阶段、晚期硫化物阶段。

早期矽卡岩阶段，也称干矽卡岩阶段。主要形成硅灰石、透辉石、钙铁辉石、钙铝榴石、钙铁榴石、方柱石等岛状和链状的无水硅酸盐矿物，也有少量含水硅酸盐矿物如符山石，属于高温超临界条件，不伴随硫化物的沉淀，在镁矽卡岩中可形成磁铁矿和硼酸盐矿物，在钙矽卡岩中形成白钨矿。这一阶段是矽卡岩型铁、钨矿的成矿早阶段。

晚期矽卡岩阶段，也称湿矽卡岩-磁铁矿阶段。主要形成阳起石、透闪石、角闪石、绿帘石类等带状或复杂链状构造的含水硅酸盐矿物，对早期矽卡岩阶段形成的矿物具有明显的交代作用。这一阶段由于温度逐渐降低，溶液中的铁除部分进入硅酸盐矿物外，大量以磁铁矿形式出现，矿化作用是在接近超临界状态下进行的。此阶段为矽卡岩型铁、钨矿的成矿主阶段之一。

氧化物阶段，介于矽卡岩期和石英-硫化物期之间，具有过渡性质。主要形成长石类矿物如正长石、酸性斜长石，云母类矿物如金云母、白云母及少量的黑云母。此外，还有少量的石英、萤石和绿帘石等。矿石矿物有白钨矿、锡石、赤铁矿、少量磁铁矿，后期有少量的硫化物形成，如辉钼矿、磁黄铁矿和毒砂等。此阶段也是矽卡岩型铁、钨矿的成矿主阶段之一，同时是矽卡岩型铜、钼、金矿的成矿早阶段。

早期硫化物阶段，又称高—中温硫化物阶段、铁铜硫化物阶段。生成的脉石矿物有绿泥石、绿帘石、绢云母、碳酸盐矿物等，主要是交代早期硅酸盐矿物并形成萤石和石英。矿石矿物主要是各种铜、铁、钼、铋、砷的硫化物，如黄铜矿、黄铁矿、磁黄铁矿、毒砂、辉铋矿等。这一阶段是矽卡岩型铜、钼、金矿的成矿主阶段，也是高—中温热液型铜、钼、金矿的成矿主阶段。

晚期硫化物阶段，又称碳酸盐阶段、铅锌硫化物阶段。除交代早期形成的硅酸盐矿物形成绿泥石和绢云母等外，还有大量石英，特别是碳酸盐类矿物明显增多。金属矿物主要为方铅矿、闪锌矿、黄铁矿和黄铜矿，此阶段的矿物主要是在中—低温热液条件下形成的，是矽卡岩型铜、金矿的成矿晚阶段，亦为中低温热液型铅锌银矿的成矿主阶段。

（二）第二期岩浆活动"三位一体"成矿模式找矿预测要素

1. 成矿地质体

成矿地质体主要有鄂城岩体、金山店岩体、王豹山小岩体和灵乡岩体，以及保安—太和—灵乡一带的金牛盆地火山岩体、次火山岩体。与矽卡岩型铁矿有关的侵入岩岩性以中基性的闪长岩为主，与Kiruna型铁矿有关的次火山岩岩性以中基性的闪长玢岩为主，其同位素年龄多在135~125Ma之间。

2. 成矿构造与成矿结构面

成矿构造主要有陆相火山喷发盆地、火山机构、火山原生断裂构造，次火山岩体接触带与区域构造叠加复合构造、接触带构造、断裂-接触复合构造等。

成矿结构面主要为火山岩性岩相构造（火山岩型岩相界面、火山岩和沉积岩界面）、火山构造面（火山机构及其由火山喷发活动行程的放射状、环状断裂面）、次火山岩体构造（次火山岩体顶部接触带、裂隙面）、次火山岩/侵入岩与碳酸盐岩的接触面等。

3. 成矿作用特征标志(成矿阶段)

第二期岩浆活动中的矽卡岩型铁矿成矿阶段与第一期岩浆活动成矿阶段类似。

Kiruna型铁矿成矿阶段划分为以下几个阶段：钠长石-阳起石-透闪石阶段(第Ⅰ阶段)、磷灰石-金云母-磁铁矿阶段(第Ⅱ阶段)、赤铁矿-黄铁矿-石英阶段(第Ⅲ阶段)和碳酸盐阶段(第Ⅳ阶段)，其中钠长石-阳起石-透闪石阶段为成矿早阶段，磷灰石-金云母-磁铁矿阶段为成矿主阶段，赤铁矿-黄铁矿-石英阶段和碳酸盐阶段为成矿晚阶段。围岩蚀变的空间分布自下而上为：深部发育浅色蚀变带，是成矿早阶段钠化产物，由含辉石的钾钠长石岩、钠长石岩构成，厚250~350m，矿化微弱；次火山岩体上部至接触带附近的安山质火山岩的深色蚀变带，是成矿主阶段蚀变叠加早期蚀变形成的，主要岩石类型为透辉石-磷灰石-磁铁矿-钠长石岩，为主矿体赋存部位，厚度300~400m；上部浅色蚀变带，在早期青磐岩化、硬石膏化蚀变基础上叠加成矿晚阶段蚀变，由下向上发育黄铁矿-硬石膏带、硅化带、明矾石化带、高岭石化带和泥化带。

第六章 深部找矿进展与成果

鄂东南地区自 2005 年开展大冶铁矿危机矿山接替资源勘查试点项目以来，深部找矿工作取得了显著成效。大冶铁矿、铜绿山铜铁矿、鸡冠咀金铜矿、丰山铜矿等危机矿山接替资源勘查均取得重大找矿突破，探求了一大批资源储量。2010 年以来开展的整装勘查项目，在铜绿山、许家咀、付家山等矿床均取得了找矿突破，后续商业跟进的鸡冠咀-桃花嘴矿区深部普查、详查和铜绿山矿区外围普查等勘查项目也取得了重大突破，新增 333 及以上资源量：铜金属量 $82.80 \times 10^4 t$，铁矿石量 $7908.11 \times 10^4 t$，金金属量 68.49t，三氧化钨金属量 $3.30 \times 10^4 t$，钼金属量 $0.79 \times 10^4 t$。

同时，通过深部找矿工作，深化了本区成矿理论认识和方法技术应用：一是认识到区内矿床主要与燕山期岩浆活动有关，继承并深化了成矿物质来源、构造控矿和矿体分布规律的认识，认为多期次岩浆作用控制多期次成矿，复杂的侵入断裂-接触复合带是形成工业矿体的重要因素，更加强调复合构造对成矿的控制，更加注重界面成矿理论的应用，从而提出了老矿山及已知矿点深边部找矿和盆地边缘、硅钙界面铜多金属矿、沉积岩中金矿等深部找矿新方向；二是通过总结区内深部找矿过程中大量运用的高精度重力、高精度磁法、激电测深、可控源音频大地电磁测深（CSAMT）、井中物探和大比例尺岩石（土壤）地球化学测量、钻孔原生晕测量等多种深部找矿方法以及微动勘探、广域电磁法等新方法新技术的应用情况，结合深部找矿勘查成果认识，创新了区内勘查思路。

第一节 深部找矿进展

一、黄石市大冶铁矿

2005—2007 年开展的大冶铁矿危机矿山接替资源勘查项目，以"褶皱构造控制接触带形态、多台阶控矿"的新认识为指导，通过 1∶10 000 高分辨率航空磁测、1∶2000 高精度地面磁测、井中三分量磁测和可控源音频大地电磁测深（CSAMT）等进行磁测联合勘查，结合深部弱信息提取技术、精细反演等数据处理技术，圈定深部有利成矿部位并进行钻探工程验证，成功在第三台阶（-600～-1000m）见到深部隐伏矿体。在尖林山深部 -600～-1000m，发现了厚大矿体；龙洞-尖林山矿段 2 号矿体长度增加了 215m，倾斜延深增加了 320m，向南东侧伏至 -862m；狮子山矿段 5 号矿体向北西侧伏至 -700m 左右。新增资源量铁矿石量 $1412.20 \times 10^4 t$，伴生铜金属量 $5.85 \times 10^4 t$，伴生硫量 $50.48 \times 10^4 t$，钴金属量 3187.12t。

其中，通过曲面位场数据处理技术、精细反演解释技术对 1∶10 000 高分辨率航空磁测结果进行处理,得到的成果指导 7 个钻孔布置 4 个钻孔见矿,ZK13-8 孔于 703～732m 见矿,累计见矿厚度 11m;ZK21-8 孔于 740～840m 深度见数层矿,累计铁矿体厚 14.6m。对 1∶2000 高精度地面磁测,通过剔除干扰数据进行弱磁异常的提取及剩余异常的拟合,并采用离散小波多尺度分解与功率谱分析相结合的方法进行深部弱信息的提取及人机交互 2.5D 磁测剖面反演,再结合地质规律指导布置钻孔 24 个,其中 14 个钻孔见矿,其中深部勘查第一钻 ZK15-7 孔于 793.40～819.20m 见 30.55m 厚的大磁铁矿体(图 6-1)。井中三分量磁测井和磁化率测井采用定性分析、半定量与一定量解释相结合,对 18 个钻孔发现的磁异常进行研究,认为 11 个钻孔的磁异常为盲矿体引起,对其进行验证取得了良好找矿效果,其中根据三分量磁异常解释结果施工的 ZK19-1-17 孔累计穿矿厚度达 40 余米。

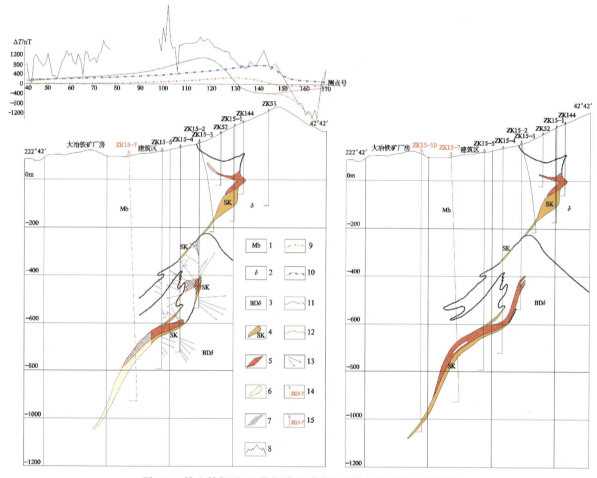

图 6-1 铁山铁铜矿 15 勘探线地质磁法反演及验证综合剖面图

1.碳酸盐岩地层;2.闪长岩;3.黑云母透辉石闪长岩;4.矽卡岩;5.矿体;6.推测矽卡岩;7.推测矿体;8.实测 ΔT 曲线;9.已知矿体 ΔT 曲线;10.岩体 ΔT 理论曲线;11.拟合 ΔT 曲线;12.剩余 ΔT 异常曲线;13.井中三分量磁测 ΔT 矢量;14.预测钻孔;15.验证钻孔

二、大冶市金山店铁矿

大冶市金山店铁矿包含 3 个矿区,规模以张福山铁矿最大,次为余华寺中型铁矿床,柯家山铁矿为小型矿床。其中,张福山矿床沿金山店侵入杂岩体南缘接触带,共分布有大、中、小规模的铁矿体 121 个,主要矿体12个,又以Ⅰ号、Ⅱ号矿体规模大,占矿床铁资源量的90%以上。矿体在平面上大致呈北西西—南东东向条带状展布。在剖面上主要呈透镜状、脉状,其次还有少量呈楔状、纺锤状、枝叉状等。矿体赋存于石英闪长岩与嘉陵江组接触带及附近内、外接触带范围内。余华寺矿床共探明9个矿体,多分布于石英闪长岩与蒲圻组角岩、嘉陵江组白云质大理岩接触带及附近;柯家山矿床主要由11个矿体组成,分布于闪长岩与大理岩接触带形成的矽卡岩及其附近。

2008—2010年实施的金山店铁矿危机矿山接替资源勘查项目,在充分研究金山店矿床的矿床类型、成矿地质条件基础上,结合以往地质物探工作成果,提出断裂接触带构造控矿的认识,赋矿断裂接触带电阻率低于周边围岩,矿体具有强磁性,选择在金山店矿区内张福山矿床、柯家山矿床和陈家湾地段开展地面高精度磁测、井中三分量磁测和CSAMT等综合物探方法指导深部找矿工作。根据物探工作成果进一步对张福山矿床Ⅰ号、Ⅱ号矿体深部延深进行追索验证,扩大了Ⅰ号、Ⅱ号矿体规模,其中Ⅰ号矿体深部延深由以前控制的−700m标高下延深控制到−1300m标高,走向控制了近2000m的距离,矿体向深部厚度变薄,倾向变缓。在Ⅰ号矿体下盘3～40m,Ⅱ号矿体深部新发现Ⅱ-1号矿体,与Ⅱ号矿体赋存层位相同,赋存于内接触带靠近岩体部位,局部穿插进入岩体裂隙或岩体接触带之间,控制标高−624～−1355m。新增铁矿石量3 597.74×10^4t,TFe46.20%,伴生硫3.68%。2011—2014年继续开展金山店地区铁矿整装勘查和张福山矿床深部铁矿普查的工作,对Ⅰ号、Ⅱ号铁矿体深边部(−1200m以浅)延深进行钻探追索,新增铁矿石量275.8×10^4t。

三、大冶市铜绿山铜铁矿

至2005年,铜绿山矿区已发现12个大小不等的铜铁矿体(Ⅰ～Ⅻ号),矿体的分布主要受北北东、北东东向两组构造控制,排列成两个带,首先赋存于石英二长闪长玢岩与大理岩的接触带上,其次赋存在接触带附近的大理岩层间,极少赋存于接触带附近的岩体内。

2006—2010年开展的危机矿山铜绿山铜矿接替资源勘查项目,在深入研究矿山以往矿产勘查和开采资料的基础上,分析成矿地质条件、控矿要素,总结构造控矿规律和矿化-蚀变分带规律,提出矿体主要受侵入断裂-接触复合构造控制,矿体产状随接触带形态而变化的新认识。根据矿床成矿地质条件和蚀变特征,Ⅺ号矿体沿倾斜方向侵入断裂-接触复合构造向深部仍有延伸,深部已发现有矽卡岩化,物探显示有高磁高重异常,化探显示前缘晕特征,认为Ⅺ号矿体深部有发现尖灭再现新矿体的可能,经钻探验证,在3—14线Ⅺ号矿体倾向延伸部位新发现了厚而富的Ⅻ号矿体(图6-2),取得了找矿重大进展,同时扩大了Ⅲ号、Ⅳ号矿体规模。新增铜金属量24.21×10^4t,铁矿石量1 497.5×10^4t,伴生金金属量12.85t。

2012—2017年,开展对铜绿山深部普查工作,对矿区控矿构造、含矿地质体与物探异常的对应关系进行研究,发现铜绿山隐伏背斜西翼向深部稳定延伸,经钻探验证,发现了产于背斜西翼主接触带及其附近的ⅩⅣ号厚大铜铁矿体(图6-2),为全隐伏矿体,其主体赋存于7—16线之间基线以西,埋深在标高−455～−1210m之间,走向北北东,倾向北西西,倾角55°～75°,走向延伸500m,倾向延深120～500m,矿体平均厚度27.54m,对矿区深部铜铁矿体的赋存规律及控矿因素认识有了进一步的提升。依此规律,向北进行追索,又发现了$Ⅳ_6$号矿体和47个小矿体,并扩大了$Ⅰ_1$号、$Ⅳ$号、$Ⅳ_4$号矿体的规模。新增铜金属量7.16×10^4t,铁矿石量994.14×10^4t,伴生金金属量5.34t。

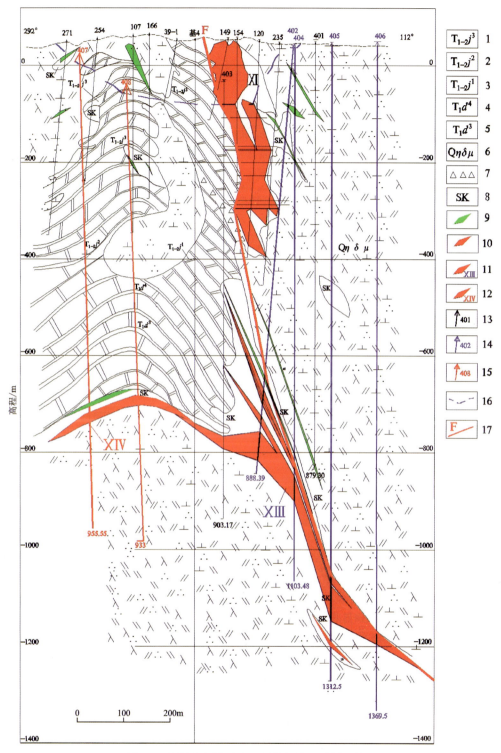

图 6-2 铜绿山铜铁矿床 4 号勘探线地质剖面简图

1.嘉陵江组三段大理岩;2.嘉陵江组二段大理岩;3.嘉陵江组一段大理岩;4.大冶组四段大理岩;5.大冶组三段大理岩;6.石英二长闪长玢岩;7.角砾岩带;8.矽卡岩;9.以往发现铜矿体;10.以往发现铜铁矿体;11.2010年新发现矿体;12.2017年新发现矿体;13.以往施工钻孔(m);14.2010年施工钻孔(m);15.2017年施工钻孔(m);16.采坑坡线;17.断裂

四、大冶市鸡冠咀金铜矿

1982年,湖北省第一地质大队验证车桥—张克诚1:10 000重力测量G11异常,在湖积层下部发现隐伏大理岩与石英二长闪长玢岩,并在接触带、大理岩的层间破碎带、岩体裂隙中发现了鸡冠咀Ⅰ号、Ⅱ号、Ⅲ号、Ⅳ号4个主矿体群,于1989年完成勘探,探获铜金属量$17.98×10^4$t,金金属量28.14t;1984年在鸡冠咀矿区东南部发现桃花嘴铜铁矿,发现Ⅰ号、Ⅱ号、Ⅲ号3个主矿体群,1992年完成详查,探获铜金属量$20.20×10^4$t,金金属量17.72t。

2006—2009年实施的危机矿山湖北省大冶市鸡冠咀金铜矿接替资源勘查项目中,湖北省鄂东南地质大队通过对异常的再认识,发现鸡冠咀矿区北部和南部存在港湾状重力异常(图6-3),认为是深部大理岩和与其相关的矿化的反映。通过钻探验证,在鸡冠咀矿区,扩大了原Ⅰ~Ⅳ号矿体的规模;在逆冲断层下盘Ⅲ号体下部-700m标高以下新发现了Ⅶ号矿体(图6-4),在Ⅳ号矿体的下部新发现了Ⅵ号矿体;在矿区西南蒲圻组砂页岩层间破碎带内新发现了Ⅷ号矿体。在桃花嘴矿区,追索Ⅱ号矿体走向延伸,将桃花嘴矿区的主矿体由12线延伸至22线,并在矿区10—22线深部新发现了与$Ⅱ_4$号主矿体呈尖灭再现的Ⅴ号矿体。合计在鸡冠咀-桃花嘴矿区新增铜金属量$15.63×10^4$t,金金属量14.17t。本次勘查工作发现:鸡冠咀矿区成矿主要受石英二长闪长玢岩与大理岩的断裂-接触复合带控制,主矿体产于断裂-接触复合带附近大理岩与岩体的接触带或旁侧大理岩中的雁状裂隙内,矿体呈上下叠置的雁行状排列,倾向上尖灭再现;桃花嘴矿区成矿主要受石英二长闪长玢岩内北东向断裂带控制,主矿体顶底板受破碎带控制,金铜铁矿化主要交代断裂带内大理岩岩块变质后形成的金云母透辉石矽卡岩、石榴子石透辉石矽卡岩或充填断裂带内大理岩岩块的层间破碎带构造角砾岩。

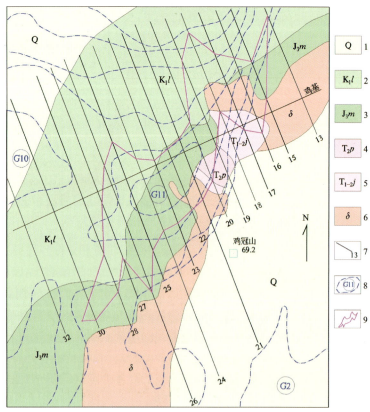

图6-3 鸡冠咀地区重力异常与矿体投影图

1.第四系;2.下白垩统灵乡组;3.上侏罗统马架山组;4.中三叠统蒲圻组;5.中—下三叠统嘉陵江组;6.闪长岩;
7.勘探线号;8.重力异常及编号;9.矿体投影

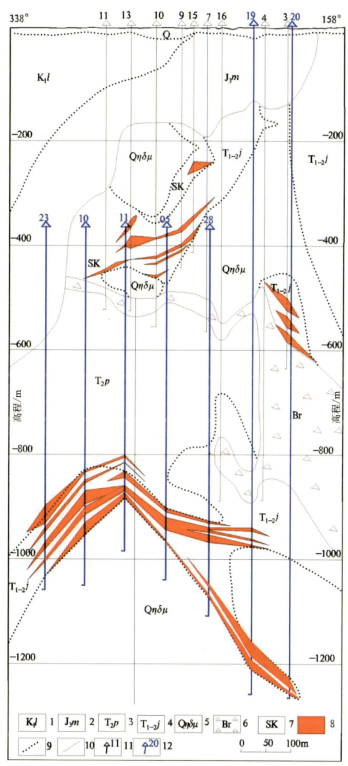

图 6-4 鸡冠咀金铜矿床 26 勘探线剖面简图

1.下白垩统灵乡组；2.上侏罗统马架山组；3.中三叠统蒲圻组；4.中—下三叠统嘉陵江组；5.石英二长闪长玢岩；6.构造角砾岩；7.矽卡岩；8.铜铁金矿；9.地质界线；10.断裂构造；11.早期钻孔位置及编号；12.接替资源勘查钻孔位置及编号

2010—2014年实施的鸡冠咀矿区、桃花嘴矿区深部铜金矿普查和详查项目,在危机矿山找矿取得认识的基础上,对鸡冠咀矿区控矿构造进行了再研究,发现矿区Ⅰ~Ⅳ号主矿体埋藏于-500m标高以浅,深部发育逆冲断层F_3,逆冲断层下盘又出现了蒲圻组、嘉陵江组的成矿有利地层,在其深部与石英二长闪长玢岩接触带及附近已发现了Ⅵ号、Ⅶ号矿体,鸡冠咀矿区深部存在第二找矿空间,矿体规模有扩大的可能。矿区Ⅰ~Ⅲ号矿体处深部逆冲断层上盘和牯羊山-猫儿铺断裂的西北侧(A区),Ⅳ号矿体出现在东南侧(B区),危机矿山找矿在逆冲断层下部东南侧(D区)新发现Ⅵ号矿体,在牯羊山-猫儿铺断裂西北深部逆冲断层的下盘(C区)也发现了Ⅶ号矿体,具有较好的找矿条件(图6-5)。同时对鸡冠咀矿区钻孔原生晕资料研究发现,矿体头部常出现Cu、Pb、Zn、Ag化探异常,尾部出现W、Sn等元素异常,Cu $400×10^{-6}$以上的异常与矿体对应良好,而在C区26线深部已经发现了Cu $400×10^{-6}$以上的异常,且异常向北西侧发散,说明北西侧深部应有与异常相吻合的矿体存在(图6-6)。

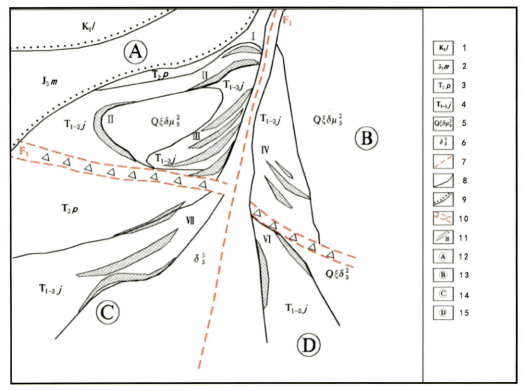

图6-5 鸡冠咀矿区成矿空间示意图

1.灵乡组火山碎屑岩;2.马架山组杂角砾岩;3.蒲圻组泥质粉砂岩;4.嘉陵江组白云质大理岩;5.石英二长闪长玢岩;6.闪长岩;7.断裂;8.地质界线;9.不整合界线;10.构造角砾岩;11.矿体及编号;12.第一成矿区;13.第二成矿区;14.第三成矿区;15.第四成矿区

经钻探工程验证和追索,证实Ⅶ号矿体群主要分布在鸡冠咀矿区深部(C区)022—034勘探线内,-700~-1400m标高间。新增铜金属量$11.68×10^4$t,金金属量20.42t。

五、大冶市许家咀铜多金属矿

许家咀矿区位于大冶市区以西3km处,毗邻鲤泥湖矿区与桃花嘴矿区。2011—2013年,许家咀矿区铜多金属矿普查项目在分析桃花嘴及鲤泥湖矿区以往工作资料的基础上,认为矿区位于鲤泥湖北西西向构造成矿带与桃花嘴北北东向构造成矿带相交的"结点"部位,成矿地质条件十分有利,以矿体受断

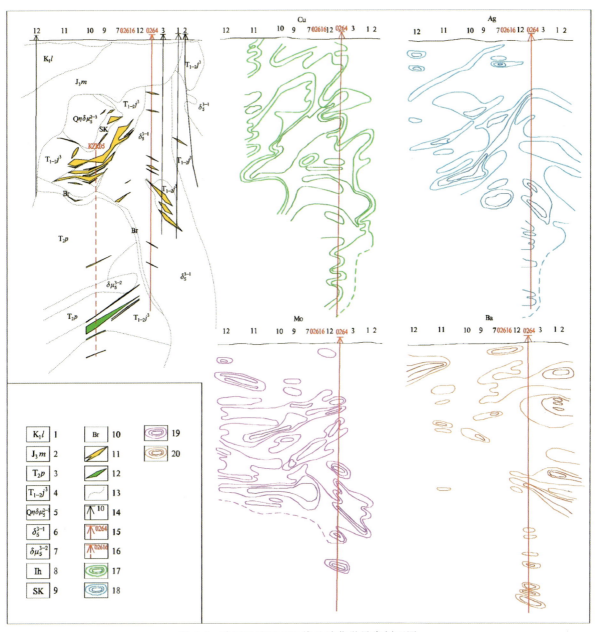

图 6-6 鸡冠咀矿区 026 线地球化学异常剖面图

1.下白垩统灵乡组；2.上侏罗统马架山组；3.中三叠统蒲圻组；4.中—下三叠统嘉陵江组；5.石英二长闪长玢岩；6.闪长岩；7.闪长玢岩脉；8.铁帽；9.矽卡岩；10.破碎带；11.早期已发现矿体；12.据地球化学异常发现矿体；13.地质界线；14.早期钻孔及编号；15.地球化学异常钻孔及编号；16.验证钻孔及编号；17.Cu异常曲线；18.Ag异常曲线；19.Mo异常曲线；20.Ba异常曲线

裂-接触带复合构造控制，以沿断裂走向矿体具尖灭再现规律为指导，通过物化探异常相似类比，沿桃花嘴主矿体赋存的北东向断裂带延伸对高精度重力、磁法及可控源电测深等异常进行验证，首钻 ZK1103 孔在 550.60～727.05m 之间可见受深部大理岩捕房体控制的高品位铜铁（金）矿体，其中 594.06～644.73m 和 688.50～727.05m 范围内见矿视厚度分别达 50.67m 和 38.65m，找矿取得重大突破（图 6-7）。后沿该孔以稀疏工程进行追索控制，矿区内查明 3 个工业矿体群，在剖面上呈雁行或平行排列。其中Ⅲ号矿体群为主矿体群，其铜、铁、金资源量占矿区总资源量的 97%，各矿体主要呈透镜状，均赋存于捕房体层间破碎带与断裂-侵入接触复合带中，受北东向隐伏背斜及断裂接触构造带控制，走向 NE70°～30°，走向长 63～360m，倾向北西，倾角 26°～75°，倾向延深 68～529m，赋存标高为 -417～

−1141m，工程穿矿厚度1.30~70.30m。累计查明铜金属量$2.64×10^4$t，铁矿石量$130×10^4$t，金金属量1.65t。

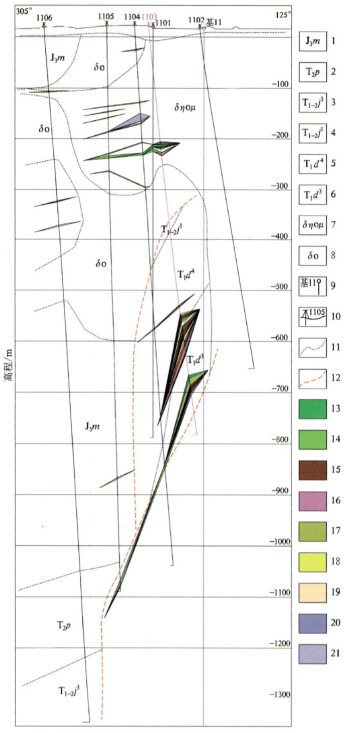

图6-7 许家咀铜铁矿床11勘探线地质剖面简图

1.上侏罗统马架山组；2.中三叠统蒲圻组；3.中—下三叠统嘉陵江组第三段；4.中—下三叠统嘉陵江组第一段；5.下三叠统大冶组第四段；6.下三叠统大冶组第三段；7.石英二长闪长玢岩；8.石英闪长岩；9.基线；10.钻孔及编号；11.推测地质界线；12.推测断裂；13.铜矿体；14.低品位铜矿体；15.铜铁矿体；16.铁矿体；17.铜金铁矿体；18.铜金(金)矿体；19.低品位金矿体；20.(铜)钼矿体；21.低品位(铜)钼矿体

六、阳新县丰山铜矿

丰山铜矿床受丰山岩体与立头复式倒转向斜的联合控制,矿体主要产于丰山岩体的南侧和北侧与早三叠世大冶组碳酸盐岩的接触带上,围绕花岗闪长斑岩体呈环带状分布。南缘矿带位于立头倒转向斜南翼地层与岩体接触部位,Ⅰ号矿体为最大的主要铜矿体。北缘矿带位于立头倒转向斜北翼次级褶皱仙人洞背斜翼部地层与岩体的接触部位,501号矿体规模较大。

2008—2011年丰山铜矿危机矿山接替资源勘查项目在研究以往矿产勘查开发资料的基础上,认识到岩体南缘以次级褶皱控制接触带的形态,接触带陡缓变化部位成矿最为有利,在电性反映上为电阻率梯度变化带及高阻突起的上下部位;北缘接触带受滑脱构造的影响,接触带及其附近岩矿石较为破碎,且接触带外侧大理岩、灰岩内有后期岩体侵入,并有受裂隙控制的铅锌矿体产出,在电性结构上表现为接触带及附近整体呈现为低阻,明确找矿不仅在接触带,也要注重大理岩内部的低阻异常部位。在普查工作中,以复式褶皱的次级褶皱与接触带复合构造控矿规律为指导,布置CSAMT剖面测量工作,与地质相结合对CSAMT剖面进行反复的反演拟合,圈定低阻异常进行验证,在南缘接触带新发现了J1、J2、J3号Cu(Mo)矿体等,找矿取得重大进展,同时扩大了南缘1号矿体、北缘501矿体的规模。如在9线施工的4个钻孔中对南缘接触带控制标高为-1200m,北缘接触带控制标高为-740m。北缘主要控制了501号矿体向深部的延深,南缘施工的钻孔除控制了Ⅰ号矿体的深部延深外,在其下新发现了J1号、J2号、J3号铜钼矿体和J13号铜矿体、J812号钼矿体。

随后进行的普查工作取得了较好的成果与认识,如下文所述。

(1)基本查明南缘Ⅰ号矿体向深部的延深趋势,对北缘501号矿体在9—15线间进行了控制,对南缘深部新发现的J1、J2、J3号等矿体进行了初步控制。

(2)南缘Ⅰ号矿体受次级褶皱柯家塘倒转背斜与接触带控制,在南缘接触带深部有次级倒转背斜和向斜,其向岩体的突出部位成矿有利,以此发现了J1号、J2号和J3号矿体;北缘501号矿体受断裂和岩枝控制,浅部受次级褶皱和断裂联合控制。

(3)深化了构造控矿规律,区内地层在由南向北推覆力作用下形成形状复杂的复式向斜,其南翼地层中形成揉皱折曲构造,北翼地层中形成滑动断裂构造,复式向斜控制了岩体的产出,南北两翼的次级褶皱构造分别控制了南北缘接触带和矿体(图6-8),隐伏次级褶皱构造的存在使成矿有利地层($T_{1-2}j^1$、$T_{1-2}j^2$)重复出现。

(4)CSAMT成果对深部普查钻探工程布置具有重要的指导作用。

(5)新增铜金属量$11.84×10^4$t,钼金属量4317t。

七、大冶市张海金矿

中国冶金地质总局中南地质勘查院于2013年在张海矿区及其外围对矿区的化探Au、As等组合异常进行验证,在张海倒转背斜核部含碳粉砂质页岩中发现金矿体群,在闪长玢岩岩脉与志留系坟头组接触处的破碎带中发现了铜矿体。后在2014—2015年对矿体进行追索控制,在区内共揭露金矿体(群)5个,锑矿体群1个,铁铜矿体群1个。主矿体Ⅱ~Ⅳ号金矿体走向北东东,走向延伸640m,倾向南南东,最大倾斜延深667m,倾角50°左右,矿体形态简单,呈似层状,矿体最大厚度8.96m,平均厚度4.02m。Ⅰ号Cu矿体位于地表铁帽深部,形态简单,呈似层状,走向北东东,走向延伸100m,倾向南东,最大倾斜延深190m,倾角40°左右,矿体最大厚度7.67m,平均厚度5.45m。累计查明金金属量5.95t,锑金属量117.88t,铜金属量$0.19×10^4$t。

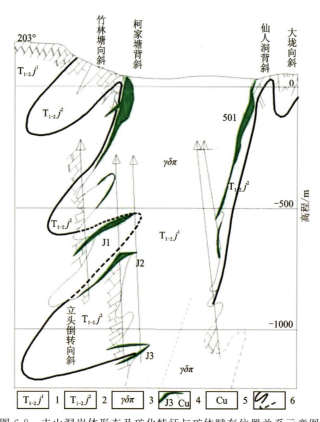

图 6-8 丰山洞岩体形态及矿化特征与矿体赋存位置关系示意图

1.嘉陵江组第一段灰质白云岩;2.嘉陵江组第二段白云质灰岩;3.花岗闪长斑岩;4.铜矿体及编号;5.斑岩型铜矿;6.实测及推测构造线

八、大冶市龙角山-付家山铜、钼、钨矿

龙角山矿床由从北东向南西依次分布的 520 号矿体、420 号矿体、320 号矿体、大面 4 个矿体(群)组成。520 号矿体群分布于 2—50 勘探线之间,为规模最大的矿体群,由主矿体及 3 个小矿体组成,主矿体主要呈脉状产于上石炭统黄龙组与下二叠统船山组之间的层间破碎带和岩体侵入接触复合部位,小矿体产于船山组地层层间。付家山矿区内已查明矿体 44 个,围绕着付家山岩体周缘接触带形成东、北西、西、西南 4 个矿带,其中东矿带位于岩体南东缘接触带部位,主矿体为 1 号矿体,产于茅口组灰岩与岩体接触带中的石榴子石矽卡岩内。

2016—2018 年,龙角山-付家山矿区外围开展铜钼钨矿普查项目,认识到在付家山成矿岩体向南东深部侧伏规律的基础上,追索付家山 1 号矿体南东倾向延伸和龙角山 520 号矿体群北东侧的走向延伸,在 54 线、60 线、66 线、72 线实施的 7 个钻孔均在接触带揭露到多层铜钼钨矿体,扩大了已知矿体的规模(图 6-9),同时认识到该矿体可能与付家山主矿体相连,深部具备较好增储空间。2019—2020 年,沿 50 线南西对矿体进行追索控制,在付家山岩体与龙角山岩体毗邻之处的 48 线深部主接触带发现了厚大的矽卡岩型钨矿体(图 6-10),证实付家山岩体与龙角山岩体深部为同一岩体。520 号矿体在 48 线赋存于岩体与围岩主接触带,赋矿围岩为石榴子石矽卡岩,二者赋矿部位与赋矿围岩相同,实为同一矿体。说明龙角山深部既有受层间破碎带控制的 520 号矿体,也有受主接触带控制的矿体,且赋存于主接触带的矿体厚大,沿走向和倾向深部均没有控制,继续追索可见较大的找矿潜力,同时也对围绕成矿岩体的成矿系列认识提供了有力佐证。

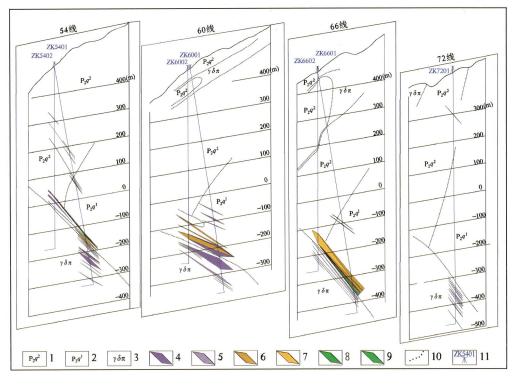

图 6-9 龙角山-付家山矿区 54—72 线联合勘探线剖面图

1.中二叠统栖霞组第二段;2.中二叠统栖霞组第一段;3.花岗闪长斑岩;4.钼矿体;5.低品位钼矿体;6.钨钼矿体;7.低品位钨钼矿体;8.钨铜矿体;9.低品位钨铜矿体;10.地质界线;11.矿区外围普查项目施工钻孔编号

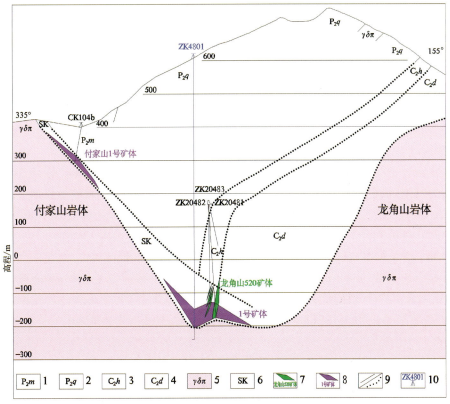

图 6-10 龙角山-付家山矿区 48 线剖面图

1.中二叠统茅口组;2.中二叠统栖霞组;3.上石炭统黄龙组;4.上石炭统大埔组;5.花岗闪长斑岩;6.矽卡岩;7.原层间破碎带 520 号矿体;8.本次揭露主接触带矿体;9.地质界线/推测地质界线;10.矿区外围普查项目施工钻孔编号

在勘查工作基础上,估算新增三氧化钨资源量 3.3×10^4 t,使龙角山-付家山矿区查明三氧化钨资源量达 8.65×10^4 t,达到大型规模,目前为止是湖北省查明的唯一大型钨矿床。

第二节 深部找矿认识

一、成矿理论认识

(一)区内成矿与燕山期岩浆活动关系密切

区内铜铁金矿床的产出主要与燕山期岩浆岩有关,燕山期岩浆活动可划分为两个大的活动期,第一期岩浆活动(151～135Ma)主要发生在黄石-大冶-灵乡断裂以南地区的隆起带和断裂附近的隆坳过渡带,以大岩体、小岩体形式产出,岩石类型多样,有黑云闪长岩、闪长岩、石英闪长岩、石英闪长玢岩、似斑状花岗闪长岩和花岗闪长斑岩等。在黄石-大冶-灵乡断裂带附近以铁铜矿为主,在黄石-大冶-灵乡断裂带以南以与小岩体有关的铜金钼钨多金属矿床为主。第二期岩浆活动(135～125Ma)主要发生于黄石-大冶-灵乡断裂带以北,包括鄂城岩体的主体、金山店岩体以及王豹山岩体。主要岩石类型有闪长岩、石英闪长岩、闪长玢岩、石英二长岩、花岗岩和花岗斑岩等,主要形成铁矿。

(二)多期次岩浆作用控制多期次成矿

区内岩浆岩的岩石学、稀土元素、单矿物微量元素(V、Ti、Co、Ni、Pt、Pa)、硫同位素、氧同位素等特征显示:区内成矿物质来自上地幔分异的玄武质岩浆,在地壳的不同深度存在着由断裂-接触带串联的糖葫芦状的多级中间岩浆房,岩浆在这些中间岩浆房内同化不同深度的围岩,引起岩浆分异。多期次的岩浆侵入,在同一地区形成多时代、多种岩性共存的复式杂岩体(同地段多期次侵入)。随着岩浆的多期次脉动上侵,中间岩浆房内的岩浆期后热液沿岩体与围岩的断裂-接触复合带反复上涌,形成多期次的岩浆期后含矿热液。这些从深部岩浆房内分异、沿断裂-接触复合带上升的含矿热液,在上升浅表的过程中,温度、压力下降,成矿物质的溶解度降低。含矿热液沿岩体与碳酸盐岩接触界面上升时,遇碳酸盐水解形成的碱性热水溶液(强碱弱酸盐水解),酸碱条件发生变化;另外,沿断裂带不断下渗的地表水富含游离氧,使断裂-接触复合带内的地下水 Eh 值升高(矿石中氧同位素有天水的加入),氧化-还原条件亦改变。从深部上升的酸性、还原状态的含矿热液在断裂-接触复合带的碱性、氧化条件下反复沉淀,形成多世代的铜铁金矿石(图 6-11)。这些矿石矿物在断裂-接触复合带反复堆积,形成厚大的工业矿体。因此,区内矿石具碱性矿石,以幔源为主、混壳源物质的总体特征(与大量碳酸盐岩相伴沉淀;成分以幔源物质为主,有壳源物质的加入;S、Pb、O 同位素以深源为主,有浅部物质加入)。

(三)复杂的侵入断裂-接触复合带是形成工业矿体的重要因素

以往认为区内工业矿床多为矽卡岩型矿床,其控矿构造主要为接触带构造。在深部找矿过程中发现了一些以往认识难以解释的现象,如:在同样的岩体和地层条件下的接触带矿化强度不同,如铜绿山岩体北缘、西缘发育有铜绿山、鸡冠咀、桃花嘴、许家咀等多个大中型矿床,而西南缘成矿强度弱;矿体的

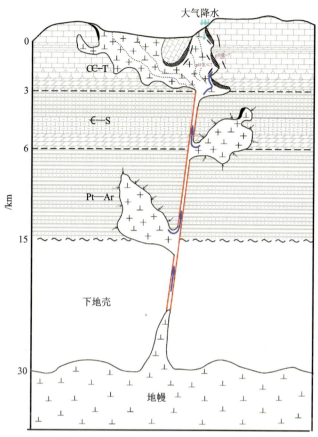

图 6-11　鄂东南地区岩浆侵入与成矿作用示意图

走向延伸不大,多为几十米,但矿体的倾向延伸很大,找矿深度达 1500m 以上,大部分矿体的产状极陡,如铜绿山矿床Ⅷ号矿体,桃花嘴矿区Ⅰ号、Ⅱ号、Ⅲ号矿体群;在鸡冠咀-桃花嘴等矿区可见部分矿体两侧角砾岩发育,厚大的工业矿体均具角砾状构造,脉状矿体发育,含铜高达 20% 左右的铜矿体常集中成脉状分布。通过深部找矿过程中对以上成矿现象和成矿构造的研究发现,简单的侵入接触构造虽然可以形成矽卡岩和矽卡岩型矿化体,但在岩体侵入后随着接触带构造的迅速愈合,没有深部含矿热液的不断补充,不能形成厚大的工业矿体;而在岩体侵入后,仍在活动的断裂-接触复合带才是重要的控矿构造。每次岩浆侵入后,仍在活动的断裂构造,破坏先期侵入的岩浆岩、先期形成的矽卡岩和铜铁金矿石,形成复成分的角砾状矿石。受断裂-接触复合构造控制的矿体,走向上呈雁行状排列,倾向上呈深浅不同的叠瓦状、台阶状排列,因此,受这些裂隙控制的矿体也具有尖灭再现、侧列再现的分布规律,为已知矿体深部和周边寻找新矿体、实现找矿重大突破提供了依据。

二、找矿方向新认识

(一)老矿山及已知矿点深边部找矿

目前,开展老矿山边深部找矿的几个矿山均取得了较好的找矿效果,1500m 深部矿体未完全封闭,仍有增储空间;同时,鄂东南地区 261 个工业矿床,除近年开展老矿山边深部找矿的极少数大中型矿床勘查深度达 1500m 外,其他矿床的勘查深度均在 500~700m 以浅,老矿山边深部找矿前景巨大。此外,鄂东南地区已知金属矿床(点)400多处,许多矿山在开展过程中均不断有新矿体出现,过去对矿区周边低缓物化探异常认识评价不足,应运用"就矿找矿""三位一体"找矿预测等理论,深化认识,革新找矿思路,寻求找矿突破,有望再发现一批新矿床。

(二)盆地边缘找矿

鄂东南地区发育有大冶湖盆地、阳新盆地、金牛火山岩盆地,这些盆地均为燕山晚期之后的拉张盆地,形成在区内主要成矿期之后,盆地边缘多为上陡下缓的犁式盆地,盆地边缘有良好的成矿地质条件。以往地质工作程度低,近年的勘查工作发现盆地边缘有较好的找矿潜力(如鸡冠咀Ⅶ号矿体、许家咀矿床的发现)。阳新岩体西北段、金山店岩体南部、灵乡岩体北缘、铜绿山岩体北西缘一带的盆地边缘为深部找矿的有利区,有望实现深部找矿的重大突破。

(三)隐伏岩体及与其有关的铜多金属矿产找寻

鄂东南地区出露6大岩体和130多个小岩体,其铜铁金矿均与岩体密切相关。一是要加强对以往工作程度较低小岩体的含矿性评价,配套开展对成矿岩体识别标志的研究;二是要开展对成矿地质背景条件和物化探异常的综合研究,加强隐伏岩体及与其有关铜铁金矿床的找寻和评价,寻求矿床类型的突破、找矿空间的拓展、找矿效率的提高。

(四)硅钙界面铜多金属矿的探索

与鄂东南矿集区同属长江中下游铁铜成矿带的九瑞矿集区,区内已查明铜金属量超过1200×10^4 t,其40%以上的铜多金属矿均分布于志留系—泥盆系—石炭系硅钙界面中,鄂东南地区已发育龙角山钨铜矿、马家山硫铁矿等多个矿床(点),以往在此方面探索不够,通过对九瑞地区成矿规律及硅钙界面控矿机制的总结,开展探索性勘探有望发现一批类似矿床,进而新增一批储量。

(五)玢岩型铁矿的探索

庐枞、宁芜矿集区矿床类型以玢岩型为主,这类矿床与火山岩盆地中火山—次火山岩关系极为密切。鄂东南金牛火山岩盆地火山岩形成时代与其相近。目前在火山岩盆地边部发现了王豹山等铁矿床,认为其与庐枞、宁芜矿集区的玢岩型铁矿具有可比性。火山岩覆盖层深部是否发育有与次火山岩有关的玢岩型铁矿,也是下一步的重点找矿方向。

(六)沉积岩中金矿的探索

殷祖岩体外围、丰山矿田以及富水—杨柳山地区分布有一批赋存于沉积岩中的金矿床(点)。近年来,这类矿床的勘查取得了新的进展,尤其是殷祖岩体外围张海金矿累计查明金资源储量超过10t,成为此类金矿在鄂东南矿集区首个达到中型规模的金矿床,打破了鄂东南地区只有矽卡岩和斑岩型能够形成中—大型金矿床的历史。因此,开展这类矿床的探索性找矿,有望发现继斑岩、矽卡岩型之后的又一重要金矿床类型。

三、深部找矿方法技术应用

近年来,区内找矿工作大量运用了高精度重力、高精度磁法、激电测深、可控源音频大地电磁测深(CSAMT)、井中物探和大比例尺岩石(土壤)地球化学测量、剖面原生晕测量等多种深部找矿方法,结合对矿区成矿地质条件和控矿要素的研究,综合找矿方法可在深部找矿中对项目部署和工程布置起到较好的指导作用。

(一)大比例尺重磁测量

1∶10 000或1∶5000重磁测量,对寻找与成矿有关的小岩体、岩体侵入接触带或矽卡岩带、岩体内捕虏体、断裂破碎带,查明其空间分布和向深部的形态产状变化,为找矿靶区的圈定提供依据,或直接用于寻找具有一定规模、埋深不大的高密度或强磁性矿体,效果较好。近年来,为了更好地服务深部找矿,采用多种数据处理方式,如重力场分离、延拓、小波多尺度分解等物探数据处理方法来提高推断的精度。

对于具有一定规模、埋深不大的小岩体,常形成圈闭形态的平面重磁异常,若其密度小于围岩,则为负重异常,否则为正异常;磁异常多表现为正负相伴(南正北负)。对于大岩体与碳酸盐岩地层侵入接触带多反映为重磁异常等值线密集的梯度带。对于岩体中碳酸盐岩捕虏体及与其有关磁性矿床,一般在捕虏体上或其边部形成在低重中高磁异常背景上的相对高重低磁或负磁异常;若形成有铁铜类含磁性矿体,则会有相对高重高磁异常。具有一定规模、埋深较浅的高密度矿体一般表现为重力高异常,同时对于高磁性矿体,一般表现为高磁高重异常。

(二)剖面原生晕测量

通过剖面原生晕异常特征进行深部矿体预测,矿体前缘指示元素与近矿指示元素异常在矿体头部浓度带较宽,在矿体尾部浓度带较窄;在矿体上盘浓度带较宽、梯度缓,在矿体下盘浓度带较窄小、梯度陡。矿体尾部指示元素异常在矿体头部不发育,或浓度带宽度小,分带不明显。如鸡冠咀矿区根据近矿指示元素Cu、Ag异常主要围绕Ⅲ号矿体呈面状分布,在下部出现了浓度带较宽、梯度较缓的异常,且前缘指示元素Ba较发育,局部浓度分级明显,而尾部指示元素Mo在该处异常不发育,推断该处位于深部矿体的头部,后经钻孔验证在深部发现了Ⅶ号矿体。

通过以前缘(矿上)元素作分子,尾部(矿下)元素作分母确定元素或元素组比值判别矿化类型、分布特征和评价矿床剥蚀程度,建立元素(对)比值预测标志进行深部矿体预测,指导钻孔布置也能取得较好的效果。铜铁矿床一般采用$Cu×50/Fe$值(矿前缘或矿上>3,矿中为1~3,矿尾或矿下<1),如铜绿山铜铁(金)矿床在危机矿山接替找矿中,8线ZK801孔见铜铁矿体较薄,呈现尖灭的趋势,矿体中$Cu×50/Fe$高达6.10,具矿上矿前缘特征,后经ZK803孔追索验证,在相同地质部位见铜铁矿体,扩大矿体延深150m。金铜矿床多采用$Ag×10^3/Cu$值(矿前缘>2,矿上矿中为0.2~2,矿尾或矿下<0.2),如鸡冠咀矿区026线,ZK0264孔深部$Ag×10^3/Cu$值为0.6,为矿中上部特征,后期ZK02616孔验证在深部见铜金矿体。

通过对原生叠加晕、构造叠加晕的研究来进行深部矿体预测,建立原生晕叠加模型或构造叠加晕模式,确定找矿预测标志,进行盲矿预测。一般遵循前(缘晕)强尾(晕)弱准则;原生晕轴(垂)向分带"反分带"准则;地球化学参数"反转"准则;前尾晕共存准则;前缘晕轴向下部强度增强趋势准则等来进行深部矿体预测。如鸡冠咀金铜矿区根据矿床的构造叠加晕模式和盲矿预测标志,对矿床深部盲矿进行预测,提出40个预测盲矿靶位,对其中的6个预测靶位进行了验证,其中有5个见矿,且见矿效果显著。铜绿山铜铁矿床根据矿床构造叠加晕模式,总结造叠加晕预测标志,预测盲矿靶位17个,对其中5个A类预测靶位进行了钻探验证,均见矿较好,达到预测效果。

(三)井中物探

对于磁性矿体,开展井中三分量磁测对寻找井旁或井底的盲矿效果较好,可以推断矿体位置、形状、产状、规模等。在区内的铜绿山、大冶铁矿和金山店铁矿均取得了非常好的找矿效果。

(四)综合方法技术(以综合剖面为例)

综合方法技术是地质找矿中的关键方法,通过对地质背景、岩矿石物性和地质体地球化学特征等多参数的约束,以地质剖面为基础,开展物探剖面测量,结合化探剖面测量圈定不同岩性界面、岩体侵入接触带、断裂破碎带和蚀变矿化带,推断深部找矿有利部位,大致确定可能存在的矿体产状和延伸(深),为工程验证提供依据。

区内多采用大比例尺(1∶10 000或1∶5000)地质剖面+物探剖面+化探剖面。常用的物探方法主要有重力、磁法、激电中梯、激电测深、CSAMT;化探方法主要为岩石地球化学测量或土壤地球化学测量。以上方法在区内异常检查验证、已知矿体的追索和发现新矿体中都发挥了重要作用。由于各方法均存在一定的局限性,深部找矿常常根据主要找矿标志组合,选择合适的综合物化探方法达到直接或间接的找矿目的。

(1)对于与侵入接触带有关的矿体(矿化蚀变带),化探剖面一般在接触带处表现为近矿指示元素和前缘晕元素异常。重磁异常曲线靠近岩体一侧表现为低重高磁,重力曲线较为稳定地向岩体一侧降低,磁法曲线一般表现为跳跃的锯齿状;靠近大理岩一侧表现为高重低磁,重磁曲线相对均较为平滑;对于含磁性矿体的接触带,磁异常曲线的高值区一般反映矿头位置,曲线变化平缓的一侧反映含矿接触带(磁性矿体)的倾斜方向。对于不含磁性矿体的接触带,接触带的产状需要结合电法如激电测深或CSAMT、广域电磁法等来辅助推测。接触带一般位于视电阻率梯度带,与梯度带的产状一致。对于矿化蚀变带,激电测深一般有视极化率异常出现。

(2)对于与岩体内大理岩捕虏体有关的矿体(矿化蚀变带),视矿体(矿化蚀变带)的埋深化探异常或有或不明显。重力曲线一般在大理岩捕虏体上出现抬高,如含磁性矿体,磁法曲线也会出现抬高,其高值区一般反映矿头位置;如不含磁性矿体,则磁法曲线会出现相对降低趋势。大理岩捕虏体的埋深和产状需要结合电法(激电测深、CSAMT、广域电磁法)来进行推测,大理岩捕虏体在岩体内表现为高阻,但如果发生了破碎蚀变则会表现为低阻,但高低阻的过渡带一般可以反映捕虏体的边界,如果低阻叠加视极化率异常,则反映其含矿或矿化蚀变。

(3)与断裂有关的矿体(矿化蚀变带),在断裂出露地表的部位化探多出现较为强烈的近矿指示元素及前缘晕元素异常。若断裂带含磁性矿物则多表现为高磁,否则表现为磁异常的降低。对于探测深度较小的地段,多采用激电测深。在断裂带视电阻率一般为低阻,但如果硅化发育,则会表现为高阻,矿化蚀变发育,则一般有视极化率异常;对于探测深度较大的地段,多采用CSAMT法或广域电磁法;对于断裂规模较大或断裂两侧岩石波速差异较大的地段,也可采用微动勘探对断裂带的产状和形态进行推断。

(五)深部找矿新方法新技术

近年来的深部找矿工作使我们认识到,必须借助大测深地球物理探测手段,以解决深部矿埋深较大、信息弱和干扰大的问题。目前,区内已开展了广域电磁法和微动勘探的方法试验。广域电磁法突破CSAMT法远区测量的限制,把提取视电阻率的观测范围拓展到更大的区域,具有勘探深度大、观测范围广、测量精度高、适应性强等优点,对二三维地质结构的探测能力强、分辨率高。微动勘探具有抗干扰能力强、探测深度大的独特优势,对地层的横波速度变化非常敏感,对软弱夹层、裂隙、断层等地质体有较高的分辨率。在深部找矿中,微动勘探对深部的构造破碎带、隐伏断层等控矿因素有较好的探测效果,与 AMT、CSAMT、广域电磁等方法的综合解释能在一定程度上解决深部异常信息微弱、多解性强等问题。从试验剖面看,广域电磁法电性结构、微动勘探法横波速度结构均与已知地质剖面对应良好,对于盆地边缘的刻画、成矿地质体及重要的成矿界面的识别均反映出较好的效果,应加强在矿区边深部找矿中的运用。

此外,随着信息技术的发展,三维地质建模与成矿预测已成为近年来深部找矿技术中的热点。目前,国内已有多处矿田(区)及矿床开展了精细的三维地质建模,并基于此开展了成矿预测工作,均取得了良好的效果。铜绿山铜铁矿曾在 20 世纪 80 年代末开展了立题填图,属于较早期的三维建模,在指导当时的深部找矿探索工作中发挥了重要作用。因此,基于区内已积累的丰富的地质、矿产、物探、化探、矿山开采资料及矿床"三位一体"预测要素开展矿床尺度的三维地质建模,对于今后在矿区边深部找矿具有重要意义。通过精细刻画矿体、矿化富集空间分布规律及与构造、成矿地质体的空间定位关系,并通过投入大探测深度的广域电磁法、微动勘探法及大地电磁测深法等测量工作及其相应的地质解译成果对矿床三维空间精细地质组构进行完善,同时运用三维可视化技术和数学建模方法,最终构建矿区三维结构模型和找矿预测模型,实现矿区 3000m 以浅"透明化",从而能够有效地指导矿区深部的找矿工作。

四、勘查思路提升

凝炼出"追索已知矿体走倾向延伸,扩大矿床规模;利用矿体尖灭再现、侧列再现规律在已知矿体边深部寻找新矿体,实现找矿重大进展;利用物化探异常相似类比原则,结合成矿地质条件验证已知矿床周边低缓的物化探异常以发现新矿体、新矿床,追求地质找矿重大突破"的深部找矿勘查思路。

总之,通过近年来实施的接替资源找矿、老矿山勘查等项目,鄂东南矿集区 10 余个矿区深部找矿工作均取得了重大突破和新认识,为鄂东南矿集区 200 余个勘查深度在 500m 以浅的矿床提供了沿已知矿体走倾向延伸追索尖灭再现、侧列再现深部矿体的找矿方向。此外,鄂东南地区发育的一系列犁式拉张盆地下方有良好的成矿地质条件,部分盆地边缘也发现了较好的找矿线索,玢岩型铁矿和沉积岩中的金矿等新的矿床类型也展现出了良好的找矿前景,值得进一步开展工作。今后,应加强综合找矿技术方法和物探、化探、信息技术等新方法新技术的应用,不断总结和更新对成矿规律的认识,查明鄂东南矿集区深部构造情况以指导深部找矿,开辟区内 3000m 以浅新的找矿空间。

第七章 结 语

3年多以来,在湖北省地质局的有力指导和研究单位湖北省地质局第一地质大队、中国地质大学(武汉)的重视和支持下,在参加项目研究全体同志的共同努力下,项目研究工作和研究报告已经完成。相信本书的出版对鄂东南地区深部找矿理论的提升、关键勘查方法技术的应用、深部找矿突破的推动将起到重要的指导作用,但也存在不少问题,希望在今后的工作中予以重视。

"鄂东南地区成矿作用综合研究与深部找矿突破"研究项目,通过收集以往各类基础地质、矿产勘查开发、专题研究资料,补充野外调查和岩矿测试分析,开展了对成矿地质条件和成矿地质背景,岩浆岩成因、演化与成矿专属性,典型矿床成矿作用,物探、化探方法技术应用效果等的研究,深化了区内成矿地质背景,加深了对区域成矿规律的认识,进一步总结了成矿模式,通过深部找矿方法技术的组合,建立了找矿预测标志,圈定了深部找矿远景区和深部找矿靶区,提出了下一步找矿方向,为区内深部找矿工作部署提供了依据。

一、取得主要成果

(一)深化了对成矿地质条件和成矿地质背景的认识

区内在中元古代—青白口纪受古华南洋洋壳向扬子陆块俯冲的影响,形成双基底,北部为TTG侵入岩组合,南部为碎屑岩夹火山岩建造。俯冲洋壳残余为区内大规模成矿奠定了物质基础。

区内大规模的岩浆作用开始于晚侏罗世(152Ma),由岩石圈伸展所驱动,反映了晚中生代鄂东南地区岩石圈大伸展的地球动力学背景,在早白垩纪达到了高峰期(140Ma左右)。

(二)深化了对岩浆岩成因、演化与成矿专属性的认识

通过对岩浆岩中锆石的微量元素组成的测试,计算锆石中的Ce/Ce^*、Ce^{4+}/Ce^{3+}、Eu/Eu^*、Lu/Hf、Yb/Dy和$\varepsilon_{Hf}(t)$值,分析岩浆的源区,氧化还原状态,估算其温度、氧逸度和水含量及岩浆结晶分异作用程度,对岩浆岩的成矿专属性进行了判别分析,成铜相关的岩浆岩与成铁相关的岩浆岩中的锆石具有相对高的Ce/Ce^*值、Ce^{4+}/Ce^{3+}值、Eu/Eu^*值、Lu/Hf、$\varepsilon_{Hf}(t)$值,有更低的结晶温度、更高的氧逸度和水含量。

区内岩浆岩和与俯冲有关的熔体或流体交代地幔形成的岩石圈富集地幔有关,是由经板片交代的富集的岩石圈地幔源区部分熔融后经历不同程度的分离结晶作用形成的。它可分为两期:第一期岩浆活动闪长岩在地幔深处发生橄榄石分离、最后经历不同程度的分离结晶作用形成,而石英闪长岩是由于经历了角闪石、斜长石、磁铁矿、钛铁矿及磷灰石的分离结晶作用所形成的;第二期岩浆在浅部地壳中熔融了更多地壳组分。

第一期岩浆活动中形成的偏酸性岩浆岩大多具有埃达克质岩石的特征,在岩浆演化初期具有高硫和水含量、更高的氧逸度和分异程度特征,形成的岩浆流体通过岩浆-热液作用使铜、金在浅地表有利的空间位置沉淀成矿。

第二期岩浆在深部岩浆分异过程中含铁热液流体与富钠闪长质岩浆分异比较完全,演化过程中部分岩浆同化混染含膏盐层,使岩浆出溶的初始流体具有相对高的盐度,为铁的大规模迁移和富集提供了有利条件。

(三)深化了对成矿物质来源与成矿过程的认识

区内成矿物质以幔源为主,有少量壳源加入。成矿流体主要为岩浆出溶形成的,晚期有大气降水参与。与成铜(铁)矿有关的侵入岩相比,成铁具有更多的地壳物质和膏盐层及大气流体的加入。岩浆热液成矿流体被深大断裂沟通后,沿断裂-接触复合带不断上涌,随着温度、压力及其他物理化学条件的变化,矿质不断沉积,形成厚大的工业矿体。侵入体的多期次活动伴有以一两次为主的多期次矿化,多期次侵入活动中岩浆上升通道的变化影响矿化的分带和矿化的强度。

(四)深化了对区内矿床成因的认识

鄂东南地区成矿与岩浆作用有关,是岩浆特定阶段的产物。早期主要形成铜、钼、钨矿床,随后形成铜、铁、金矿床,最后为大规模铁矿床的形成。成矿流体主要与岩浆演化有关,后期有大气降水参与。通过对磁铁矿微量元素特征的研究,程潮、王豹山等铁矿床矿石中的磁铁矿均为热液成因,为岩浆热液与碳酸盐岩地层相互作用及铁氧化物的快速结晶形成的,成矿以热液作用为主。通过对同位素年代学、流体包裹体、磁铁矿结构、成分的研究及与宁芜、庐枞盆地玢岩型铁矿类比,认为金牛火山岩盆地存在玢岩型铁矿,盆地周边的矽卡岩型铁矿与玢岩型铁矿的磁铁矿-磷灰石型矿体具有密切的成因和空间关系,是同一岩浆热液体系中形成的产物,即在超高温(约 800℃)下形成玢岩型铁矿床,而在晚阶段(约 400℃)形成矽卡岩型铁矿床。

(五)深化了对区内成矿规律的认识

区内中生代燕山期是区内铜、铁、金等金属矿产最重要的成矿期,与岩浆作用关系密切,是岩浆活动特定阶段的产物,成矿略晚于成岩,年龄差距多在 0~2Ma 之间。主要成矿期为 145~135Ma,形成矽卡岩型铁矿、铁铜矿,矽卡岩-斑岩型铜金钼钨矿床;其次为 133~130Ma,形成矽卡岩型铁矿及玢岩型铁矿等。矿化区域性分带明显,自南向北呈 CuMo→ Au,WMo→Cu,CuFe、FeCu、Fe,自西向东则为 Fe→FeCu→CuS、PbZn 的分带特征。区内铜铁金等多金属矿床具有北西西向成带、北北东向成串的总体特征。矿体均产于岩体与围岩的接触带及附近,主要赋存于岩体与碳酸盐岩断裂复合接触带、捕虏体接触带、断裂带及其旁侧分支裂隙、不同岩性界面(硅钙面)或层间破碎带,矿体的倾向延深大于走向延长的 2~3 倍,受断裂构造控制的矿体多具有沿走向尖灭再现、沿倾向呈叠瓦状侧列再现的规律。

(六)进一步完善了区内成矿模式,建立了本区"三位一体"找矿预测地质模型

1. 成矿模式

区内成矿主要与两期岩浆活动有关,第一期岩浆活动主要发育在隆起区,形成以(斑)岩体为中心向外扩散的岩体内斑岩型,接触带矽卡岩型,接触带外侧围岩地层内层间滑脱带、层间破碎带、硅钙不整合

面Manto型，外围受断裂及裂隙控制的中低温热液型或类卡林型矿床(体)"四位一体"的成矿样式。第二期岩浆活动主要分布于坳陷区，在火山岩盆地边缘或深部形成矽卡岩型铁矿，在火山岩盆地内形成与次火山岩有关的玢岩型(Kiruna型)铁矿或次火山型(斑岩型)铜多金属矿。

2."三位一体"找矿预测地质模型

区内的成矿地质体主要为燕山期壳幔混合的中酸性侵入岩或次火山岩，成矿构造为岩体与围岩的接触带、断裂构造，成矿结构面多为岩体侵入时的断裂-侵入复合构造带(破碎的接触带、断裂裂隙)、不同岩性界面(硅钙面)等，成矿作用特征标志为岩浆期后热液蚀变及各类矿化现象。

第一期岩浆活动形成的矿产成矿地质体主要为150~135Ma侵入的中酸性或中基性的岩浆岩；成矿构造主要为断裂-接触复合构造、捕房体接触带构造、岩体内外断裂带及其旁侧分支裂隙、岩体外围岩不同岩性界面(硅钙界面)、围岩层间破碎带、爆破角砾岩筒等，成矿结构面主要为岩体与围岩的接触面、岩体内及围岩内裂隙面、不同岩性界面(硅钙界面)、断裂面、断裂-接触复合面等。成矿作用特征标志是：早期阶段主要形成的矽卡岩或角岩；氧化物阶段是铁、钨矿成矿主阶段，同时是铜、钼、金矿的成矿早期阶段；早期硫化物阶段是铜、钼、金矿的成矿主阶段；晚期硫化物阶段是铜、金矿的成矿晚期阶段，也是铅锌银矿的成矿主阶段。

第二期岩浆活动形成的矿产成矿地质体主要为135~125Ma的中基性闪长岩等侵入岩或中基性闪长玢岩等次火山岩；成矿构造主要有接触带构造、断裂-接触复合构造及火山机构、火山原生断裂构造、次火山岩体接触带与区域构造叠加复合构造等，成矿结构面主要有侵入岩体与围岩的断裂-接触复合面、火山岩性岩相构造面(火山岩型岩相界面、火山岩和沉积岩界面)、火山构造面(火山机构及其由火山喷发活动行程的放射状、环状断裂面)、次火山岩体构造面(次火山岩体顶部接触带、裂隙面)、次火山岩/侵入岩与碳酸盐岩的接触面等。成矿作用特征标志矽卡岩型铁矿与第一期岩浆活动类似，Kiruna型铁矿成矿早期阶段为钠长石-阳起石-透闪石阶段，磷灰石-金云母-磁铁矿为成矿主阶段，成矿晚期阶段为赤铁矿-黄铁矿-石英阶段和碳酸盐岩阶段。

(七)总结了区内深部找矿工作，深化了成矿理论认识和方法技术应用，凝炼了深部找矿勘查思路

2005年以来，区内深部找矿取得重大找矿突破和进展，新增一批铜、铁、金资源量。对深部找矿工作的总结，深化了多期次岩浆作用控制多期次成矿、断裂-接触复合构造控矿、复杂的侵入断裂-接触复合带是形成工业矿体的重要因素等新认识，指出了老矿山及已知矿床(点)深边部、断陷盆地边缘、主要成矿岩体外缘的硅钙界面、火山岩盆地边缘玢岩型铁矿、赋存于沉积岩中的金矿等重要的找矿方向，提出了针对不同类型矿床物探、化探方法组合，总结凝炼了追索已知矿体走倾向延伸扩大矿床规模，利用矿体尖灭再现、侧列再现规律在已知矿体边深部寻找新矿体，验证已知矿床周边低缓的物探、化探异常以发现新矿体、新矿床的深部找矿勘查思路，对今后鄂东南矿集区深部找矿工作将起到较好的指导作用。今后，应加强综合找矿技术方法和最新物探、化探技术手段的应用，不断总结和更新对成矿规律的认识，查明鄂东南矿集区深部构造情况以指导深部找矿、开辟区内3000m以浅新的找矿空间。

二、存在的问题及建议

(1)中生代构造演化对区内成岩成矿的控矿机制尚不清晰，对寻找新的隐伏矿床方向不明。以后应关注以下几个方面的研究：前震旦系地质构造演化对基底断裂的影响；盖层地质构造演化对基底断裂的影响；基底断裂和盖层构造如何控制岩浆和流体的运移。

(2)玢岩型铁矿找矿问题。区内在金牛火山岩盆地王豹山铁矿内发现了矽卡岩型和玢岩型两类完全不同的矿化类型,两类矿石在时间、空间及成因上具有密切的联系,被认为分布在盆地火山岩区和西南部覆盖区,具有形成宁芜盆地玢岩型铁矿床的可能和潜力,但研究不够深入,提出的找矿方向尚不够明确。

(3)赋存于沉积岩中的金矿找矿问题。区内在殷祖岩体东南缘发现众多赋存于志留系细碎屑岩中的金矿床(点),经研究,这些金矿与岩浆热液有关,被认为属区内斑岩及矽卡岩型矿床是"四位一体"成因模式的一部分,但尚未发现与其有关的岩浆岩、斑岩、矽卡岩型矿床。

(4)新的找矿方法技术的应用问题。区内找矿难度和找矿深度日益加大,但目前所采用的物探方法在探测深度大于1000m时,在灵敏度上尚难以达到识别目标地质体的能力,需要跟踪国内外先进的方法技术,加强对先进方法技术的应用研究,以达到探测深度和灵敏度的有机融合。

主要参考文献

曹洛华,葛宗侠,1987. 鄂东深部地质初步探讨[J]. 湖北地质(1):47-59.

常印佛,吴言昌,1991. 长江中下游铜铁成矿带[M]. 北京:地质出版社.

陈玲,马昌前,张金阳,等,2012. 首编大别造山带侵入岩地质图(1:50万)及其说明[J]. 地质通报,31(1):13-19.

陈毓川,2006. 中国成矿体系与区域成矿评价[M]. 北京:地质出版社.

丁丽雪,黄圭成,夏金龙,2014. 鄂东南地区龙角山-付家山斑岩体成因及其对成矿作用的指示[J]. 地质学报,88(8):1513-1527.

丁丽雪,黄圭成,夏金龙,2016. 鄂东南地区阳新复式岩体成因:LA-ICP-MS锆石U-Pb年龄及Hf同位素证据[J]. 高校地质学报,22(3):443-458.

丁丽雪,黄圭成,夏金龙,2017. 鄂东南地区殷祖岩体的成因及其地质意义:年代学、地球化学和Sr-Nd-Hf同位素证据[J]. 地质学报,91(2):362-383.

董树文,马立成,刘刚,等,2011. 论长江中下游成矿动力学[J]. 地质学报,85(5):612-623.

胡受奚,叶瑛,2006. 对"华夏古陆""华夏地块"及"扬子-华夏古陆统一体"等观点的质疑[J]. 高校地质学报,12(4):432-439.

黄圭成,夏金龙,丁丽雪,等,2013. 鄂东南地区铜绿山岩体的侵入期次和物源:锆石U-Pb年龄和Hf同位素证据[J]. 中国地质,40(5):1392-1408.

瞿泓滢,王浩琳,裴荣富,等,2012. 鄂东南地区与铁山和金山店铁矿有关的花岗质岩体锆石LA-ICP-MS年龄和Hf同位素组成及其地质意义[J]. 岩石学报,28(1):147-165.

李惠,张国义,禹斌,2006. 金矿区深部盲矿预测的构造叠加晕模型及找矿效果[M]. 北京:地质出版社.

李均权,2005. 湖北省矿床成矿系列[M]. 武汉:湖北科学技术出版社.

毛景文,谢桂青,张作衡,等,2005. 中国北方中生代大规模成矿作用的期次及其地球动力学背景[J]. 岩石学报,21(1):169-188.

舒全安,陈培良,程建荣,1992. 鄂东铁铜矿产地质[M]. 北京:冶金工业出版社.

王强,赵振华,许继峰,等,2004. 鄂东南铜山口、殷祖埃达克质(adakitic)侵入岩的地球化学特征对比:(拆沉)下地壳熔融与斑岩铜矿的成因[J]. 岩石学报,20(2):351-360.

吴福元,李献华,郑永飞,等,2007. Lu-Hf同位素体系及其岩石学应用[J]. 岩石学报,23(2):185-220.

夏金龙,胡明安,张旺生,等,2010. 湖北大冶灵乡铁矿接触带构造与成矿[J]. 地质科技情报,29(6):41-44.

谢桂青,李瑞玲,蒋国豪,等,2008. 鄂东南地区晚中生代侵入岩的地球化学和成因及对岩石圈减薄时限的制约[J]. 岩石学报, 24(8):1703-1714.

谢桂青, 朱乔乔, 姚磊, 等, 2013. 鄂东南地区晚中生代铜铁金多金属矿的区域成矿模型探讨[J]. 矿物岩石地球化学通报, 32(4):418-426.

颜代蓉, 2013. 湖北阳新阮家湾钨-铜-钼矿床和银山铅-锌-银矿床地质特征及矿床成因[D]. 武汉:中国地质大学(武汉).

颜代蓉, 邓晓东, 胡浩, 等, 2012. 鄂东南地区阮家湾和犀牛山花岗闪长岩的时代、成因及成矿和找矿意义[J]. 岩石学报, 28(10):3373-3388.

杨明桂, 梅勇文, 1997. 钦-杭古板块结合带与成矿带的主要特征[J]. 华南地质与矿产(3):52-59.

姚磊, 谢桂青, 吕志成, 等, 2013. 鄂东南程潮铁矿床花岗质岩和闪长岩的岩体时代、成因及地质意义:锆石年龄、地球化学和Hf同位素新证据[J]. 吉林大学学报(地球科学版), 43(5):1393-1422.

姚书振, 1983. 湖北灵乡矿浆-热液过渡型铁矿床的地质特征及某些成因问题的初步探讨[J]. 地质科技情报(S1):70-78.

翟裕生, 1992. 长江中下游地区铁铜(金)成矿规律[M]. 北京:地质出版社.

翟裕生, 金福全, 1992. 长江中下游地区铁、铜等成矿规律研究[J]. 矿床地质, 11(1):1-12.

张理刚, 1978. 含矿流体(溶液)的稳定同位素组成及其研究意义[J]. 地质地球化学(11):1-12.

赵海杰, 毛景文, 向君峰, 等, 2010. 湖北铜绿山矿床石英闪长岩的矿物学及Sr-Nd-Pb同位素特征[J]. 岩石学报, 26(3):768-784.

赵海杰, 2010. 湖北铜绿山矽卡岩型铜铁矿床地球化学及成矿机制[D]. 北京:中国地质科学院.

AIUPPA A, BAKER D R, WEBSTER J D, 2009. Halogens in volcanic systems[J]. Chemical Geology, 263(1-4):1-18.

AMES L, ZHOU G Z, XIONG B C, 1996. Geochronology and isotopic character of ultrahigh-pressure metamorphism with implications for collision of the Sino-Korean and Yangtze cratons, central China[J]. Tectonics, 15:472-489.

BALLARD J R, PALIN M J, CAMPBELL I H, 2002. Relative oxidation states of magmas inferred from Ce(IV)/Ce(III) in zircon: application to porphyry copper deposits of northern Chile[J]. Contributions to Mineralogy and Petrology, 144(3):347-364.

BEARD J S, LOFGREN G E, 1991. Dehydration melting and water-saturated melting of basaltic and andesitic greenstones and amphibolites at 1.3 and 6.9 kb[J]. Journal of Petrology, 32(2):365-401.

BRENAN J, 1993. Kinetics of fluorine, chlorine and hydroxyl exchange in fluorapatite[J]. Chemical Geology, 110(1-3):195-210.

CAO M, LI G, QIN K, et al., 2012. Major and trace element characteristics of apatites in granitoids from central kazakhstan: implications for petrogenesis and mineralization[J]. Resource Geology, 62(1):63-83.

CASHMAN K V, SPARKS R S J, BLUNDY J D, 2017. Vertically extensive and unstable magmatic systems: a unified view of igneous processes[J]. Science, 355(6331):3055.

CASTILLO P R, JANNEY P E, SOLIDUM R U, 1999. Petrology and geochemistry of Camiguin Island, southern Philippines: insights to the source of adakites and other lavas in a complex arc setting

[J]. Contributions to Mineralogy and Petrology, 134(1): 33-51.

COLOMBINI L L, MILLER C F, GUALDA G A, et al., 2011. Sphene and zircon in the Highland Range volcanic sequence (Miocene, southern Nevada, USA): elemental partitioning, phase relations, and influence on evolution of silicic magma[J]. Mineralogy and Petrology, 102(1-4): 29.

DEFANT M J, DRUMMOND M S, 1990. Derivation of some modern arc magmas by melting of young subducted lithosphere[J]. Nature, 347(6294): 662.

DENG X D, LI J W, ZHOU M F, et al., 2015. In-situ LA-ICPMS trace elements and U-Pb analysis of titanite from the Mesozoic Ruanjiawan W-Cu-Mo skarn deposit, Daye district, China[J]. Ore geology reviews, 65: 990-1004.

DING T, MA D, LU J, et al., 2015. Apatite in granitoids related to polymetallic mineral deposits in southeastern Hunan Province, Shi-Hang zone, China: implications for petrogenesis and metallogenesis[J]. Ore Geology Reviews, 69: 104-117.

DOHERTY A L, WEBSTER J D, GOLDOFF B A, et al., 2014. Partitioning behavior of chlorine and fluorine in felsic melt-fluid(s)-apatite systems at 50 MPa and 850~950℃[J]. Chemical Geology, 384(3): 94-111.

DUAN D F, JIANG S Y, 2017. In situ major and trace element analysis of amphiboles in quartz monzodiorite porphyry from the Tonglvshan Cu-Fe (Au) deposit, Hubei Province, China: insights into magma evolution and related mineralization[J]. Contributions to Mineralogy and Petrology, 172(5):36.

FALLOON T J, GREEN D H, O'NEILL H S C, et al., 1997. Experimental tests of low degree peridotite partial melt compositions: implications for the nature of anhydrous nearsolidus peridotite melts at 1 GPa[J]. Earth and Planetary Science Letters, 152(1-4): 149-162.

FERRY J M, WATSON E B, 2007. New thermodynamic models and revised calibrations for the Ti-in-zircon and Zr-in-rutile thermometers[J]. Contributions to Mineralogy and Petrology, 154(4): 429-437.

FU B, PAGE F Z, CAVOSIE A J, et al., 2008. Ti-in-zircon thermometry: applications and limitations[J]. Contributions to Mineralogy and Petrology, 156(2): 197-215.

GAO S, RUDNICK R L, YUAN H L, et al., 2004. Recycling lower continental crust in the North China craton[J]. Nature, 432(8):892-897.

GRAVIOU P, PEUCAT J J, AUVRAY B, et al., 1988. The Cadomian orogeny in the northern Armorican Massif. Petrological and geochronological constraints on a geodynamic model[J]. Hercynica: Bulletin De La Societe Geologique Et Mineralogique De Bretagne, 4(1): 1-13.

HANCHAR J M, WESTRENEN W V, 2007. Rare earth element behavior in zircon-melt systems[J]. Elements, 3(1): 37-42.

HAO H U, JIANWEI L I, MCFARLANE C R, et al., 2017. Hydrothermal titanite from the chengchao iron skarn deposit: temporal constraints on iron mineralization and its potential as a reference material for titanite u-pb dating[J]. Mineralogy and Petrology,88(S2):1-16.

HARRISON T M, WATSON E B,1984. The behavior of apatite during crustal anatexis: equilibrium and kinetic considerations[J]. Geochimica et Cosmochimica Acta, 48(7): 1467-1477.

HOSKIN P W, SCHALTEGGER U, 2003. The composition of zircon and igneous and metamorphic petrogenesis[J]. Reviews in mineralogy and geochemistry, 53(1): 27-62.

HUEBNER J S, 1971. Buffering techniques for hydrostatic systems at elevated pressures[M]// Research techniques for high pressure and high temperature. Berlin: Springer.

IMAI A, 2002. Metallogenesis of porphyry Cu deposits of the western Luzon arc, Philippines: K-Ar ages, SO_3 contents of microphenocrystic apatite and significance of intrusive rocks[J]. Resource Geology, 52(2): 147-161.

IVESON A A, ROWE M C, WEBSTER J D, et al. , 2018. Amphibole, clinopyroxene and plagioclase-melt partitioning of trace and economic metals in halogen bearing rhyodacitic melts[J]. Journal of Petrology, 59: 1579-1604.

JAHN B M, WU F Y, LO C H, et al. , 1999. Crust-mantle interaction induced by deep subduction of the continental crust: geochemical and Sr-Nd isotopic evidence from post-collisional mafic-ultramafic intrusions of the northern Dabie complex, central China[J]. Chemical Geology, 157: 119-146.

KAY R W, KAY S M, 1993. Delamination and delamination magmatism[J]. Tectonophysics, 219(1-3): 177-189.

KEPPLER H, 1996. Constraints from partitioning experiments on the composition of subduction-zone fluids[J]. Nature, 380(6571): 237.

KONECKE B A, FIEGE A, SIMON A C, et al. , 2017. Co-variability of S^{6+}, S^{4+}, and S^{2-} in apatite as a function of oxidation state: implications for a new oxybarometer[J]. American Mineralogist, 102(3): 548-557.

LAURENT O, ZEH A, GERDES A, et al. , 2017. How do granitoid magmas mix with each other? Insights from textures, trace element and Sr-Nd isotopic composition of apatite and titanite from the Matok pluton (South Africa)[J]. Contributions to Mineralogy and Petrology, 172(9): 80.

LEE R G, DILLES J H, TOSDAL R M, et al. , 2017. Magmatic evolution of granodiorite intrusions at the El Salvador porphyry copper deposit, Chile, based on trace element composition and U/Pb age of zircons[J]. Economic Geology, 112(2): 245-273.

LI J W, DENG X D, ZHOU M F, et al. , 2010. Laser ablation ICP-MS titanite U-Th-Pb dating of hydrothermal ore deposits: a case study of the Tonglushan Cu-Fe-Au skarn deposit, SE Hubei Province, China[J]. Chemical Geology, 270(1-4): 56-67.

LI J W, VASCONCELOS P M, ZHOU M F, et al. , 2014. Longevity of magmatic-hydrothermal systems in the Daye Cu-Fe-Au District, eastern China with implications for mineral exploration[J]. Ore Geology Reviews, 57(1): 375-392.

LI J W, ZHAO X F, ZHOU M F, et al. , 2009. Late Mesozoic magmatism from the Daye region, eastern China: U-Pb ages, petrogenesis, and geodynamic implications[J]. Contributions to Mineralogy and Petrology, 157(3): 383-409.

LI J W, ZHAO X F, ZHOU M F, et al. , 2008. Origin of the Tongshankou porphyry-skarn Cu-Mo deposit, eastern Yangtze craton, Eastern China: geochronological, geochemical, and Sr-Nd-Hf isotopic constraints[J]. Mineralium Deposita, 43(3): 315-336.

LI W, XIE G, MAO J, et al., 2019. Mineralogy, fluid inclusion, and stable isotope studies of the Chengchao Deposit, Hubei Province, Eastern China: implications for the formation of high-grade Fe skarn deposits[J]. Economic Geology, 114(2): 325-352.

LI X H, LI W X, WANG X C, et al., 2010. SIMS U-Pb zircon geochronology of porphyry Cu-Au-(Mo) deposits in the Yangtze River Metallogenic Belt, eastern China: magmatic response to early Cretaceous lithospheric extension[J]. Lithos, 119(3-4): 427-438.

LI X H, LI Z X, LI W X, et al., 2013. Revisiting the "C-type adakites" of the Lower Yangtze River Belt, central eastern China: in-situ zircon Hf-O isotope and geochemical constraints[J]. Chemical Geology, 345(1): 1-15.

LI X, ZHOU M F, 2015. Multiple stages of hydrothermal REE remobilization recorded in fluorapatite in the Paleoproterozoic Yinachang Fe-Cu-(REE) deposit, Southwest China[J]. Geochimica Et Cosmochimica Acta, 166: 53-73.

MACPHERSON C G, DREHER S T, THIRLWALL M F, 2006. Adakites without slab melting: high pressure differentiation of island arc magma, Mindanao, the Philippines[J]. Earth and Planetary Science Letters, 243(3): 581-593.

MARKS M A W, SCHARRER M, LADENBURGER S, et al., 2016. Comment on "Apatite: a new redox proxy for silicic magmas?"[J]. Geochimica Et Cosmochimica Acta, 183: 267-270.

MARTIN H, SMITHIES R H, RAPP R, et al., 2005. An overview of adakite, tonalite-trondhjemite-granodiorite (TTG), and sanukitoid: relationships and some implications for crustal evolution[J]. Lithos, 79(1-2): 1-24.

MATHEZ E A, WEBSTER J D, 2005. Partitioning behavior of chlorine and fluorine in the system apatite-silicate melt-fluid[J]. Geochimica et Cosmochimica Acta, 69(5): 1275-1286.

MCCUBBIN F M, JONES R H, 2015. Extraterrestrial apatite: Planetary geochemistry to astrobiology[J]. Elements, 11(3): 183-188.

MCCULLOCH M T, BENNETT V C, 1994. Progressive growth of the Earth's continental crust and depleted mantle: geochemical constraints[J]. Geochimica et Cosmochimica Acta, 58(21): 4717-4738.

MENZIES M A, FAN W, ZHANG M, 1993. Palaeozoic and Cenozoic lithoprobes and the loss of >120km of Archaean lithosphere, Sino-Korean craton, China[J]. Geological Society, London, Special Publications, 76(1): 71-81.

MILES A J, GRAHAM C M, HAWKESWORTH C J, et al., 2014. Apatite: a new redox proxy for silicic magmas? [J]. Geochimica Et Cosmochimica Acta, 132: 101-119.

MILES A J, GRAHAM C M, HAWKESWORTH C J, et al., 2016. Reply to comment by Marks et al. (2016) on "Apatite: A new redox proxy for silicic magmas?" [J]. Geochimica Et Cosmochimica Acta, 183: 271-273.

MOLNÁR F, O'BRIEN H, LAHAYE Y, et al., 2016. Signatures of multiple mineralization processes in the archean orogenic gold deposit of the pampalo mine, hattu schist belt, eastern finland [J]. Economic Geology, 111(7): 1659-1703.

PAN Y, FLEET M E, 2002. Compositions of the apatite-group minerals: substitution mechanisms and controlling factors[J]. Reviews in Mineralogy and Geochemistry, 48(1): 13-49.

PARAT F, HOLTZ F, 2005. Sulfur partition coefficient between apatite and rhyolite: the role of bulk S content[J]. Contributions to Mineralogy and Petrology, 150(6): 643-651.

PARAT F, HOLTZ F, KLÜGEL A, 2011. S-rich apatite-hosted glass inclusions in xenoliths from La Palma: constraints on the volatile partitioning in evolved alkaline magmas[J]. Contributions to Mineralogy and Petrology, 162(3): 463-478.

PEACOCK S M, RUSHMER T, THOMPSON A B, 1994. Partial melting of subducting oceanic crust[J]. Earth and Planetary Science Letters, 121(1-2): 227-244.

PEARCE J A, HARRIS N B W, TINDLE A G, 1984. Trace-element discrimination diagrams for the tectonic interpretation of granitic rocks[J]. Petrol, 25:956-983.

PENG G, LUHR J F, MCGEE J J, 1997. Factors controlling sulfur concentrations in volcanic apatite[J]. American Mineralogist, 82(11-12): 1210-1224.

PICCOLI P, CANDELA P, 1994. Apatite in felsic rocks: a model for the estimation of initial halogen concentrations in the Biship Tuff (Long Vally) and Tuolumne Intrusive Suite (Sierra Nevada Batholith) magmas[J]. American Journal of Science, 294(1): 92-135.

PLANK T, KELLEY K A, ZIMMER M M, et al., 2013. Why do mafic arc magmas contain∼4 wt% water on average? [J]. Earth and Planetary Science Letters, 364(12): 168-179.

PROWATKE S, KLEMME S, 2005. Effect of melt composition on the partitioning of trace elements between titanite and silicate melt[J]. Geochimica et Cosmochimica Acta, 69(3): 695-709.

RAPP R P, SHIMIZU N, NORMAN M D, et al., 1999. Reaction between slab-derived melts and peridotite in the mantle wedge: experimental constraints at 3.8 GPa[J]. Chemical Geology. 160(8):335-356.

RAPP R P, WATSON E B, MILLER C F, 1991. Partial melting of amphibolite eclogite and the origin of Archean trondhjemites and tonalites[J]. Precambrian Res, 51(7):1-25.

RAPP R P, WATSON E B, 1995. Dehydration melting of metabasalt at 8.32 kbar: implications for continental growth and crust-mantle recycling[J]. Petrol, 36:891-931.

RAYLEIGH L L, 1896. Theoretical considerations respecting the separation of gases by diffusion and similar processes[J]. Science, 42(259): 493-498.

RICHARDS J P, KERRICH R, 2007. Special paper: adakite-like rocks: their diverse origins and questionable role in metallogenesis[J]. Economic geology, 102(4): 537-576.

RUSHMER T, 1991. Partial melting of two amphibolites: contrasting experimental results under fluid-absent conditions[J]. Contributions to Mineralogy and Petrology, 107(1): 41-59.

RØNSBO J G, 1989. Coupled substitutions involving REEs and Na and Si in apatites in alkaline rocks from the Ilimaussaq intrusion, South Greenland, and the petrological implications[J]. American Mineralogist, 74(7-8): 896-901.

SAJONA F G, MAURY R C, BELLON H, et al., 1993. Initiation of subduction and the generation of slab melts in western and eastern Mindanao, Philippines[J]. Geology, 21(11): 1007-1010.

SHA L K, CHAPPELL B W, 1999. Apatite chemical composition by electron microprobe and laser-ablation inductively coupled plasma spectrometry, as a probe into granite petrogenesis [J].

Geochimica Et Cosmochimica Acta, 63(22): 3861-3881.

SHANNON R D, 1976. Revised effective ionic radii and systematic studies of interatomic distances in halides and chalcogenides[J]. Acta Crystallographica, 32(5): 751-767.

SHAW D M, 1970. Trace element fractionation during anatexis[J]. Geochimica Et Cosmochimica Acta, 34(2): 237-243.

SUN W D, LING M X, YANG X Y, et al., 2010. Ridge subduction and porphyry copper gold mineralization: an overview[J]. China Earth 2: 127-137.

TAYLOR S R, MCLENNAN S M, 1985. The continental crust: its composition and evolution[M]. Oxford: Blackwell.

TIEPOLO M, TRIBUZIO R, LANGONE A, 2011. High-Mg andesite petrogenesis by amphibole crystallization and ultramafic crust assimilation: evidence from Adamello hornblendites (Central Alps, Italy)[J]. Petrol, 52(13): 1011-1045.

TIEPOLO M, TRIBUZIO R, 2008. Petrology and U-Pb zircon geochronology of amphibole-rich cumulates with Sanukitic affinity from Husky Ridge (Northern Victoria Land, Antarctica): insights into the role of amphibole in the petrogenesis of subduction-related magmas[J]. Petrol, 49(5): 937-970.

TROPPER P, MANNING C E, HARLOV D E, 2011. Solubility of $CePO_4$ monazite and YPO_4 xenotime in H_2O and H_2O-NaCl at 800℃ and 1 GPa: Implications for REE and Y transport during high-grade metamorphism[J]. Chemical Geology, 282(1-2): 58-66.

TSAY A, ZAJACZ Z, SANCHEZ V C, 2014. Efficient mobilization and fractionation of rare-earth elements by aqueous fluids upon slab dehydration[J]. Earth and Planetary Science Letters, 398: 101-112.

WANG L, MA C, ZHANG C, et al., 2018. Halogen geochemistry of I- and A-type granites from Jiuhuashan region (South China): insights into the elevated fluorine in A-type granite[J]. Chemical Geology, 478(17): 164-182.

WATSON E B, WARK D A, THOMAS J B, 2006. Crystallization thermometers for zircon and rutile[J]. Contributions to Mineralogy and Petrology, 151(4): 413.

WEBSTER J D, PICCOLI P M, 2015. Magmatic apatite: a powerful, yet deceptive, mineral[J]. Elements, 11(3): 177-182.

WEBSTER J D, TAPPEN C M, Mandeville C W, 2009. Partitioning behavior of chlorine and fluorine in the system apatite-melt-fluid. II: felsic silicate systems at 200 MPa[J]. Geochimica Et Cosmochimica Acta, 73(3): 559-581.

XIE G, MAO J, LI R, et al., 2008. Geochemistry and Nd-Sr isotopic studies of Late Mesozoic granitoids in the southeastern Hubei Province, Middle-Lower Yangtze River belt, Eastern China: petrogenesis and tectonic setting[J]. Lithos, 104(1): 216-230.

XIE G, MAO J, LI X, et al., 2011. Late Mesozoic bimodal volcanic rocks in the Jinniu basin, Middle-Lower Yangtze River Belt (YRB), East China: age, petrogenesis and tectonic implications[J]. Lithos, 127(1-2): 144-164.

XIE G, MAO J, RICHARDS J P, et al., 2019. Distal Au deposits associated with Cu-Au skarn mineralization in the Fengshan Area, Eastern China[J]. Economic Geology,114(1):127-142.

XIE G, MAO J, ZHAO H, et al. ,2011. Timing of skarn deposit formation of the Tonglushan ore district, southeastern Hubei Province, middle-lower Yangtze River Valley metallogenic belt and its implications[J]. Ore Geology Reviews, 43(1):62-77.

XIE G, MAO J, ZHAO H,2011. Zircon U-Pb geochronological and Hf isotopic constraints on petrogenesis of Late Mesozoic intrusions in the southeast Hubei Province, Middle-Lower Yangtze River belt (MLYRB), East China[J]. Lithos, 125(1-2):693-710.

XIE G, MAO J, ZHU Q, et al. ,2015. Geochemical constraints on Cu-Fe and Fe skarn deposits in the Edong district, Middle-Lower Yangtze River metallogenic belt, China[J]. Ore Geology Reviews, 64(4):425-444.

XU Y M, JIANG S Y,2017. In-situ analysis of trace elements and Sr-Pb isotopes of K-feldspars from Tongshankou Cu-Mo deposit, SE Hubei Province, China: insights into early potassic alteration of the porphyry mineralization system[J]. Terra Nova,29(6):343-355.

ZHAO H, XIE G, WEI K, et al. , 2012. Mineral compositions and fluid evolution of the Tonglushan skarn Cu-Fe deposit, SE Hubei, east-central China[J]. International Geology Review, 54(7):737-764.

ZOU X, QIN K, HAN X, et al. ,2019. Insight into zircon REE oxy-barometers: a lattice strain model perspective[J]. Earth and Planetary Science Letters,506:87-96.

内部资料

湖北省鄂东南地质大队,1987. 鄂东南地区非金属矿产成矿远景区划报告[R]. 黄石:湖北省鄂东南地质大队.

湖北省鄂东南地质大队,1990. 鄂东南地区铜铁金成矿条件与成矿预测[R]. 黄石:湖北省鄂东南地质大队.

湖北省鄂东南地质大队,1994. 鄂东南中酸性侵入岩成岩演化与成矿关系研究报告[R]. 黄石:湖北省鄂东南地质大队.

中国地质调查局武汉地质调查中心,2015. 鄂东南地区岩浆演化与成矿作用的关系[R]. 武汉:中国地质调查局武汉地质调查中心.